普通高等学校特色专业建设教材

动物医学实验教程

（基础兽医学分册）

第 2 版

周 杰 主编

中国农业大学出版社
·北京·

内容简介

本教材第1版是国内第一部基础兽医学综合实验教程，出版后，深受教师和学生的欢迎。本次修订根据专业发展的要求，结合编者教学研究成果，重新整合了教材体系。

本教材包括实验概述、基本实验、课程实习和附录，主要内容有：实验基本要求、常用实验仪器使用和动物实验基本操作技术，动物组织胚胎学实验、动物生理学实验、动物病理学实验和兽医药理学实验，动物形态学课程实习、动物机能学课程实习。

本教材主要服务于动物医学及相关专业本科学生学习，也可为动物医学及相关领域从业人员提供参考。

图书在版编目(CIP)数据

动物医学实验教程. 基础兽医学分册/周杰主编. —2版. —北京：中国农业大学出版社，2017.2

ISBN 978-7-5655-1780-8

Ⅰ.①动… Ⅱ.①周… Ⅲ.①兽医学-实验医学-教材 Ⅳ.①S85-33

中国版本图书馆CIP数据核字(2017)第012540号

书　名　动物医学实验教程(基础兽医学分册)第2版
作　者　周　杰　主编

策划编辑　孙　勇　　责任编辑　张　玉
封面设计　郑　川
出版发行　中国农业大学出版社
社　址　北京市海淀区圆明园西路2号　　邮政编码　100193
电　话　发行部 010-62731190,2620　　读者服务部 010-62732336
　　　　编辑部 010-62732617,2618　　出　版　部 010-62733440
网　址　http://www.cau.edu.cn/caup　　E-mail cbsszs@cau.edu.cn
经　销　新华书店
印　刷　涿州市星河印刷有限公司
版　次　2017年2月第2版　2017年2月第1次印刷
规　格　787×1 092　16开本　15.75印张　380千字
定　价　34.00元

编审人员

主　编　周　杰

副主编　吴金节　李　郁　王桂军　方富贵
祁克宗

编　者　（以姓氏笔画为序）
方富贵　王桂军　王菊花　祁克宗
阮祥春　吴金节　李　琳　李　郁
周　杰　涂　健

主　审　李培英

编者的话

《动物医学实验教程》是安徽农业大学动物医学专业在"安徽省高校省级教改示范专业"项目和教育部高等学校"第一类特色专业建设点"项目的建设过程中，经过不断探索与改革实践后总结形成的。《动物医学实验教程》立足动物医学实验课程体系的构建，建立了以验证性基础实验、提高性综合实验和学科群综合实习三个层次为基础的实验教学模式。《动物医学实验教程》面世后，不仅在本校使用，还被全国不少农业院校选用，受到教师和学生的广泛好评。

近年来，随着高等学校教育改革的进一步深化，我校对本科人才培养方案进行了较大幅度的修订，进一步加强了实践教学环节。2013 年以来，本专业承担了安徽省高等教育振兴计划《地方高水平大学建设》子项目——"动物医学重点专业建设"，在项目建设过程中，越来越认识到实践教学在保证和提高动物医学及相关专业人才培养质量中的重要作用。为适应专业发展，满足动物医学专业人才培养的需要，编者在前版教材内容的基础上对本教材进行了修订。

《动物医学实验教程》(第 2 版)在整体编排上沿用了《基础兽医学分册》《预防兽医学分册》和《临床兽医学分册》三个分册的形式，以便本系列教材不仅能为动物医学专业所用，也能服务于相关专业。如动物科学专业可单独使用《基础兽医学分册》，动物检疫专业可选用《基础兽医学分册》和《预防兽医学分册》。考虑到有些专业可能单独使用本教程中的某个分册，在各分册的实验概述中都有一些关于动物实验基本操作技术或器械使用的内容，其中有部分内容可能有一定重复。

《动物医学实验教程》(第 2 版)各分册在编排上将原版中的验证性实验和综合性实验二部分合并为基本实验板块。为方便各课程实验的开展，基本实验板块按课程实验内容编排的形式。本次修订根据行业要求更新了一些实验内容，并引入了新的教学成果，同时对部分实验内容进行了增删和整合。

《动物医学实验教程》(第 2 版)的内容以动物医学专业的课程实验和课程实习为主。本系列教材主要服务于农业院校动物医学及相关专业本科学生学习动物医学实践技能，也可为动物医学及相关领域从业人员提供参考。

由于编者的知识水平所限，书中的不妥之处在所难免，恳请广大读者批评指正。

编　者
2016 年 10 月

前　言

《动物医学实验教程》(基础兽医学分册)出版后，不仅在动物医学专业、动物科学专业和动物检疫专业使用，还被许多兄弟院校选用，深受教师和学生的欢迎。本次修订主要按我校教学大纲制定的课程编写，包括动物组织胚胎学、动物生理学、动物病理学和兽医药理学 4 个学科。动物解剖学科因其学科的特殊性未编入本实验教程。考虑到实际操作上的便利，按课程实验、课程实习教学模式编写，改变第 1 版中分为验证性实验、综合性实验和课程实习的形式，使教程在使用过程中更加符合实验教学的安排规律。即合并原“验证性实验”和“综合性实验”项，“课程实习”项保留。合并的实验项按实验课程编排。

本次修订对部分内容进行了增减。如动物生理学实验增加了部分水生动物生理学的实验；动物机能学课程实习根据专业的发展更新了实习内容，使本教材的使用面更宽。其他各课程的实验项目也都有所更新。此外，对第 1 版中发现的错误之处进行了修改。

本教材在编写过程中参阅了大量相关资料，并借鉴国内一些兄弟院校的相关教材，精心整合实验的有关内容。但由于编者的水平所限，难免有不当之处，敬请读者和同行批评指正。

编　者

2016 年 10 月

目　录

第一部分　实验概述

第一章　基础兽医学实验要求 …… 3

第一节　基础兽医学实验室守则 …… 3

第二节　基础兽医学实验的要求 …… 4

第三节　基础兽医学实验报告的书写 …… 5

第四节　基础兽医学实验考核方法 …… 7

第二章　基础兽医学实验常用实验仪器 …… 8

第一节　形态学实验常用实验仪器 …… 8

第二节　机能学实验常用实验仪器 …… 11

第三章　动物实验基本操作技术和器械使用 …… 19

第一节　动物实验的基本操作技术 …… 19

第二节　手术器械与使用 …… 33

第三节　手术基本操作过程 …… 35

第二部分　基本实验

第四章　动物组织胚胎学实验 …… 41

实验一　上皮组织 …… 41

实验二　固有结缔组织 …… 45

实验三　软骨和骨 …… 47

实验四　肌组织 …… 49

实验五　血　液 …… 52

实验六　神经组织 …… 55

实验七　神经系统 …… 58

实验八　循环系统 …… 60

实验九　被皮系统 …… 63

实验十　免疫系统 …… 65

实验十一　内分泌系统 …… 68

实验十二　消化管 …… 71

实验十三　消化腺 …… 74

实验十四　呼吸系统 …… 77

实验十五　泌尿系统 …… 79

实验十六　生殖系统 …… 82

实验十七 鸡胚胎整装片的制作 …… 85
第五章 动物生理学实验 …… 87
实验十八 红细胞渗透脆性试验 …… 87
实验十九 血液凝固及其影响因素 …… 89
实验二十 红细胞凝集现象 …… 91
实验二十一 蛙心肌收缩的记录和生理特性 …… 93
实验二十二 蛙心起搏点观察 …… 95
实验二十三 微循环观察 …… 97
实验二十四 动脉血压的直接测定 …… 99
实验二十五 心音听诊和动脉血压的间接测定 …… 102
实验二十六 胸膜腔内压的测定与气胸观察 …… 104
实验二十七 鱼类呼吸运动及重金属离子对其洗涤频率的影响 …… 106
实验二十八 胃肠运动的调节 …… 108
实验二十九 小肠吸收与渗透压的关系 …… 110
实验三十 瘤胃内容物在显微镜下的观察 …… 111
实验三十一 动物体温测定 …… 112
实验三十二 小白鼠能量代谢测定 …… 114
实验三十三 鱼类渗透压调节 …… 116
实验三十四 脊髓反射的基本特征和反射弧分析 …… 118
实验三十五 蛙坐骨神经-腓肠肌标本制备 …… 120
实验三十六 刺激强度和刺激频率与骨骼肌收缩的关系 …… 123
实验三十七 大脑皮层运动机能定位及去大脑僵直 …… 125
实验三十八 胰岛素和肾上腺素对血糖的影响 …… 127
第六章 动物病理学实验 …… 129
实验三十九 细胞和组织的损伤 …… 129
实验四十 适应与修复 …… 132
实验四十一 局部血液循环障碍 …… 134
实验四十二 兔实验性酸碱平衡紊乱 …… 136
实验四十三 缺 氧 …… 139
实验四十四 发 热 …… 141
实验四十五 应 激 …… 143
实验四十六 炎 症 …… 145
实验四十七 实验性自身免疫病 …… 147
实验四十八 肿 瘤 …… 149
实验四十九 弥散性血管内凝血 …… 151
实验五十 实验性休克 …… 154
实验五十一 急性心机能不全 …… 157
实验五十二 急性肺水肿 …… 159
实验五十三 实验性肾功能衰竭 …… 161

第七章　兽医药理学实验……164
实验五十四　药物的配伍禁忌……164
实验五十五　不同给药途径对药物作用的影响……166
实验五十六　药物的理化性质对药物作用的影响……167
实验五十七　药物的剂量与剂型对药物作用的影响……168
实验五十八　吸附药对有毒物质的吸附作用观察……170
实验五十九　药物的局部作用与吸收作用……172
实验六十　钙、镁离子拮抗作用观察……174
实验六十一　有机磷酸酯类药物的中毒与解救……176
实验六十二　亚硝酸盐的中毒与解救……178
实验六十三　病原菌对抗菌药物的敏感性试验(MIC 和 MBC 测定)……179
实验六十四　巴比妥类药物的催眠和抗惊厥作用……181
实验六十五　普鲁卡因与丁卡因表面麻醉作用的比较……183
实验六十六　尼可刹米对家兔呼吸抑制的解救作用……185
实验六十七　毛果芸香碱与阿托品的作用……186
实验六十八　镇痛药的镇痛作用……187
实验六十九　利多卡因对氯化钡诱发的家兔心律失常的作用……189
实验七十　药物对家兔利尿作用的影响……191
实验七十一　戊巴比妥钠的 LD_{50} 测定……193
实验七十二　可待因的镇咳作用……195
实验七十三　硫酸镁的导泻作用……197

第三部分　课程实习

第八章　动物形态学课程实习……201
实验一　石蜡切片的制作……201
实验二　呼吸系统形态学观察……205
实验三　泌尿系统形态学观察……207
实验四　神经系统形态学观察……209
实验五　猪的病理剖检……211
实验六　鸡的病理剖检及病料采集……214
第九章　动物机能学实习……217
实验七　心血管活动的生理性和药理性调节……217
实验八　呼吸运动的调节及呼吸功能不全……220
实验九　尿生成的调节及药物对泌尿的影响……223
实验十　兔失血性休克及其实验性治疗……226
实验十一　急性右心衰竭的发生与药物治疗……228
实验十二　呋塞米对家兔急性肾功能不全的治疗作用……231
附　表……235
参考文献……240

第一部分

实验概述

第一章 基础兽医学实验要求

第一节 基础兽医学实验室守则

基础兽医学实验是学生最早接触的专业课实验。因为操作者经常要接触一些病原微生物与寄生虫，有被感染的危险性。为保证实验效果，避免病原微生物及寄生虫的实验室污染，保证实验操作者的安全，要求必须遵守以下规则：

一、基础兽医学实验室须知

(1)必须做到不迟到，不早退，自觉遵守实验室纪律，维护实验课堂秩序。

(2)实验前必须认真预习实验指导，复习相关理论知识，熟悉本次实验的目的、原理、步骤、要求等，严格按实验规程进行。

(3)进入实验室或其他实验场地，必须衣着工作服，保持安静，严禁喧哗、吸烟、吃零食、随地吐痰。不得随意动用与本实验无关的仪器设备。

(4)遵守实验室规则，服从教师指导，注意实验安全，严格按规定和步骤进行实验。认真观察和分析实验现象并如实记录，不得抄袭他人的实验数据和结果。完成实验后经教师检查同意，方可离开实验室。

二、基础兽医学实验室学生实验守则

(1)实验过程中，实验台面应随时保持整洁，仪器、标本、药品摆放整齐，使用公用试剂时，在用后要立即盖严放回原处。勿使试剂、药品洒在实验台面和地上。所有实验用的废弃物，都要收集在适当的容器内，加以储存再处理，不能倒在水槽内或随处乱扔。实验完毕，仪器须洗净放好，将实验台面擦拭干净。

(2)实验结束，离开实验室以前，应认真检查是否已切断有关的电源、水源、气源，关好门

窗。切实做好安全工作,严防发生安全事故。

(3)实验室内一切物品,未经本室负责教师批准,严禁携出室外,借出物品必须办理登记手续。

(4)每次实验课后由班长负责安排值日生,负责当天实验室的卫生、安全和一切服务性的工作。

(5)按指导教师要求及时认真完成实验报告。凡实验报告不合要求的均须重做。实验成绩不及格者,不得参加本课程的考试。

第二节 基础兽医学实验的要求

一、实验前的要求

(1)仔细阅读实验教程中的有关内容,了解每次实验的目的和原理,熟悉实验项目内容、操作步骤和程序,了解实验的注意事项。

(2)结合实验内容阅读相关理论知识,必要时还需要查阅一定的资料,做到充分理解实验原理与方法,力求提高实验课的效果。

(3)预测本次实验结果,对预测的结果尽可能地做出合理的解释。

(4)估计本次实验可能发生的问题,并思考解决问题的应急措施。

二、实验时的要求

(1)遵守实验室规则。

(2)爱惜实验动物和标本,使其保持良好的兴奋性;节约药品、水、电,确保实验完成。

(3)形态学实验,要根据实验内容,观看挂图,掌握器官、组织和细胞的形态结构、染色特点及功能,加深直观印象。观察组织切片时要根据组织器官的结构规律而逐步观察。例如观察细胞时,先看细胞外形、大小、排列规律,再看细胞核的位置、大小、形状、嗜色性及核仁情况,最后看胞质多少、嗜色性、细胞器及胞质内特殊结构。实质性器官要由表面向实质观察;有腔器官则由腔面向外逐层观察。

(4)形态学实验,要注意机体组织或器官都是立体的,但镜下所见的组织或器官的切片标本是平面图像,同一结构当经过不同部位切片时,可呈现不同的形状。所以在观察标本时,必须联系理论所讲的组织和器官立体和整体形状,思考平面和立体、局部和整体的关系。

(5)机能学实验,要按程序正确操作仪器和手术器械,按实验步骤进行实验。认真观察和记录实验结果,并加上必要的标记、文字说明。

(6)机能学实验是一个动态过程,要随时注意观察出现了什么样的结果?为什么会有这些结果?这些结果有何意义?若出现非预期的机能现象,还应分析其原因,尽可能地做出解释。实验中要有耐心,必须等前一项实验基本恢复正常后,才能进行下一项实验,注意观察实验的全过程。

三、实验后的要求

(1)实验完成后及时关闭仪器和设备的电源，整理实验器具和实验动物。

(2)及时整理实验记录，分析实验结果，做出实验结论。

(3)认真撰写实验报告，按时交给教师批阅。

第三节　基础兽医学实验报告的书写

一、动物形态学实验报告的书写

1. 实验报告书写的基本要求

实验报告格式要统一，包括实验序号、标题内容、指导教师姓名、学生姓名、学号、班级、书写日期等，书写报告字体、字号可以根据需要自己掌握设置。

实验报告内容应结合实验指导书和习题等的要求，就观察结果进行绘图；按要求认真书写实验报告，独立完成实验报告，不得抄袭或臆造，书写要规范、整洁，并按时交给实验指导教师。

2. 实验报告的基本格式(表 1-1)

表 1-1　动物形态学实验报告

实验序号：　　　　实验项目名称：

学　　号		姓　　名		专业、班	
实验地点		指导教师		时　　间	
教师评语 签名：　　　日期：				成绩	

二、动物机能学实验报告的书写

书写实验报告不仅是对所做实验的总结，而且是对实验的再理解、再创造过程。通过书写实验报告,可以初步了解科学论文的基本格式和撰写要求,学会应用所学的知识对实验结果进行分析和讨论,进而得出实验结论,从而培养学生独立思考以及分析和解决问题的能力。

实验报告大体上有两种格式:一种是一般实验报告式,另一种是仿学术论文式。一般认为重在操作的实验宜选用前者,具体要求如下:

1. 实验报告的基本内容

实验报告的基本内容包括:实验题目、实验目的、对象、器材、实验结果及分析讨论。实验目的要求简明扼要。实验对象,要求写清楚实验动物种类、性别、体重及健康状态;实验所需的主要仪器、试剂和药品,要注明型号、批次、生产厂家等。实验步骤要求简要描述各项实验操作方法与实施步骤,对动物进行的处理,如麻醉、手术操作、药物的剂量和注射途径、刺激的给予等要记录完全。如实验仪器与方法有变动,或因操作技术影响观察的可靠性时,应做简要说明。同时注明作者姓名、班次、组别、日期等。

2. 实验结果

实验结果的显示主要有以下几种。

(1)描述法 对于不便用图形及表格显示的结果可以用简练的语言描述。描述时应注意使用规范的名词和概念。

(2)波形法 实验中描记的波形或曲线,经过剪贴编辑,加上标注、说明,可直接贴在实验报告上,以显示实验结果。

(3)表格法 对于计量或计数资料可用列表的方式表示。对于原始图形的测量结果也可以用表格法显示。

(4)简图法 将实验结果用柱状图、饼状图、折线图或逻辑流程图等方式表示。所表示的内容可以是原始结果,也可以是经过分析、统计或转换的数据。

3. 实验结果的分析讨论和结论

实验分析讨论是创造性的工作,要求用已知的理论知识对实验结果和现象进行解释、分析与探讨,揭示其内部规律性。要判断实验结果是否为预期的,若出现非预期的结果,应考虑和分析其可能原因。实验结论是从实验结果中归纳出的概括性判断,即实验所能验证的概念、原则或理论的简明总结,应用简练的语言严谨地表达出结论。实验的讨论和结论的书写是一个积极思维的过程,应独立思考、创新思维,不要满足或拘泥于书本的解释,更不应抄袭书本或别人的作品。鼓励和提倡学生对实验中出现的现象提出科学的独特性假设。参考课外读物,应注明出处。

4. 实验报告的基本格式(表1-2)

表1-2 动物机能学实验报告

组别:________ 日期:________

实验序号与题目:____________________________

实验目的:

实验原理:

实验对象与器材:

实验方法与步骤:

实验结果与分析:

实验讨论和结论:

实验注意事项:

第四节 基础兽医学实验考核方法

一、考核目的

考核学生对基础兽医学实验基本操作、理论知识的掌握情况。

二、考核要求

掌握基础兽医学实验基本操作技术常用动物基本操作：实验动物麻醉、编号、组织采集、切片制作；实验动物捉拿、固定、给药、手术、记录、取血及处死方法；模型实验动物的建立；常用试剂的配制等。

三、考核内容

通过实验考核，掌握基础兽医学理论知识与操作基本技能。成绩计入期末成绩中。其中，平时表现、考勤、占实验成绩的20%，操作考核占实验成绩的10%，实验报告占实验成绩的70%（表1-3）。

表1-3 考核评分标准

考核项目	评定标准	评定成绩
平时表现与考勤	A 平时表现好、全勤、预习实验指导	80～100分
	B 平时表现一般、全勤	60～80分
	C 平时表现差、有迟到/早退、未预习实验	40～60分
实习报告	A 书写整洁、格式规范、思路清晰、讨论合理	90～100分
	B 书写一般、格式规范、思路尚清晰、讨论不全	70～90分
	C 书写差、格式不规范、思路不清晰、讨论不全	60～70分
操作考核	A 操作规范、实验结果正确	80～100分
	B 操作欠规范、实验结果较正确	60～80分
	C 操作不规范、实验结果不正确	40～60分

（周杰，王菊花，方富贵）

第二章

基础兽医学实验常用实验仪器

第一节　形态学实验常用实验仪器

一、光学显微镜

(一)光学显微镜的构造

光学显微镜(light microscope,LM)是精密的贵重仪器,是实验中最常用的观察工具,能否熟练地使用,直接影响实验效果。因此必须了解显微镜的构造。光学显微镜虽有多种型号,但基本构造大致相同,都是由机械和光学两部分组成。

1.机械部分

(1)镜座　显微镜最下方,一般呈长方形,也有呈马蹄形或圆形的,承受显微镜的全部重量,通常由铸铁制成。

(2)镜臂　镜座向上连于镜筒的弯曲部分,呈弓形,也是移动显微镜的手握部分,其上有调节螺旋。

(3)镜筒　镜臂前上方一斜向圆柱形空筒,是成像光柱的通道,其上端接目镜,下端接物镜转换器。

(4)物镜转换器　镜筒下端一可顺、逆时针旋转的圆盘,其上一般有3～4个圆孔,孔的螺纹和口径按国际统一标准,可接任何国家生产的物镜。装物镜于转换器时,低倍、高倍至油镜依次以顺时针方向安装,转动物镜转换器可调换不同放大倍数的物镜。

(5)载物台　方形平台,用以放置切片标本,一端连于镜臂,可上下移动,台中央有通光的圆孔;载物台上装有推进尺和片夹,其弹性夹用以固定切片,推进尺的两个旋钮,可使切片前后左右移动。

(6)调焦螺旋　位于镜臂下方,旋转时,或调动镜筒,或调动载物台,以调节焦距使物像清晰。内侧大的旋钮为粗调螺旋，外侧小的为细调螺旋，旋转时可使载物台上下升降。

① 粗调螺旋。旋转可使载物台快速上下移动，将物像迅速收入视野，一般多用于低倍镜的观察。

② 细调螺旋。旋转时可使载物台缓慢上下移动，作较精确的调节，一般多用于高倍镜和油镜的观察。

2. 光学部分

(1)目镜　装于镜筒上端。每架显微镜一般附有2～4个目镜，分别标有5×、10×、12.5×、16×字符号，表示目镜的放大倍数，还有表示透镜光学校正程度的符号，如P或Plan表示平场，即视野弯曲已被校正。使用时可按放大倍数的需要选用相应的目镜装入镜筒上端。在复式显微镜中，目镜的作用是放大由物镜所产生的初级图像，并使其在显微镜中复制成一个可见的虚像。虽然目镜不能提高分辨率，但有缺陷的目镜却使图像的质量降低。

(2)物镜　物镜转换器上装有4种物镜，即低倍镜(4×、10×)、高倍镜(40×)和油镜(100×)，物镜上都标有相应的放大倍数。10倍以下(含)为低倍镜，40倍左右为高倍镜。通常使用的是单消色差物镜，即只校正了一种颜色，通常是黄绿色的球面差。接物镜的外筒壁上标有焦距、数值孔径(NA)和单消色差等数值。NA越大，分辨力越高。物镜质量的好坏直接决定图像的优劣。

目镜和物镜组成显微镜的成像系统，物镜用来将切片标本作第一次放大，目镜将物镜放大像作第二次放大。显微镜的放大倍数＝目镜的放大倍数×物镜的放大倍数。

(3)聚光器(镜)　装于载物台通光孔之下，作用为聚集光线，增加亮度。其旁有升降旋钮，旋转上升时光线增强，下降时光线减弱。实验观察时应调节聚光器的高度，使光线透过标本后所形成的光斑正好充满物镜，以充分发挥物镜的分辨力。

(4)可变光栏(光圈、虹彩)　装于聚光镜底部的圆环内，由许多重叠的金属片组成，拨动圆环外的操纵杆，可使金属片开放或闭合，调节光线的强弱。

(5)滤光镜　位于可变光栏之下的一圆框结构，可根据需要放置不同颜色滤光片。

(6)光源　有的显微镜以电光源作为光源，有的显微镜通过反光镜以自然光作光源。

① 电光源位于镜座内，正对聚光镜，一般通交流电、卤素光源。

② 反光镜位于聚光镜之下，有平凹两面，平面聚光作用较弱，多用于较强光线下；凹面聚光作用较强，多在一般光线下使用。

聚光镜、可变光栏和光源组成显微镜的照明系统，光源将光线导入聚光镜，由聚光镜将光线通过通光孔会聚在标本上，照明标本，便于观察。可变光栏用于适当调节照明亮度以便观察时获得清晰物像。

(二)显微镜的使用

(1)搬移　取放或搬移显微镜时，右手握镜臂，左手托镜座，保持镜体垂直，防止碰撞。绝不可一手斜提，前后摇摆而行，因这样容易发生碰撞，使目镜和反光镜脱落损坏。

(2)安放　显微镜置于自己座位前方的稍偏左侧，以便于观察与绘图。显微镜距离桌沿不得少于3 cm，以免碰落损坏。

(3)调光　旋转粗调螺旋，下降载物台，转动物镜转换器，使低倍镜对准通光孔(听到转换器边缘缺刻与固定扣相接合发出的轻微咔嚓声，说明物镜对准了镜筒和通光孔的中心)，上升聚光器，打开光源和光圈，身体坐正，左眼由目镜内观察，同时右眼睁开，观察视野是否为光亮均匀的圆形。对使用反光镜的显微镜，要左眼观察目镜，一手调节反光镜，使其正对外界光源，使光线射入镜筒，并调整至出现光亮均匀的圆形视野为止。

(4)置片 取需观察的切片置于载物台上，注意将有盖玻片的一面向上，用片夹将其固定，旋转推进尺旋钮，使切片上有组织片的部位对准通光孔。应注意过厚盖片封盖的标本，不能用高倍镜或油镜观察。这是因为物镜的放大倍数越大，工作距离越小，过厚的盖片无法使高倍镜对被观察标本聚焦。

(5)低倍镜使用 自侧面注视低倍镜，小心旋转粗调螺旋，使载物台徐徐上升至镜头下端距盖玻片约0.5 cm处，用左眼在目镜中观察，并反方向旋转粗调螺旋，使载物台缓缓下降，直至视野中见到物像为止，再转动细调螺旋，至物像清晰。最后旋转移动标尺，观察组织切片。

(6)高倍镜使用 先在低倍镜下找到需要观察的物像并移到视野的中央，旋转物镜转换器，换成高倍镜观察，同时适当旋转细调螺旋至物像清晰。

(7)油镜使用 高倍镜下将需观察的结构移至视野中央，移去高倍镜，下降载物台，在标本玻片上滴加一小滴香柏油或液状石蜡，转换油镜(100×)，上升载物台使油镜镜头浸在香柏油中紧贴玻片，观察时轻轻调节细调螺旋至物像清晰。观察完毕下降载物台，取下组织标本，用滴加二甲苯的擦镜纸轻轻擦去镜头和切片上的香柏油，最后用干净的擦镜纸擦去镜头上的二甲苯。

(8)收藏 显微镜使用完毕后，关闭显微镜电源，下降载物台，取下切片放入切片盒，旋转物镜转换器使物镜与通光孔错开，将物镜“八”字分开，上升载物台使物镜接近载物台(不要接触)，将显微镜各部擦净，套上镜罩。

(三)显微镜的保养和维护

①显微镜应放在阴凉、干燥、无灰尘、无酸碱蒸汽的地方，套好镜罩。

②使用时不要放置在实验台边缘，严格按操作规程进行。

③观察新鲜材料时，要加盖玻片，防止水或其他药液沾染镜头和载物台，若沾染要立即用擦镜纸擦干，以免腐蚀损坏镜头。

④不可随意拆卸镜头和任何零件。显微镜各光学部分沾有灰尘，禁用口吹、手抹或用普通纸张、抹布等擦拭，应用擦镜纸或细软的绒布、绸布轻轻拭净，也可用洗耳球吹去，油污可用清洁细软布蘸二甲苯轻轻擦净；各机械部分若黏附灰尘。先将灰尘除去，再用清洁细软布擦干净。

⑤使用过程中，若显微镜出现故障影响观察时，切勿擅自修理，应及时报告指导教师处理。

二、数码显微互动教学系统

数码显微互动实验室用于形态学科的教学实验，主要特点是全部采用高品质专用数字摄像机和显微镜，使图像、语音、文件全向互动交流。大容量网络操作平台，功能强大的图像分析处理软件，多通道画面显示与监控。通过灵活的语言教学模式和全面的图像数据共享，实现了在同一时间、同一界面，师生的高效沟通。

(一)显微图像互动教学系统

数码显微互动教学系统是IT技术、数码摄像、图像处理与光学生物显微镜等技术有机结合的产物，由显微镜系统、图像处理系统、语音问答系统及投影系统等组成。实验室中的所有显微镜都与计算机相连，输到计算机上，并可通过投影系统反映在屏幕上，教师可针对反映在屏幕上的真实图像进行讲解，讲授效果客观、形象，便于学生掌握。具体地讲，就是将学生使用的显微镜上安装摄像机或者数码相机，使学生显微镜下的图像能够传送到教师的计算机屏幕上。学生显微镜下图像的浏览是通过计算机的串口进行选择，教师可选择某个学生显微镜的图像，也可以一次查看多个学生的图像。由于所有的图像信号先以视频信号的方式传送到教师的图像分析仪上，所以在计算机屏幕上看到的图像基本是实时动态的。学生通过显微镜下的光标指针对图像中某一具体的细胞或组织进行标记供教师进行识别，通过语音系统对教师进行提问。教师通过语音系统对单个学生和部分学生进行指导和讲解，这样教师不用走动就能指导学生，十分方便地进行相互交流。教师可以及时发现实验中存在的问题并指导学生改正。可以实现图像显示、捕捉及放大；学生端和教师端图像的白平衡，图像除噪；学生端和教师端图像增加动态红、蓝、灰、绿和反转滤色片；多种图像处理；测量；生成打印报表；不同教师拥有独立的用户权限，实现分班级图片资料管理等多项功能。

(二)显微图像网络互动教学系统

把现代计算机网络技术和先进的视频流技术应用于形态学教学，组建全数字化的多媒体网络教室，是计算机辅助教学(computer assisted instruction，CAI)发展的必然趋势和方向。将学生端也用上显微图像分析仪，组成图像分析仪的网络教学系统。这样学生操作的显微图像能实时地传到教师的屏幕上，教师还可以直接控制学生的图像分析仪，移动光标到指定的细胞和组织上，对学生进行辅导。

在实际应用中由于图像的传输的信息量特别大，特别是在教师的计算机上播放图像课件时，百兆的局域网一般不能满足在几十台学生计算机上实时显示的要求。通常需要采用特殊技术来提高图像的传输速度，使教师计算机上的图像能实时传送到几十台学生计算机上，也能使学生计算机上采集的动态显微图像，实时地传送到教师计算机的屏幕上。在此基础上还有教师和学生之间的语音交流也不受影响。这些通过单纯地计算机局域网很难实现。

教师通过显微多媒体网络教学系统能直接控制每个学生的图像分析仪，对学生的图像分析仪进行操作，通过语音和移动鼠标器的光标进行教学辅导。它除了具有以上教学系统的功能以外，还可以通过网络直接访问校园网和互联网 Web 网站，享受 Web 网站提供的网上教学、网上查询等多种网络服务，是远程教育的理想终端，实现图片的远程共享和远程教学。

教师计算机如果配备数字讲台或者汉字输入的写字板，就能及时将需要即兴板书(讲解)一些教案之外的内容在屏幕上或写字板上书写。

第二节　机能学实验常用实验仪器

机能学常用仪器可分为四大部分：刺激系统、引导与换能系统、信号调节放大系统和显示与记录系统。

一、刺激系统

刺激系统是对欲研究的对象施加刺激，引起其机能变化的一套仪器设备。多种刺激因素，如光、声、电、温度、机械及化学因素都可兴奋组织，使其产生机能活动的变化。在机能学实验中应用最多的还是电刺激，因为电刺激较容易控制、对组织没有或损伤很小、引导方便、可重复使用。电刺激系统包括电子刺激器、刺激隔离器和各种电极。

二、引导、换能系统

机体功能变化的信号只有用一定的仪器设备显示、记录下来才有研究的价值，因此需要有一定的装置能将其引导到显示、记录仪器上。若生物信号是电信号，引导系统可能是引导电极，包括记录单细胞活动的玻璃微电极和记录一群细胞电活动的金属电极；若生物信号为其他能量形式时，如机械收缩、压力、振动、温度和某种化学成分变化等，都需要将原始信号转换为电信号，加以引导，这就是各种形式的换能器。换能器的种类繁多，如压力换能器(图2-1)、肌肉张力换能器(图2-2)、呼吸换能器(图2-3)、呼吸流量换能器(图2-4)、液滴换能器、温度换能器、心音换能器、胃肠运动换能器等。其中以压力换能器和肌肉张力换能器在机能学上使用较多，它可以测试机体的各种压力变化和组织、器官的舒缩活动情况。

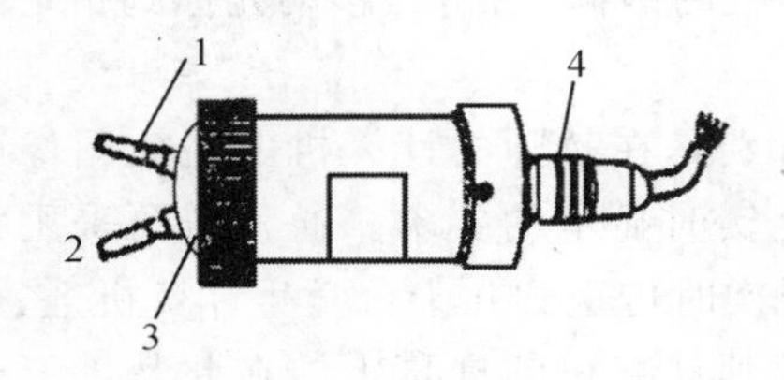

图2-1　压力换能器

1,2.连通口;3.透明罩;4.导线

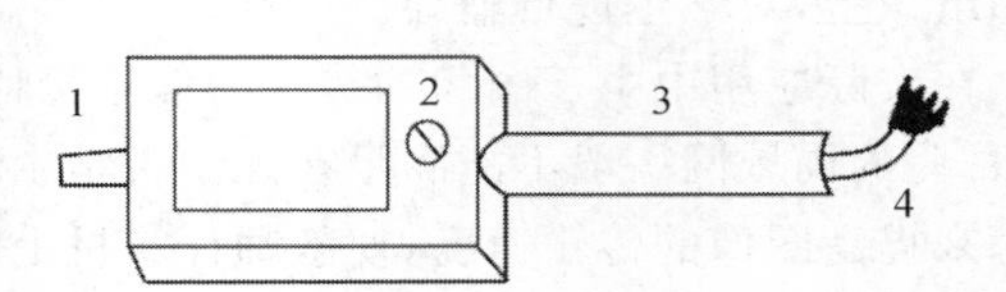

图2-2　张力换能器

1.弹性悬梁;2.调平衡点;3.导线保护柄;4.导线

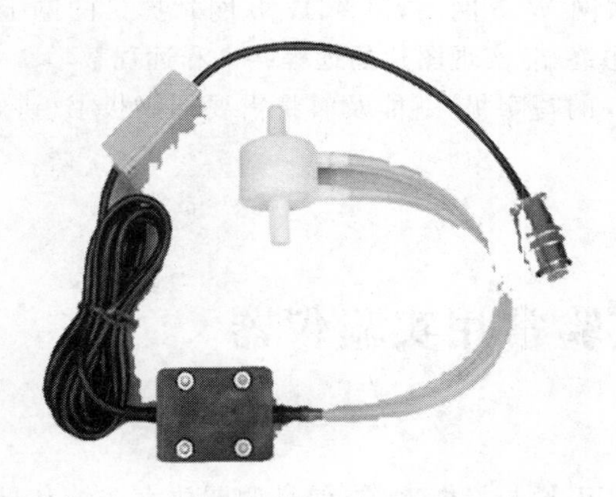

图2-3　捆绑式呼吸换能器

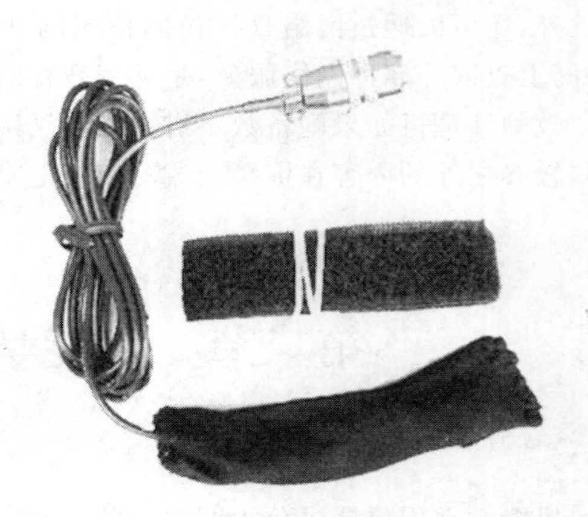

图2-4　呼吸流量换能器

三、信号调节放大系统——生物电放大器

有的生物信号较为微弱，尚需进行适当的放大。信号调节系统是一种放大器或放大器的组合，对信号基线的位置和输出信号幅度的高低（增益，信号的 Y 轴）进行调节。最原始的经典仪器是各式各样的杠杆、玛利式气鼓、各种检压计等。现代仪器设备包括示波器、记录仪中的放大器部分和专用的前置放大器、微电极放大器等。

四、显示与记录系统

有用纸带记录、显示屏记录或显示信号的仪器。通过调节相关的旋钮调节走纸速度或扫描速度（信号的 X 轴）将信号扩展开来。记纹鼓是一种较为原始的经典记录仪。由于计算机技术的发展，计算机生物信号采集处理系统已在机能学实验中广泛应用，从而替代了刺激器、放大器、示波器和记录仪。进行机能实验有时还需要添置一些维持生命的系统，如恒温槽、一些器官或细胞的灌流装置、神经屏蔽盒（室）、人工呼吸机等。

五、生物信号采集与处理系统

生物信号采集处理系统是借助于 PC 机和专用的软硬件来对生物信号进行采集处理的一种生物科学类实验设备。它具有刺激器、放大器、示波器、记录仪和分析处理等多种仪器的组合功能，它可取代传统的记录仪、示波器和刺激器等实验仪器，广泛应用于机能学教学与科研实验。国产的生物信号采集处理系统，操作系统按硬件安置方式可分为内置式（插于 ISA 或 PCI 槽）和外置式（串口、并口和 USB）两大类；按通道可区分为三通道、四通道和八通道三类。现阶段生物信号采集系统以 Windows 为操作系统并采用 USB 技术的四通道生物信号采集系统为主，本节以 BL-420 生物机能实验系统（成都泰盟）为例，阐述生物信号采集与分析处理系统在动物生理学实验教学过程中的具体应用。

（一）生物信号采集处理系统概述

1. 生物信号采集处理系统组成与基本工作原理

（1）生物信号采集处理系统组成　生物信号采集处理系统由微机、BL-420 系统硬件（图 2-5）和 TM_WAVE 生物信号采集与分析软件三大部分组成。硬件一般包括程控刺激器、程控放大器和数据采集卡以及各类接口组成，主要完成对各种生物电信号（如心电、肌电、脑电）与非电生物信号（如血压、张力、呼吸）的调理、放大，并进而对信号进行模/数（A/D）转换，使之进入计算机。软件主要完成对系统各部分进行控制和对已经数字化了的生物信号进行显示、记录、存储、处理及打印输出。

（2）生物信号采集与分析处理系统的基本原理　首先将原始的生物机能信号，包括生物电信号和通过传感器引入的生物非电信号进行放大、滤波等处理，然后对处理的信号通过模数转换进行数字化，并将数字化后的生物机能信号传输到计算机内部，计算机则通过专用的生物机能实验系统软件对信号进行实时处理。另外，生物信号采集与分析处理系统的软件也可以接受使用者的指令向实验动物发出刺激信号。完整的计算机生物信号采集与分析处理系统主要有信号的输入、放大、采集、记录与处理四部分，生物信号采集与分析处理系统基本工作模式如图 2-6 所示。

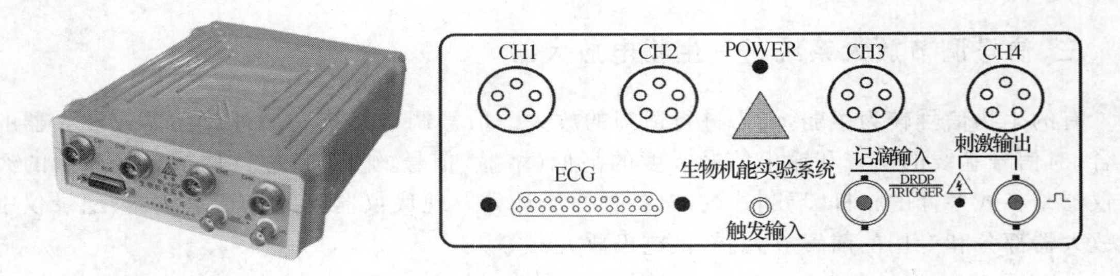

图 2-5　BL-420F 系统硬件

左:BL-420F 系统硬件外观图;右:BL-420F 系统硬件前置面板

CH1～4:五芯生物信号输入接口;ECG:全导联心电输入口,用于输入全导联心电信号;

POWER:电源指示灯;触发输入:二芯外触发输入接口;

记滴输入:二芯记滴输入接口;刺激输出:三芯刺激输出接口

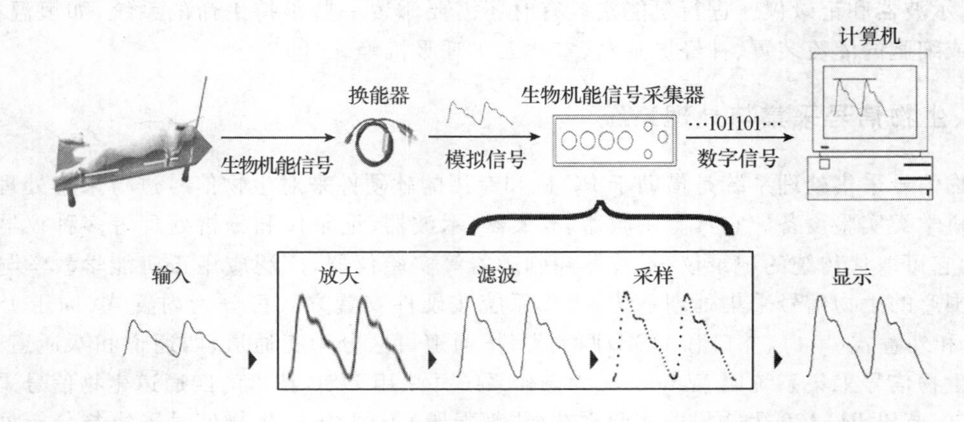

图 2-6　BL-420 生物信号采集系统工作原理示意图

(二)BL-420F 生物机能实验系统安装

1. BL-420 生物机能实验系统硬件安装

硬件无需打开计算机机箱进行安装,只需使用专用的 USB 连接线将 BL-420F 外置信号采集盒与计算机相连,并接好 BL-420 系统电源线即完成系统的硬件连接(图 2-7 左)。BL-420F 外置信号采集盒有单独的外部电源和电源面板开关,系统连接后,应打开外置信号采集盒背部面板的电源开关,背部面板包含有电源开关、电源插座、接地柱、监听输出和 USB 接口

图 2-7　BL-420 系统配置和后面板

左:BL-420 系统配置的 USB 连接线和 12 V 直流转换器;右:BL-420 系统的后面板

5个部分(图2-7右)。确认前置面板上的电源指示灯亮(绿色)。信号采集必需的附属配件(如张力换能器、刺激电极)连接,应遵循接口定义,与前置面板上的对应接口相连。

2. 软件安装

一般而言,BL-420生物信号显示与处理软件在厂家工程技术人员为用户进行产品的安装、调试和培训之后已经在用户的计算机上安装好,用户打开计算机即可使用。

(三)TM_WAVE生物信号采集与分析软件

1. 启动软件

启动生物信号采集系统的方法和启动常用办公软件类似。一般可以用双击桌面相应"生物信号采集系统"快捷方式的方法启动软件,或者可以在开始菜单程序中找到BL-420F生物机能实验系统的快捷菜单,点击打开。

2. 主界面

主界面从上到下依次主要分为:标题条、菜单条、工具条、波形显示窗口、数据滚动条及反演按钮区、状态条等6个部分;从左到右,主要分为:标尺调节区、波形显示窗口和分时复用区3个部分。在标尺调节区的上方是刺激器调节区,其下方则是Mark标记区。分时复用区包括:控制参数调节区、显示参数调节区、通用信息显示区和专用信息显示区4个分区,它们分时占用屏幕右边相同的一块显示区域,可以通过分时复用区顶端的4个切换按钮在这4个不同用途的区域之间进行切换(图2-8)。主界面上各部分功能执行参见表2-1。

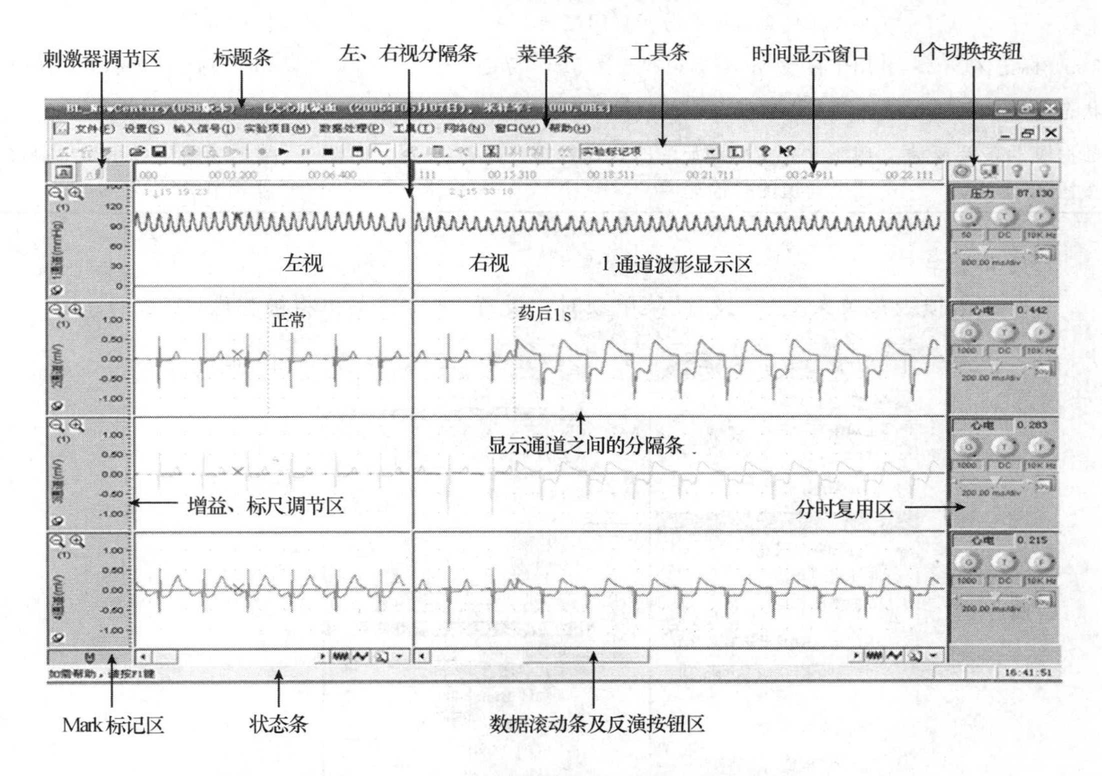

图2-8　BL-420F生物信号显示与处理软件主界面

表 2-1　主界面上各部分功能

名称	功能	备注
刺激器调节区	调节刺激器参数及启动、停止刺激	包括两个按钮
标题条	显示软件名称及实验标题等相关信息	
菜单条	显示软件中所有的顶层菜单项,您可以选择其中的某一菜单项以弹出其子菜单。最底层的菜单项代表一条命令	菜单条中一共有 9 个顶层菜单项
工具条	一些最常用命令的图形表示集合,它们使常用命令的使用变得方便与直观	其中包含有下拉式按钮
左、右视分隔条	用于分隔和调节左、右视大小	左、右视面积之和相等
时间显示窗口	显示记录数据的时间	数据记录和反演时显示
四个切换按钮	用于在 4 个分时复用区中进行切换	
标尺调节区	选择标尺单位及调节标尺基线位置等	
波形显示窗口	显示生物信号的原始波形或处理后的波形,每一个显示窗口对应一个实验采样通道	
显示通道之间的分隔条	用于分隔不同的波形显示通道,也是调节波形显示通道高度的调节器	4 个显示通道的面积之和相等
分时复用区	包含硬件参数调节区、显示参数调节区、通用信息区以及专用信息区 4 个分时复用区域	这些区域占据屏幕右边相同的区域
Mark 标记区	用于存放 Mark 标记和选择 Mark 标记	Mark 标记在光标测量时使用
状态条	显示当前系统命令的执行状态或一些提示信息	
数据滚动条及反演按钮区	用于实时实验和反演时快速数据查找和定位,同时调节四个通道的扫描速度	实时实验中显示简单刺激器调节参数(右视)

3. 设置菜单

鼠标单击顶级菜单条上的“设置”菜单项时,“设置”下拉式菜单将被弹出(图 2-9)。

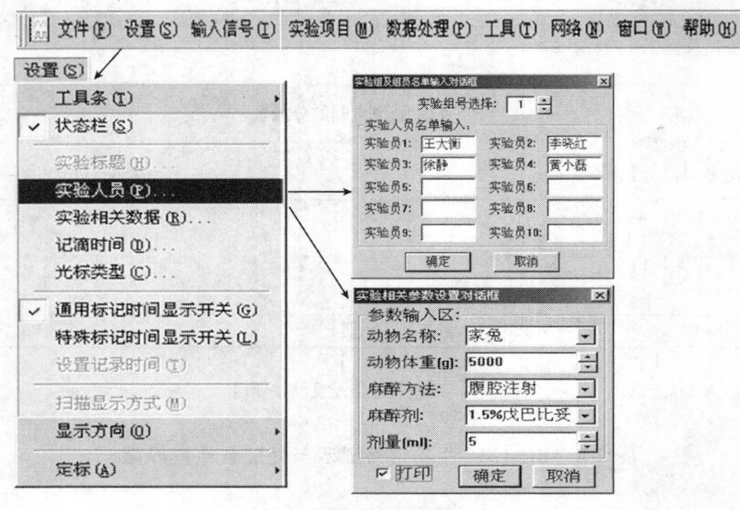

图 2-9　实验设置内容

4. 设置输入信号类型

从 TM_WAVE 软件的"输入信号"菜单中为需要采样与显示的通道设定相应的信号种类（图 2-10）。

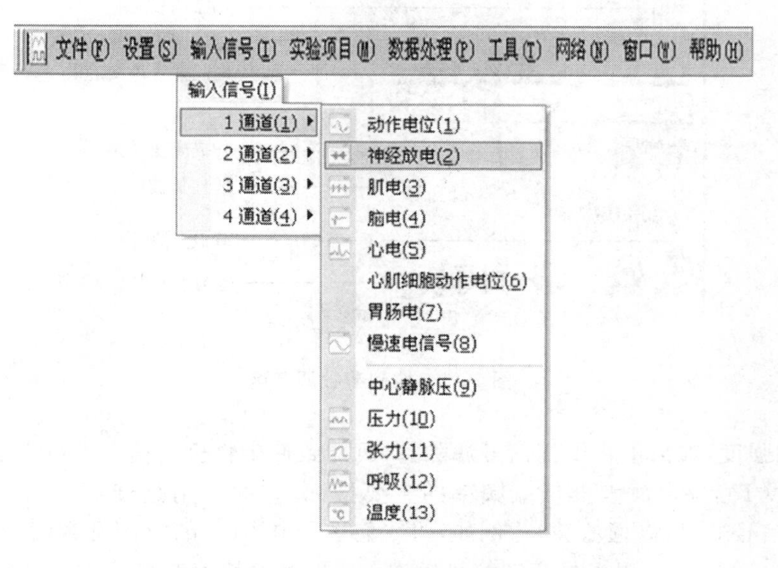

图 2-10　输入信号设置

5. 实验过程

在工具条中选择"开始"命令按钮开始实验，压力换能器选择"压力"信号，张力换能器选择"张力"信号，心电导线选择"心电"信号，进行实验记录过程。在实验过程中，为了减少记录的无效数据占据磁盘空间，如果需要暂停一下波形观察与记录，可以暂停实验，选择工具条上的"暂停"命令按钮。完成一次实验之后，可以选择工具条上的"停止"命令按钮。完成"停止"命令之后，TM_WAVE 软件将提示，为实验得到的记录数据文件取一个名字以便于保存和以后查找，然后结束本次实验。从工具条上选择"打开"命令按钮，然后在"打开"对话框中选择需要打开的文件名字，按"确定"按钮打开一个已记录数据文件。然后我们可以对打开的数据文件进行测量、分析等操作，最后打印出实验报告。

在实验过程中，按下"暂停"按钮使实验处于暂停状态，此时，按下工具条上的图形剪辑按钮，使系统处于图形剪辑状态；选择一段感兴趣的波形区域，可只选择一个通道的图形或同时选择多个通道的图形；区域选择后，图形剪辑窗口出现，所选择的图形将自动被粘贴到图形剪辑窗口中；选择图形剪辑窗口右边工具条上的退出按钮，退出图形剪辑窗口；此时继续剪辑其他波段，重复以上步骤，并将剪辑图形存盘或打印。

6. 控制参数调节区

控制参数调节区是 TM_WAVE 软件用来设置 BL-420 系统的硬件参数以及调节扫描速度的区域，对应于每一个通道有一个控制参数调节区。主要操作方法如图 2-11 所示。

增益(G)：指生物信号采集系统的放大倍数，BL-420 生物信号采集系统的放大倍数为 2 万～5 万倍。放大倍数的大小应依据实验的灵敏度来选择。

滤波：由于在生物信号中夹杂有众多声、光、电等干扰信号，干扰信号的幅度往往大于生物

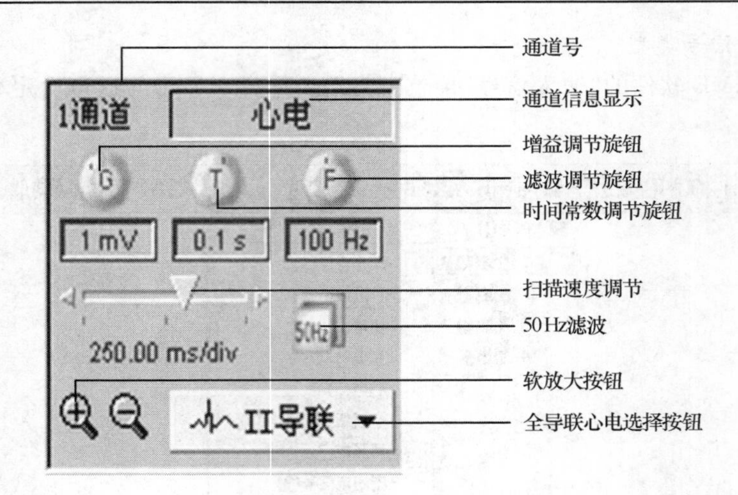

图 2-11 控制参数调节区

电信号本身的强度,如果不将干扰信号滤除掉,可能致使生物机能信号本身无法观察。

时间常数(T):决定放大器低端频率的主要指标,它的作用是衰减生物信号中的低频信号,允许高频信号通过(高通滤波)。例如,当我们选择 0.01 s 的时间常数时,将衰减 0.1 s 的低频信号,只允许 0.01 s 以上的高频信号通过。一般测量快速交变信号时选择较小的时间常数,测量慢速交变信号时选择较大的时间常数。

高频滤波(F):将所检测的生物电信号中不需要的高频成分或噪声滤掉,这样可使所测信号的主要频率成分被放大。例如,当我们选择 1 kHz 的高频滤波时,将衰减掉 1 kHz 以上的生物信号,只让 1 kHz 以下的生物信号通过。所以,高频滤波又称为低通滤波。

7. 退出软件

可选择 BL-420 软件"文件"菜单中的"退出"命令即可退出软件。

(方富贵,王菊花)

第三章

动物实验基本操作技术和器械使用

第一节　动物实验的基本操作技术

一、常用实验动物的抓持和固定

(一)两栖类

1. 抓持

动物机能学实验中常用蟾蜍(toad)和青蛙(frog)。抓取蟾蜍时,可先在蟾蜍体部包一层湿布,用左手将其背部贴紧手掌固定,把后肢拉直,并用左手的中指、无名指及小指夹住,前肢可用拇指及食指压住(图 3-1),右手即可进行实验操作。在抓取蟾蜍时,注意勿挤压两侧耳部突起的毒腺,以免蟾蜍将毒液射到使用者眼睛里。

图 3-1　蛙和蟾蜍的捉持方法

2. 固定

蛙的制动一般采用损毁脑及脊髓的办法。左手握蛙,用食指将蛙头向后下压成直角,右手指可触摸到柔软凹陷的枕骨大孔,用探针刺入后倾斜向前搅动捣毁脑。也可用铁剪刀自口角后缘剪去上颌。若同时捣毁脊髓,则称为双刺毁,全身肌肉将处于松弛瘫软状态。也可采用乙醚吸入麻醉或皮下注射水合氯醛。制动后的蛙可用大头针将四肢钉于木制蛙板上操作。

蛙类背部淋巴囊明显,可用于注射。心脏在离体情况下仍能有节奏地搏动很久,常用来研究心脏的生理、药物对心脏的作用。腓肠肌和坐骨神经可用来观察外周神经的生理功能和骨骼肌的收缩。用蛙和蟾蜍可进行观察脊髓休克、脊髓反射、反射弧分析、肠系膜或蹼血管微循环等实验。

(二)家兔

家兔(rabbit)属哺乳动物兔型目。生活习性具有夜行性和嗜眠性,当使其仰卧顺毛抚摸其胸腹部并按摩其太阳穴可使其进入睡眠状态,在不进行麻醉的情况下可进行短时间的实验操作。解剖学上,家兔颈部有降压神经独立分支,属于传入性神经,适合做急性心血管实验。

1. 抓持

家兔的脚爪锐利,若不小心或方法不当易被其抓伤,或造成兔子的创伤甚至导致流产等。正确的抓兔方法是:一只手在兔子头前挡住,当它匍匐在地时,顺势大把抓住双耳及颈部皮毛,承重在颈部皮毛上,迅速提起,另一只手托住臀部和下腹,抱在胸前(图3-2)。

图3-2　抓兔法

(引自陆宏开,丁衡君,兽医临床诊断学实习指导,1989.)

2. 固定

实验中通常将家兔保定在兔手术台上,用棉绳或纱布条做好双活扣拴在腕关节和踝关节以上,必要时用头夹(图3-3左)保定好头部再固定在手术台头端铁柱上。做家兔耳血管注射或取血时,也可用兔箱固定(图3-3右)。

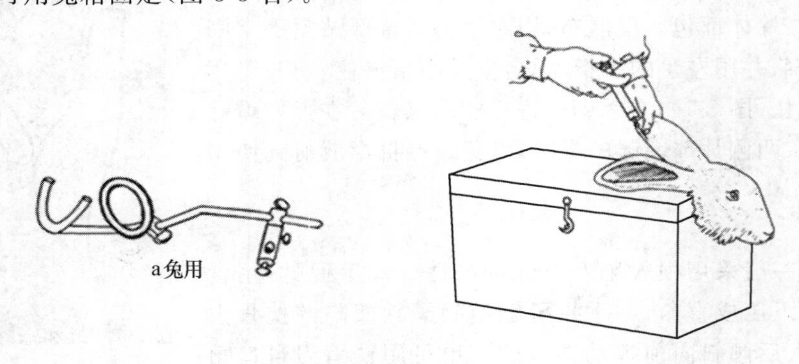

图3-3　兔固定

左:兔固定头夹(引自乔慧理,1994);右:兔箱固定法

(三)小白鼠

小鼠(mouse)属啮齿目鼠科,是从野生小家鼠经长期人工选择培育而成,常见的均为白色品系,又称为小白鼠。

1. 抓持

小白鼠的捕捉可用手或大镊子轻轻提起尾巴，让其前肢扒在笼子边缘，左手拇指食指迅速捏住其双耳和颈后部皮肤，使其不能转头，将身体和尾部交由左手掌心、无名指和小指保定（图3-4）。右手可进行腹腔注射等操作。

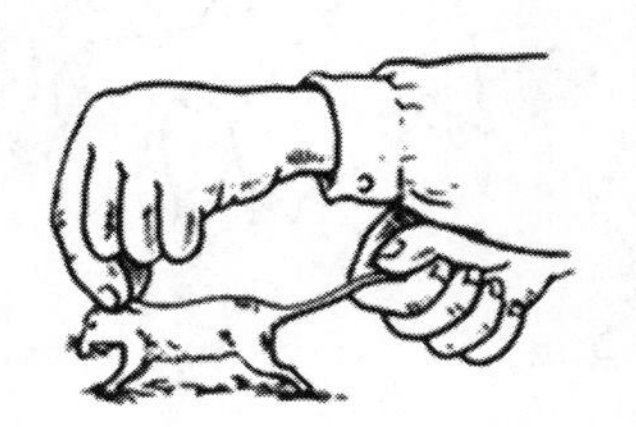
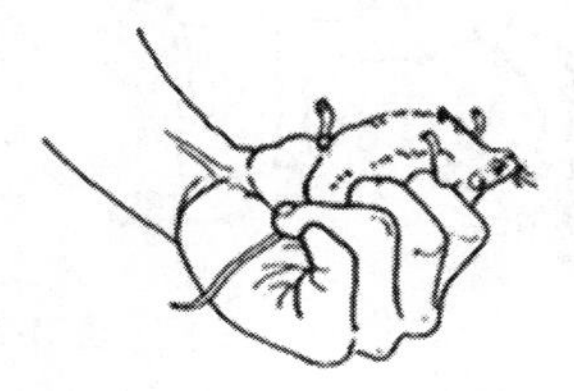

图 3-4　小鼠捉持方法

左：捉小鼠；右：持小鼠

2. 固定

尾静脉采血或注射时，可将小鼠固定在金属或木制的固定器中（图 3-5）。

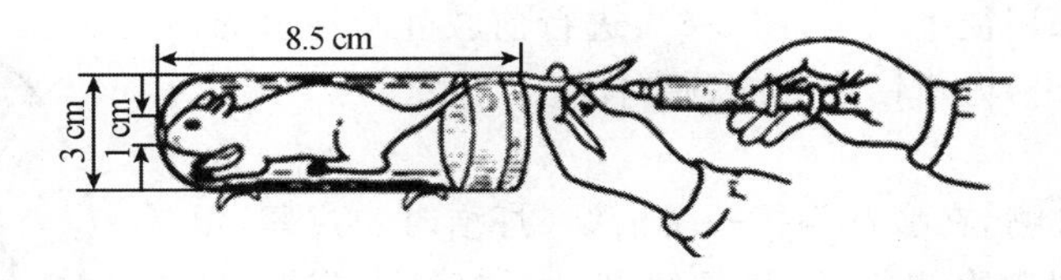

图 3-5　小鼠固定器

（四）大鼠

大鼠（rat）属啮齿目鼠科。实验者戴帆布手套，右手抓住鼠尾，放在较粗糙的台面或鼠笼上向后轻拉，左手拇指和食指抓紧两耳和头颈部皮肤，余下 3 指紧捏鼠背部皮肤，如果大鼠后肢挣扎厉害，可将鼠尾放在小指和无名指之间夹住，将整个鼠固定在左手中，右手进行操作（图 3-6）。若大鼠性情凶猛，应待其安静后再捉拿或用卵圆钳夹鼠颈部抓取。

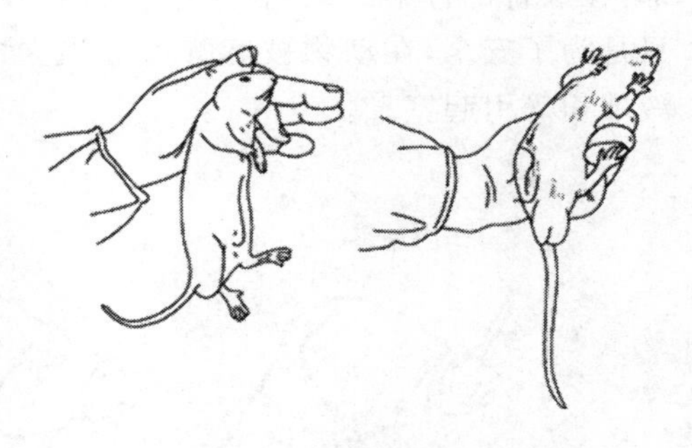

图 3-6　大白鼠捉拿法

（五）羊

羊有山羊（goat）和绵羊（sheep），性情温顺，保定也很容易，很少对人造成伤害。在捉羊时，可抓住一后肢的跗关节或跗前部，羊能被控制。另外，还有以下两种常用保定方法。

1. 骑跨保定法

术者两手握住羊的两角，骑跨羊身，以大腿内侧夹持羊两侧胸壁即可保定（图 3-7 左）。用于临床检查或治疗时的保定。

图 3-7　羊保定

左:骑跨保定法;右:两手围抱保定法

2. 两手围抱保定法

在羊身体一侧用两手分别围抱其前胸或股后部加以保定(图 3-7 右)。用于一般检查或治疗时的保定。

(六)犬

较温顺的犬可采用徒手保定(图 3-8),进行前肢静脉注射等。凶猛的犬可用铁制长柄犬钳钳住犬的颈部保定。

1. 绑嘴法

先将绳子绕过犬嘴,在嘴背侧打一个活结(打结时勿过紧,以免激怒动物),再绕到嘴腹侧打结,最后绕到颈后打结固定,以防绳子脱掉(图 3-9a,b,c)。另一种方法是先用绳子打好双套结(图 3-9d),直接套在犬嘴上,两端在犬的下颌拉紧,然后引向耳根后部,在颈背部打第二结,在这结上再打一活结。捆绑犬嘴的目的只是为了安全,在动物被麻醉后应当立即松绑。以免因呕吐、黏液堆积等引起窒息。

图 3-8　犬徒手保定

[引自北京农业大学,东北农学院,家畜外科手术学(第二版),1993.]

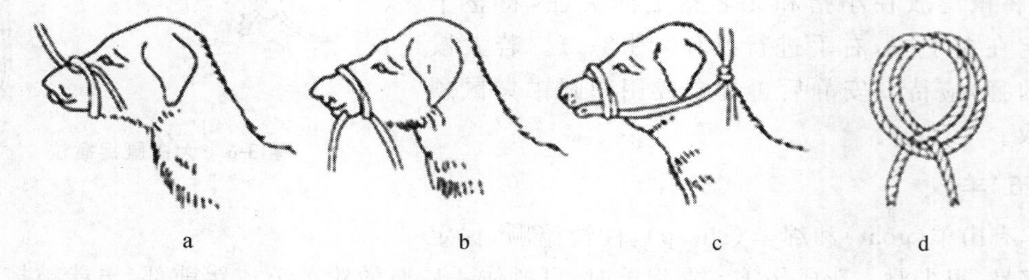

图 3-9　捆绑犬嘴的步骤

2. 固定法

将犬麻醉固定在手术台上,四肢绑上绳带。前肢的两条绳带在背后交叉,然后分别将对侧前肢压在绳带下面,再将绳带拉紧缚在手术台边缘柱上。两下肢的绳带随下肢平行方向拉紧,缚在手术台边缘柱上。头部用绳带扎其上颌骨固定。或用固定头夹固定。

二、常用实验动物的麻醉

临床手术以及术前捕捉制动等，都会引起动物的疼痛、不适、恐惧等，是对身心的恶性刺激，还会在动物体内引起实质性的变化，从而影响实验结果的质量。因此实验常在手术前对动物进行毁脑或麻醉。麻醉措施也会在动物体内造成变化，但这些变化是能够预见和可以控制的，并且手术都可能会引起比麻醉时更大的不适。

麻醉方式有多种，除常用的药物麻醉外，还有针刺麻醉、催眠麻醉等。药物麻醉是指用麻醉药使动物全身或局部的神经、体液活动受到抑制或改变，引起动物机体全身或局部的感觉暂时性的迟钝或消失。在生理实验中，通过麻醉可以保障生理机能平衡，防止疼痛及休克，避免动物骚动，确保动物实验顺利进行。实验动物的麻醉关键在于正确选择麻醉药物和麻醉方法，仔细观察麻醉过程，判断麻醉效果。

（一）麻醉剂

理想的麻醉药应该具备下列三个条件：第一，麻醉完全，使动物完全无痛感，麻醉时间大体上满足实验要求；第二，对动物的毒性及所要研究的机能影响最小；第三，应用方便。20 世纪五六十年代麻醉动物大多只用单一种类的麻醉药，后来逐步改用混合药，如镇痛、肌松作用药品混合使用，可以达到减少毒副作用、改善效果的目的。麻醉药品种类很多，作用原理也各有不同，要根据动物的敏感性、解剖特点和体况、气质及手术情况选择麻醉品及用药量和用药途径（吸入、静注、肌注、食入、灌肠等），以保证实验的顺利进行和获得正确的结果。

常用麻醉药物可依其麻醉效果分为局部麻醉药物和全身麻醉药物。在工作中应根据不同的实验要求选择不同的麻醉药物。

1. 全身麻醉药物

(1) 戊巴比妥钠（pentobarbitalum natrium）　巴比妥类药物，根据其作用时限可分为长、中、短、超短时作用 4 类。如 10%苯巴比妥钠和 10%巴比妥钠用于犬、猫、兔、鼠的静脉或腹腔注射麻醉，可维持 8 h，属于长效作用类，但麻醉诱导期长，不常用；硫喷妥钠配成 2.5%～5%的溶液，可以维持 0.5～1 h，属超短时作用类；异戊巴比妥钠（0.1%）属于短时作用类，但麻醉不够稳定。

最常用的戊巴比妥钠属短时作用类，兔、犬参考用量每千克体重 20～30 mg，静脉注射。对实验动物有良好的效果，可抑制脑干网状结构上行激活系统而产生催眠和麻醉作用，可以维持 2～4 h。中途补充每千克体重 5 mg，可继续维持 1 h 以上。该药一般用于急性实验。该药麻醉过程中兴奋作用较强，因此前 1/3 剂量可用较快的速度注入，以尽快度过兴奋期；后 2/3 要缓慢，并随时观察麻醉深度。

配制方法：戊巴比妥钠 3～5 g 加入 95%乙醇 10 mL，加温助溶（不可煮沸）后，再加入 0.9% NaCl 溶液至 100 mL。

(2) 勒布妥麻醉剂（nembutal 注射液）　配方为：戊巴比妥钠 5 g，丙二醇 40 mL，乙醇 10.5 mL，加蒸馏水至 100 mL。其主要成分是戊巴比妥钠，加入的乙醇和丙二醇延长了麻醉时间，增强了麻醉效应。该药可采用腹腔或静脉注射，兔参考用量每千克体重 0.5 mL，对猪、犬、鸭、鼠等效果也好，但不适用于反刍动物。由于戊巴比妥钠对心肌、血管平滑肌和呼吸中枢有抑制作用,一般不用于心、血管和呼吸机能方面的研究。麻醉时需有尼可刹米备用。

(3)乌拉坦(urethane) 即氨基甲酸乙酯,又称尿烷、尿酯。作用快而强,可导致较持久(4～8 h)的浅麻醉,对呼吸无明显影响,安全系数大。多数实验动物都可以使用乌拉坦进行麻醉,尤其适用于小动物。兔对其较敏感,兔、犬、猫等哺乳类用量为每千克体重0.75～1 g,配成20%或25%溶液,耳缘静脉或腹腔注射。此外,鸟类(每千克体重1.25 g)和蛙类(每千克体重2 g)也可用乌拉坦麻醉。因低温时易结晶,所以冬天实验时应适当加温以免影响药效。目前多用于血压测定等麻醉要求较高的实验中。

(4)氯醛糖(chloralose) 氯醛糖在水中的溶解度较小,常配成1%的溶液。使用前需在水浴锅中加热,使其溶解,但加热温度不宜过高,以免降低药效。本药的安全范围大,能导致持久的浅麻醉,对自主神经中枢无明显抑制作用,对痛觉作用也小,故特别适用于要求保留生理反射(如心血管反射)或神经系统反应的实验研究。

实验中常将氯醛糖与乌拉坦混合使用。以加温法将氯醛糖溶于25%的乌拉坦溶液内,使氯醛糖的浓度为5%。犬和猫静脉注射剂量为每千克体重1.5～2 mL,兔也可用此剂量做静脉注射。

(5)水合氯醛(chloralum hydratum) 猪参考用量为每千克体重150～170 mg,配成20%溶液,耳静脉注射。也可配成10%的淀粉溶液直肠灌注使用,剂量为每千克体重5～10 g。

(6)酒精生理合剂 有效成分为乙醇,用生理盐水配成35%～55%的溶液,成年兔参考用量为每千克体重8 mL。适用于2 h左右的手术。但个体间差异较大,注射量也较大,且过量易因抑制呼吸中枢而使兔致死。故静脉注射时应缓慢并随时注意动物的反应。

(7)乙醚(aether) 乙醚是无色有强烈刺激味的液体,极易挥发,其蒸气比空气重2.6倍,易燃易爆。是猫、犬、兔、鼠等中小型动物的全身麻醉药,行吸入麻醉途径。乙醚吸入麻醉的机理是抑制中枢神经系统,使肌肉松弛。但会刺激呼吸道分泌物增多,甚至导致窒息死亡,使用中应由专人注意和观察动物呼吸道是否通畅。术前可应用阿托品(每千克体重0.1～0.3 mg)抑制分泌活动,术中保持动物呼吸道通畅。乙醚麻醉性很强,安全范围广,麻醉深浅和持续时间容易控制。恢复快,动物在停止吸入乙醚后1 min内即可苏醒。

其他吸入性麻醉药物包括三氟乙烷、氯仿等,但较少应用。因氯仿单独使用安全度小,常与乙醚混合成1∶1或1∶2的比例使用。麻醉方法同乙醚。

(8)化学保定类药 如静松灵(二甲苯胺噻唑),具有镇静、镇痛和中枢松弛肌肉作用,羊用2%注射液肌注每千克体重1～3 mg,牛肌注剂量为每千克体重0.2～0.6 mg。

“846”,又称速眠新,是盐酸二氢埃托啡、保定宁和氟哌啶醇的复合液,对羊、犬、兔等具有良好的镇痛、镇静和肌松作用,安全范围大。也可作麻醉药代用品。肌肉注射的剂量为羊、犬、兔每千克体重0.1 mL计算。

2.局部麻醉药物

常用盐酸普鲁卡因,合成局部麻醉药,用于中、小外科手术,麻醉方法有表面麻醉、局部浸润麻醉、区域阻滞麻醉和神经干(丛)阻滞麻醉等,可消除局部疼痛。如家畜消化道瘘管手术中配成0.3%的溶液,在术部周围由深层至浅层做浸润麻醉等。神经干阻滞麻醉用2%浓度的溶液。局部麻醉药还有利多卡因、丁卡因等。丁卡因只用于局部表面滴药或涂抹。

(二)麻醉方法

根据动物种类、手术要求选择适当的麻醉药品和麻醉方式。动物全身麻醉的进程由浅入深分作下列 4 期:①诱导期,主动动作存在;②浅外科期,对非疼痛刺激无肢体动作反应,钳夹趾间组织尚能引起缩肢,眼睑反射及角膜反射存在;③深外科期,眼睑反射消失,角膜反射十分微弱,兔和鼠随意肌完全松弛;④过深期,呼吸微弱甚至停止,心跳由快弱转而减慢、终于停搏。麻醉中要密切观察动物反应,掌握好麻醉深度,避免注射过快或用量过多而导致死亡。

1. 注射麻醉方法

注射法为常用的麻醉方法。它具有麻醉作用发生快,没有明显的兴奋期,几乎立即生效,便于掌握用药剂量,易控制麻醉深度等特点。按注射途径可分为静脉注射麻醉、腹腔注射麻醉、皮下注射麻醉、肌肉注射麻醉和椎旁注射麻醉等。给药途径应按肌肉、腹腔、静脉的顺序来选择。可腹腔注射的药物不必通过静脉给药,可肌肉注射的药物也应避免腹腔注射。

(1)静脉注射麻醉　是常用的全身麻醉方法,与注射给药的部位、手法一致,只是注射过程中应严格掌握注射速度。一般参考用量的前 1/3 速度可适中,以迅速度过动物兴奋挣扎的诱导期,此后边注射边观察、检验。出现呼吸节律不整和心动过缓时,应立即停止给药。参考用量的麻醉剂宁可保留一点,术中补注,也不要一次打完。对于体质异常(过胖或过瘦)、挣扎反应强烈的动物,及注射不顺利或太顺利情况都要特别小心。

(2)腹腔注射麻醉　主要用于小动物实验。与静脉注射相比,腹腔注射麻醉操作简便易行,但麻醉作用发生慢,有一定程度的兴奋期、麻醉深度不易控制,只有在静脉注射麻醉不便或失败后才进行。

(3)肌肉注射麻醉　常用于鸟类。多取胸肌注射药液。

(4)椎旁麻醉　一般用于腹部手术。如与局部浸润麻醉配合使用,效果更好。注射部位是最后胸椎与第一腰椎的椎间附近,第一、二及第二、三间的腰椎椎间孔外口处,麻醉最后一对胸神经及第一和第二对腰神经。当刺到椎管时有似刺透硬膜感觉,此时动物尾巴随针刺而动,或后肢有跳动,则证明刺入椎管。麻醉药可用 2%的普鲁卡因,每穴注射 10～15 mL。部位正确时,通常在注射后 10 min 即达麻醉。

2. 吸入麻醉

吸入麻醉是将挥发性麻醉药(如乙醚等)或麻醉气体经呼吸道吸入体内,从而发挥麻醉作用,属全身麻醉。乙醚吸入麻醉会出现兴奋期,可在麻醉前给予适当的镇静性药物和阿托品,以减轻兴奋反应,防止呼吸道阻塞而发生麻醉意外事故。

给猫、兔等动物做吸入麻醉时,可采用口鼻罩法(开放法)。此外,还可将这些动物以及大、小白鼠等体形较小的动物置入一个特制的麻醉箱内,或者放在钟罩或大烧杯内(封闭法),然后将浸有乙醚的药棉或纱布放入其内,让动物呼吸乙醚空气。待动物卧倒后,将其取出,用开放性点滴法维持,直到合适的麻醉深度。

3. 局部麻醉

浸润麻醉属于局部麻醉,常用方法是将麻醉药注射于皮下、黏膜或深部组织中,浸润组织,以麻醉感觉神经末梢或神经干,使局部失去感觉和传导刺激的作用。施行浸润麻醉时,可将麻醉药直接注射到切口部位(直接浸润麻醉法)或在切口外围(封闭浸润麻醉法)。封闭浸润麻醉法要求使用比较细长的针头,刺破皮肤后在皮下平行刺入直至针头全部,然后边推药物边退针(也可边进针边注射),使药物浸润整个手术部位,同时轻揉使药液扩散浸润,阻滞神经末梢,即可手术。其药物用量视手术部位大小和麻醉时间长短的需要而定。

(三)动物麻醉效果的观察

1. 呼吸

动物呼吸加快或不规则,说明麻醉过浅,应适当追加麻药;呼吸平稳有节律说明麻醉效果较理想;呼吸变慢且以腹式呼吸为主,说明麻醉过深,动物有生命危险。

2. 神经反射

主要观察角膜反射,用棉花纤维或其他细软的物质刺激其角膜,若反应比较灵敏,说明麻醉过浅;角膜反应迟钝,麻醉程度合适;角膜反射消失,伴随瞳孔散大,说明麻醉过深。

3. 肌张力

用手指捏夹、牵拉动物肢体,如仍有肌张力或肌张力亢进说明麻醉过浅;麻醉较好时,全身肌肉松弛,动物瘫倒。

4. 痛觉反应

麻醉过程中用血管钳夹捏动物皮肤或针刺术部皮肤,若反应灵敏,说明麻醉过浅;如反应消失,则麻醉合适。

(四)麻醉意外问题的处理

1. 麻醉过量

麻醉过量时手术操作会使实验动物呼吸困难,呼吸运动浅而慢,动物全身皮肤颜色青紫。这时,要密切观察动物生命体征的变化,同时做好抢救工作的准备。另外,可根据不同情况采取相应的急救处理措施,如实行人工呼吸、胸外心脏按压、对症注射强心剂(1∶10 000肾上腺素)和苏醒剂[咖啡因,每千克体重1 mg;可拉明(即尼可刹米),每千克体重2~5 mg;山梗菜碱,又称洛贝林,每千克体重1~5 mg]等。或用人工呼吸机维持通气,待恢复自主呼吸后,再进行后续操作。

2. 麻醉过浅

手术时麻醉过浅会导致动物产生挣扎、尖叫等,应及时追加麻醉药物,但一次不宜超过总量的1/5,并密切观察动物是否已达到麻醉的基本状态。当计算总量已用尽,而动物仍无法进入最佳的麻醉状态,影响手术操作时,可慎重追加麻醉药物,但应选择腹腔或肌肉注射的方式给药。或者配合以局部麻醉。

(五)麻醉注意事项

①犬、猫等动物,为避免麻醉或手术过程中发生呕吐,术前8~12 h应禁食。家兔或啮齿类动物无呕吐反射,术前无需禁食。

②静脉麻醉时,抽取药液后应排净注射器内空气,以免将空气注入血管引起血管栓塞;严格掌握注射速度,宜慢,否则容易引起动物死亡。为避免发生麻醉意外(呼吸暂停、心脏停跳、甚至死亡),可先按上述方法缓慢注入药物总剂量的1/3~1/2,剩下的根据动物反应与麻醉效果决定注射速度或者是否应该继续注入。

③乙醚是挥发性很强的液体,易燃易爆,使用时应远离火源。平时应装在棕色玻璃瓶中,储存于阴凉干燥处,不宜放在冰箱内,以免遇到电火花时引起爆炸。

④动物处于麻醉状态时,体温调节能力下降,因此要特别注意保温。在寒冷季节,注射前应将麻醉剂加热至与动物体温相近的水平。

三、实验动物采血法

采集血液是进行常规检查或某些生物化学分析的需要，采血方法的选择，主要决定于实验的目的、所需血量及动物种类。凡用血量较少的检验可刺破组织取毛细血管的血。当需血量较多时可作静脉采血。静脉采血时，若需反复多次，应自远心端开始，以免发生栓塞而影响整条静脉。

（一）兔的采血

兔的采血方法有多种，需血量较少时可从耳缘静脉采血，需血量在几毫升可从耳中央动脉采血，更多时用颈静脉采血或心脏采血。

1. 耳缘静脉采血

将兔固定，拔（或剪）去耳缘静脉局部的被毛，消毒，用手指轻弹兔耳，使静脉扩张，用针头刺入耳缘静脉末端，血液即流出。耳缘静脉采血为最常用的兔采血方法，可多次重复使用。

2. 耳中央动脉采血

在兔耳中央有一条较粗的、颜色较鲜红的中央动脉。用左手固定兔耳，右手持注射器，在中央动脉的末端，沿着与动脉平行的向心方向刺入动脉，即可见血液进入针管。

3. 心脏采血

将兔仰卧保定，穿刺部位在第三肋间胸骨左缘 3 cm 处，选心跳最明显的部位把注射针刺入心脏，血液即流入针管。心脏采血所用的针头应细长，以免发生采血后穿刺孔出血。也可从胸骨剑突尾端和腹部平面呈 30°角向头端刺入。

4. 股静脉取血

行股静脉分离手术，注射器平行于血管，从股静脉下端向向心端方向刺入，徐徐抽动针栓即可取血。抽血完毕后，要注意止血。股静脉易止血，用干纱布轻压取血部位即可。若连续多次取血，取血部位应尽量选择离心端。

5. 颈静脉取血

将兔固定于兔箱中，倒置使兔头朝下，在颈部上 1/3 的静脉部位剪去被毛，用碘酒、酒精消毒，剪开一个小口，暴露颈静脉，注射器向向心端刺入血管，即可取血。此处血管较粗，很容易取血，取血量也较多，一次可取 10 mL 以上，用干纱布或棉球压迫取血部位止血。手术法分离颈静脉，可用注射器直接采血，或安置导管，反复采血。

（二）小鼠、大鼠的采血

1. 剪尾取血法

将鼠固定，露出尾巴，用酒精涂擦或用温水浸泡使血管扩张，剪断尾尖后，尾静脉血即可流出，用手轻轻地从尾根部向尾尖挤捏，可取到一定量的血液。取血后，用棉球压迫止血。也可采用交替切割尾静脉方法取血。用一锋利刀片在尾尖部切破一段尾静脉，静脉血即可流出，每次可取 0.3～0.5 mL，供一般血常规实验。3 根尾静脉可替换切割，由尾尖向根部切割。

2. 眼球后静脉丛取血法

左手持鼠，拇指与中指抓住颈部皮肤，食指按压头部向下，阻滞静脉回流，使眼球后静脉丛充血，眼球外突（图 3-10 左）。右手持 1%肝素溶液浸泡过的自制吸血器，从内眦部刺入，沿内下眼眶壁，向眼球后推进 4～5 mm，旋转吸血针头，切开静脉丛，血液自动进入吸血针筒（图 3-10

右),轻轻抽吸血管(防止负压压迫静脉丛使抽血更困难),拔出吸血针,放松手压力,出血可自然停止。也可用特制的玻璃取血管(管长7～10 cm,前端拉成毛细管,内径0.1～1.5 mm,长为1 cm,后端管径为0.6 cm)。必要时可在同一穿刺孔重复取血。此法也适用豚鼠和家兔。

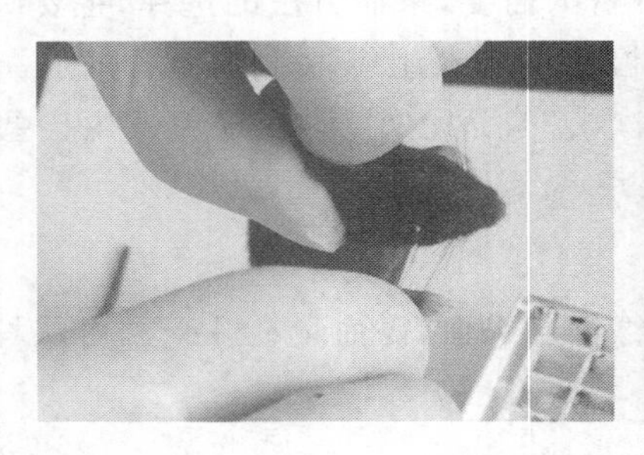
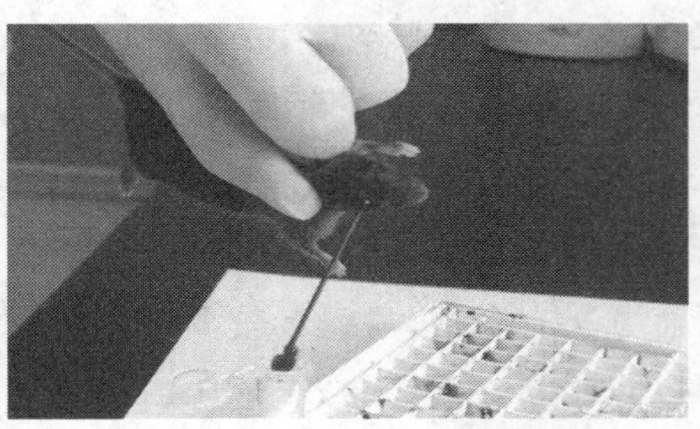

图3-10　眼球后静脉丛取血法

3. 眼眶取血法

左手持鼠,拇指与食指捏紧头颈部皮肤,使鼠眼球突出,右手持弯镊或止血钳,钳夹一侧眼球部,将眼球摘出,鼠倒置,头部向下,此时眼眶很快流血,将血滴入预先加有抗凝剂的玻璃管内,直至流血停止。此法由于取血过程中动物未死,心脏不断跳动,一般可取鼠体重4%～5%的血液量,是一种较好的取血方法,但只适用一次性取血。

4. 心脏取血

动物仰卧固定于鼠板上,用剪刀将心前区毛剪去,用碘酒、酒精消毒此处皮肤,在左侧第3～4肋间用左手食指摸到心搏,右手持连有4～5号针头的注射器,选择心搏最强处穿刺,当针头正确刺入心脏时,鼠血由于心脏跳动的力量,自然进入注射器。

5. 断头取血

实验者带上棉手套,用左手抓紧鼠颈部位,右手持剪刀,从鼠颈部剪掉鼠头迅速将鼠颈端向下,对准备有抗凝剂的试管,收集从颈部流出的血液,小鼠可取血0.8～1.2 mL,大鼠可取血5～10 mL。

6. 颈动静脉、股动静脉取血

麻醉动物背位固定,一侧颈部或腹股沟部去毛,切开皮肤,分离出静脉或动脉,注射针沿动静脉走向刺入血管。20 g小鼠可抽血0.6 mL,300 g大鼠可抽血8 mL。也可把颈静脉或颈动脉用镊子挑起剪断,用试管取血或注射器抽血,股静脉连续多次取血时,穿刺部位应尽量靠近股静脉远心端。

(三)鸟类的采血

采血和静脉注射常用的部位是翅膀的臂静脉(操作不当易形成血肿)、颈静脉和心脏。成年鸡心脏穿刺部位是从胸骨脊前端到背部下凹处连接线的1/2点,用细针头垂直刺入2～3 cm即可得心血。

(四)鱼类的采血

鱼类在采血前,一般都需要麻醉。待完全麻醉后,再实施采血技术。取血用具要求用清洁、干燥或无菌的玻璃注射器或人用玻璃毛细管采血,收集于按常规方法清洗或消毒的器皿中。应尽可能在采血后立即进行检查、分析,以防止血液凝固(鱼类血液一出体外即迅速凝固)。在采血之前均应先对采血的体表部位进行消毒,即先用碘酒棉球涂擦欲针刺之体表部位,再用酒精棉球擦净,最后用灭菌干棉球擦干,方可针刺取血。采血方法归纳如下:

1. 心脏取血

分为直接取血法和穿刺取血法。

(1)直接取血法　沿鱼体腹部中线的前方,剖开体壁和围心腔,露出心脏,将注射针插入动脉球,随心室的收缩慢慢抽拉注射器,即能取出血液。此法虽可取得比较大量的血液,但由于材料鱼在取血后要死亡而不适用于某些贵重的试验鱼或需要连续进行的血液分析工作。

(2)穿刺取血法　将材料鱼仰卧于实脸台上,用大拇指轻压胸鳍基部前方的胸部,从能感触到有跳动的位置,直接穿刺,当手头感觉到针尖遇有弹性时,即刺入了心脏,随着心跳慢慢拉动注射器,可取出大量血液(图 3-11)。虽然用此法能从同一尾材料鱼中多次采血,但因心脏受伤,材料鱼难以正常地长期饲养下去。因而这种方法仅适宜于大鱼以及在短期内能够完成的血液分析工作。

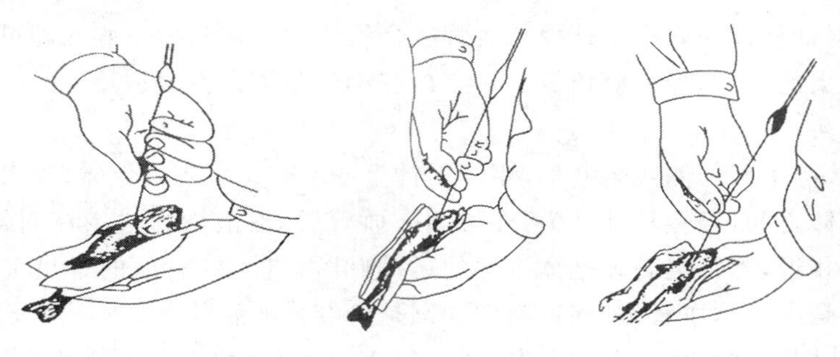

图 3-11　心脏穿刺取血法

2. 瞿氏(Cuvier)管取血法

将鱼侧卧,使其鳃盖张开,沿与锁骨大致平行的方向,把注射针刺入瞿氏管,即可取血。使用此法,不伤鱼体,操作简便,取血迅速。然而仅能适用于虹鳟、鲨鱼之类的鱼类。

3. 入鳃动脉取血法

此法适宜采取鲤形目等鱼的大鱼的血液。先将鱼侧卧,使其张开鳃盖,把适量的脱脂棉塞入第四鳃弓下面,用弯曲的注射针刺入入鳃动脉,即能取出血液,如图 3-12 所示。虽然这样取血不伤鱼体,且可连续多次采取,但在采血之后,常会大量出血不止。

4. 断尾取血

截断尾部,用注射器插入尾动脉的截断面,即可取出血液(图 3-13)。此法虽然简易,也可取出大量血液,但在取血之后,材料鱼死亡,对同一尾鱼不可能进行多次重复分析。

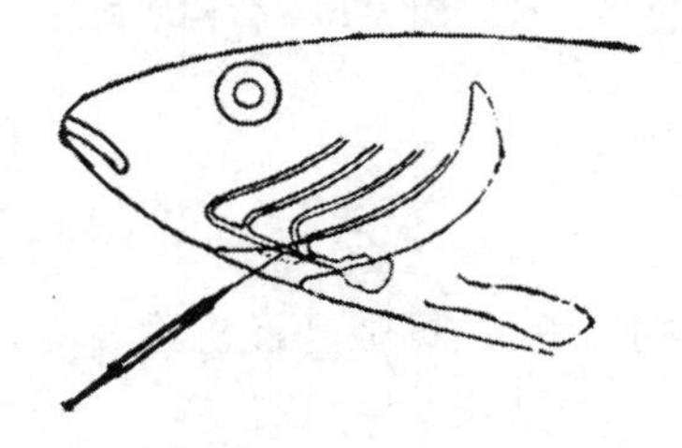

图 3-12　入鳃动脉血取法

图 3-13　断尾取血法

5. 穿刺尾动脉取血法

将鱼体仰卧于实脸台上，使其腹部朝上，用注射针沿鱼体中线，臀鳍基部后面的鳞下刺入，直刺到两个椎体中间的凹处为宜，根据针尖刺入时所遇到的阻力即可判断。粗大的尾动脉在椎体的腹部通过，依赖针尖的轻微转动，很容易刺破动脉血管壁，血液迅即进入注射器内(图 3-14)。此法不需杀死鱼就能取得大量血液，又不致引起大量出血，同一尾鱼能反复进行多次取血，而不伤鱼体。大小鱼均能适用，甚至对于体重仅有 1 g 的鱼，也可用此法采血。

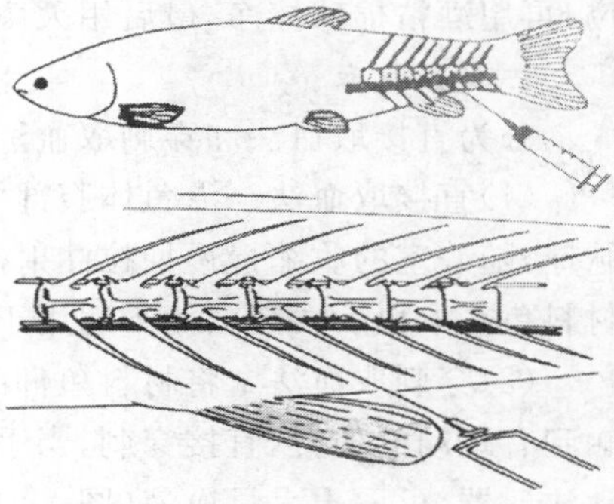

图 3-14 穿刺尾动脉取血法

6. 背大动脉取血法

先用 MS222 或敌百虫溶液等麻醉剂麻醉鱼体，使其腹部朝上，用注射针从口盖内第 1 鳃弓与血管联合处的背大动脉水平刺入即可取血(图 3-15)。此法适宜于口裂大的鱼类，如鲑鳟鱼类。对于口腔小的鱼类则不太适用。

7. 体侧取血法

将鱼侧卧，从躯干部的侧线鳞基部，用注射针呈 50°～70°角刺入鱼体，当遇到脊椎骨时，使针尖刺入两个推体之间，轻轻转动针尖，便可刺破血管壁，血液随即进入注射器内。由于尾动脉与尾静脉紧密相近，当针尖刺破椎体腹部的尾动脉时，进入针筒内的是呈鲜红色的动脉血。有时针尖刺破的是尾静脉血管，进到针筒内的则是暗红色的静脉血。此法不伤鱼体，对大小鱼均能适用，也能从同一尾鱼反复多次采血(图 3-16)。用前三种方法采得的血液，都是静脉血，可满足一般成分的分析。而要进行与呼吸有关的研究时，必须用后面四种方法的任何一种，采取动脉血来做分析、测定。由于鱼类的动脉血管比较细，血管壁又薄，采取动脉血更为困难。但是，一般认为穿刺尾动脉取血法和体侧取血法，比较易于获得实验所需要的血液。而且这两种方法操作简单，容易掌握。鱼类几种采血方法如图 3-15。

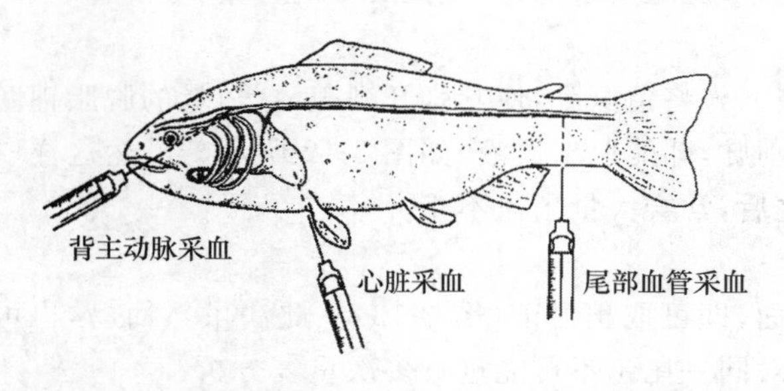

图 3-15 鱼类几种采血方法

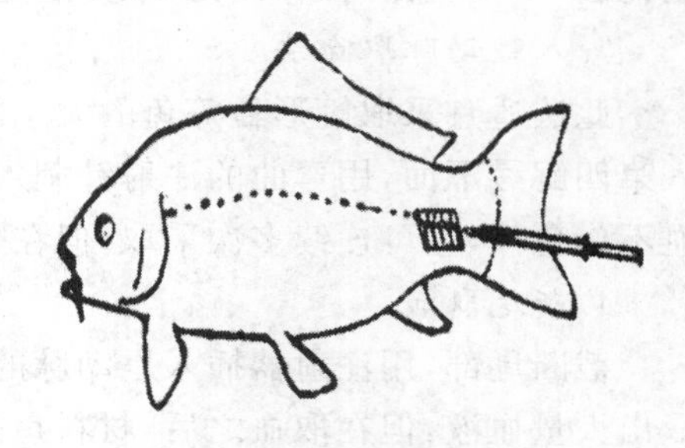

图 3-16 体侧取血法

四、实验动物给药

动物给药方法也有多种，常用的有静脉注射、腹腔注射、灌胃、饲喂和经皮途径等。

(一)静脉注射

静脉注射(IV)方法一般与采血相同或相似。兔的静脉注射一般选用耳缘静脉。注射部位除毛，用75%的酒精消毒，左手食指和中指夹住静脉的近心端，拇指绷紧静脉的远心端，无名指及小指垫在下面，右手持注射器，食指护在针头处。从耳尖向耳根沿血管方向水平刺入皮肤，进入血管(肉眼可见且进针阻力小)，移动拇指于针头上以固定，放开食、中指，注射器交由左手掌把握，右手轻推注射器活塞，感觉通畅且见血管内由红变白，则为正确(图3-17)。若推进吃力，针头可能在血管外，重新调整深浅等再试。切不可硬推，否则会导致组织水肿，压迫血管，将使注射更加困难。

图3-17　兔耳缘静脉注射方法

(二)腹腔注射

给啮齿动物投药的最常用方法是腹腔注射(IP)。注射部位应该是腹部的左下1/4，因为这一区域没有重要的生命器官。为了防止注射入肠腔，仅针头的尖端穿透腹壁即可。兔也可考虑使用该法。

(三)皮下注射(IH)

可用腹部、背部、腹股沟的皮下，此处皮肤比较松弛。剂量一般为每千克体重10～20 mL。

(四)肌肉注射(IM)

注射部位多是腿部外侧，小鼠注射量一般不超过每只0.1～0.2 mL。

(五)灌胃

灌胃(PO)是啮齿动物投药的常用方法。如小鼠灌胃方法为：左手固定小鼠，右手持灌胃器，灌胃针头自口角进入口腔，紧贴上腭插入食道，如遇阻力，将灌胃针头抽回重插，以防损伤。常用灌胃量为每千克体重10～20 mL。

(六)饲喂法

通过饲喂，经消化系统到血液，发挥作用较缓慢，大分子、易被消化药物不适用。

(七)透皮技术

鱼类的给药可直接投到水中，通过鱼类的呼吸运动被吸收，或通过鱼的皮肤被吸收。

(八)淋巴囊注射

淋巴囊注射是两栖类动物投药的常用方法。蛙皮下有数个淋巴囊，注药易吸收，常用腹淋巴囊。注药时，将蛙四肢固定，使腹部向上，注射针头从蛙的大腿上部刺入，经大腿肌层入腹壁肌层，再浅出至腹壁皮下，即是腹淋巴囊。此法可避免药液外漏。注药量一般为每只0.25～1.0 mL。

五、颈部分离血管神经

将麻醉好的家兔仰卧保定在手术台上。剪去颈部被毛，于甲状软骨下方纵行剪(切)开皮肤约5 cm。用止血钳等器械钝性分离皮下组织和肌肉，直至暴露气管。左手拇指和食指捏住切口缘的皮肤和肌肉，其余三指从皮肤外侧向上顶，右手持玻璃分针。在气管一侧找到颈部血管神经束,粗壮搏动的是颈动脉,与颈动脉伴行的神经中最细的为降压神经(又称主动脉神经),最粗的为迷走神经,交感神经居中(图3-18)。辨认清楚后,才能分离,避免先分离搞乱位置后使神经与筋膜难以辨认。分离时根据需要先将较细的神经分离出来,再分离其他神经和血管,并随即在各血管神经下穿埋粗细颜色不同的丝线以标记。在类似的分离操作中,尽量避免用金属器械刺激神经,更要防止刃器或带齿的器械损伤血管神经,多用玻璃分针(或玻璃钩)顺血管、神经的走向剥离。

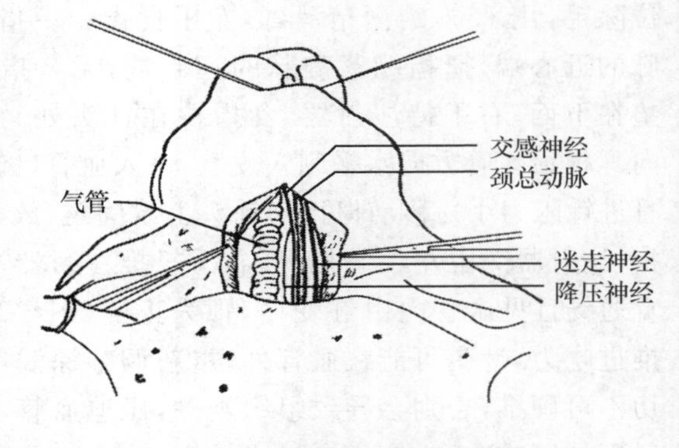

图3-18 兔颈部神经、血管解剖位置示意图

六、血管插管术

分离出欲插管的血管一段,埋以双线,结扎或用动脉夹夹闭供血端(动脉的近心端,静脉的远心端),用眼科剪斜向45°角在管壁上剪一小口,不超过管径的50%,输液用则顺血流方向剪,引流用则逆血流方向剪。用眼科镊提起切口缘,按上述方向插入插管(勿插入夹层),用预埋线结扎固定,必要时可用缝针挂到附近组织上以免滑脱。胰管、胆管、输尿管的插管均可类似操作。

七、腹壁切开法

腹中线切口适用于犬、猫、猪及兔的腹部实验手术。不管是前中部,还是中后部腹中线切口,通路手术所经过的组织层次基本相同,其长度视动物不同而异。将动物在手术台上仰卧保定,可作全身麻醉配合局部浸润麻醉。腹部正中线剪毛,助手将腹部皮肤左右提起,术者用手术剪(或刀)纵向剪一小口,再水平插入剪刀,剪刀尖上挑式剪开腹中线皮肤。此时皮下可见一纵向腹白线,如皮肤同样先剪一小口,再用钝头外科剪(腹膜剪)或伸入手指垫着,沿腹白线打开腹腔,以免伤及脏器。

肷部切口为牛、羊、猪腹腔实验外科手术中最常用的切口。肷部切口一般是在最后肋骨与髋结节连线的中点定为切口的上角,由此作一与身体纵轴垂直的切口,其长度以方便手术操作又不致过长为原则。动物右侧卧保定,全身麻醉加以切口处浸润麻醉。切开皮肤和皮肌及其腱膜,如动物肥胖,可出现一层较厚的皮下脂肪组织;用手术刀横断腹外斜肌,充分止血;按肌纤维走向钝性分离腹内斜肌和腹横肌,暴露腹膜,如前法剪开腹膜。用板状拉钩扩开腹膜切口,充分显露内脏,按实验设计进行和完成手术。

八、气管插管术

动物(以家兔为例),首先暴露、游离出其气管,然后在气管下穿一较粗的线。用剪刀于喉头下2~3 cm处的两软骨环之间,横向切开气管前壁约1/3的气管直径,其次于切口上缘向头侧剪开约0.5 cm长的纵向切口,整个切口呈"⊥"形。若气管内有分泌物或血液要用小干棉球拭净。然后一手提起气管下面的缚线,一手将一适当口径的"Y"形气管插管斜口朝下,由切口向肺插入气管腔内，再转动插管使其斜口面朝上，用线缚结于套管的分叉处，加以固定（图 3-19）。

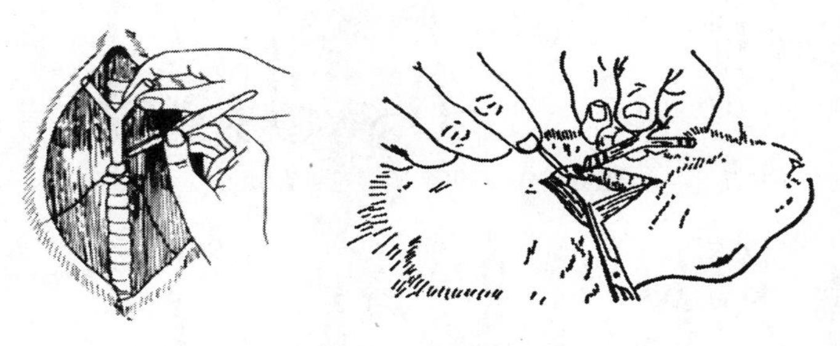

图 3-19　气管插管示意图

九、实验动物的处死方法

（一）颈椎脱位法

小白鼠和大白鼠：术者左手持镊子或用拇指、食指固定小鼠头后部，右手捏住鼠尾，用力向后上方牵拉，听到鼠颈部咔嚓声即颈椎脱位，脊髓断裂，鼠瞬间死亡。

（二）断头、毁脑法

常用于蛙类。可用剪刀剪去头部或用金属探针经枕骨大孔破坏大脑和脊髓而致死。大鼠和小鼠也可用断头法处死。术者需戴手套，两手分别抓住鼠头与鼠身，拉紧并显露颈部，由助手持剪刀，从颈部剪断头部。

（三）空气栓塞法

术者用 50～100 mL 注射器，向静脉血管内迅速注入空气，气体栓塞心腔和大血管而使动物死亡。使猫与家兔致死的空气量为 10～20 mL，犬为 70～150 mL。

（四）大量放血法

鼠可用摘除眼球，从眼眶动静脉大量放血而致死。如不立即死亡，可摘除另一眼球。猫可在麻醉状态下切开颈三角区，分离出动脉，钳夹上下两端，插入动脉插管，再松开下方钳子，轻压胸部可放大量血液，动物可立即死亡。对于麻醉犬，可横向切开股三角区，切断股动静脉，血液喷出；同时用自来水冲洗出血部位（防止血液凝固），3～5 min 动物死亡。采集病理切片标本宜用此法。

第二节　手术器械与使用

动物实验常用手术器械有刀、剪、镊、钳、探针、玻璃分针、蛙板、锌铜弓、蛙心夹、动脉导管、气管插管、肌槽等。如图 3-20 所示。

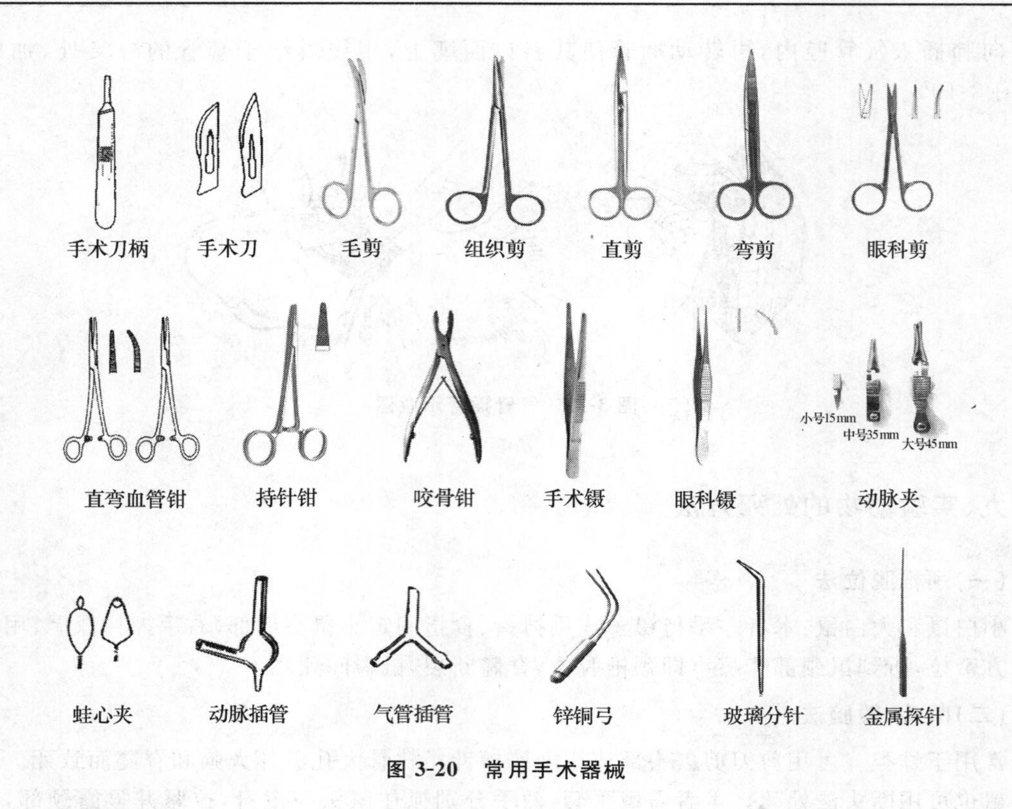

图 3-20 常用手术器械

1. 手术刀

手术刀用于切开皮肤和脏器,刀柄还可用于钝性分离。执刀姿势视切口大小、位置等不同而有指压式(又称琴弓式或执弓式)、捉刀式(或称抓持式)、执笔式及反挑式(外向执笔式)等持法(图 3-21)。指压式为最常用的一种执刀方法。

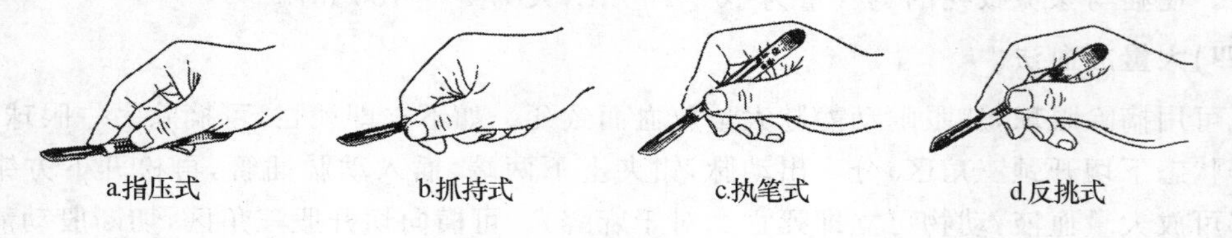

图 3-21 常用手术刀持法

2. 手术剪

手术剪有长与短、尖头与钝头、直与弯之分,弯剪多用于深部组织的分离,手和剪柄不致妨碍视线。外科剪常用来剪断软组织,分离无血管的组织、系膜、网膜等。小型手术剪又称眼科剪,剪细小组织用,一般不可用于剪皮肤。手术剪执法如图 3-22 所示。

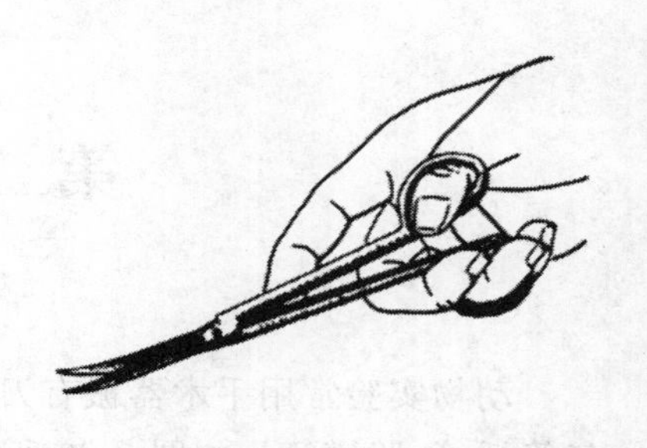

图 3-22 执剪方法

3. 剪毛剪

剪毛剪与弯剪类似,只是尖部平钝。用于术部被毛的剪除,持法与手术剪同。剪毛时,剪毛剪自然落下逆毛方向一次次将毛剪下，加力下压或一手提起被毛，均易剪破皮肤。

4. 止血钳

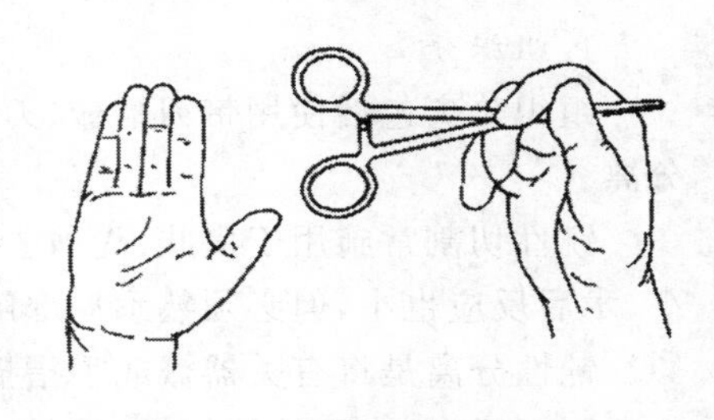

图 3-23　血管钳的传递

止血钳有弯直长短之分，常用的是蚊嘴式。作用一是尽量少地夹住出血的血管或出血点达到止血目的；二是用于分离组织、牵引缝线等。止血钳是生理手术中钝性分离的最常用器械，其余还有手术镊、手术刀柄、玻璃分针、玻璃钩等。血管钳的传递如图 3-23 所示。

5. 手术镊

大小不一，分为有齿（外科镊）无齿（解剖镊）、直头、弯头。用于夹住和提起组织，便于剥离、剪断和缝合。有齿镊用于夹持较坚硬的组织，如皮肤、筋膜、肌腱等。无齿镊用于夹持黏膜、血管和神经等较脆嫩的组织。手术中一般多用左手以执笔式执镊，持镊时忌将镊柄握于掌心而妨碍操作的灵活性。

6. 铁剪刀

机能学实验中剪骨和蛙头等专用。铁剪刀使用日常持法。

7. 缝针、缝线

种类型号繁多，直针为圆刃，一般用于内脏缝合，特别适用于胃肠、子宫、膀胱的缝合，可用手直接操作，动作快而敏捷，需要较大的空间；弯针有一定的弧度，多借助于持针器缝合深部组织，部位愈深，空间愈小，针的弧度也相应愈大。常用缝合线为 0～10#，号越大线越粗。一般缝合肌肉等皮下组织用弯圆针细线进行连续缝合，而皮肤则用弯三棱针粗线进行结节缝合。

8. 其他

其他尚有一些专用器械，将在具体实验中介绍。另有拉钩、卵圆钳、肠钳、组织钳、探针等，在实验动物手术中不常用，可参阅外科手术学等书。

蛙类手术器械包括：蛙针（金属探针）、铁剪刀、眼科剪、外科镊、眼科镊、玻璃分针（玻璃钩）、蛙板或玻璃板、锌铜弓、蛙心夹等。

哺乳类手术器械通常包括：剪毛剪、手术刀、止血钳、外科镊、外科剪、眼科镊、眼科剪、气管插管、血管插管，有时用到缝合针线和持针钳等。

器械传递：为了工作人员的安全和操作方便，手术过程中的器械传递应当是将把柄递给对方。

第三节　手术基本操作过程

虽然实验动物手术的种类多样，手术的范围、大小和复杂程度也有很大的不同，但手术的基本操作，如组织分离、止血、打结和缝合的技术是基本相同的。因此，掌握手术基本操作技术是做好一切手术的基础。在学习手术过程中，必须认真做好基本功的训练，做到正确、熟练地掌握基本操作，才能逐步做到动作稳健、敏捷、准确、轻柔，缩短手术时间，提高手术的效率和成功率。

1. 组织分离

组织分离包括使用带刃器械(刀、剪)做锐性切开和使用止血钳、手术刀柄或手指等做钝性分离。

锐性切割常施用于皮肤(先剪去被毛)、腱质等较厚硬的组织。锐性分离对组织的损伤较小,术后反应也小,但必须熟悉局部解剖,在辨明组织结构时进行,动作要准确精细。

钝性分离是将有关器械或手指插入组织间隙内,用适当的力量分离或推开组织。这种方法适用于肌肉、皮下结缔组织、筋膜、骨膜和腹膜下间隙等。优点是迅速省时,且不致误伤血管和神经。但不应粗暴勉强进行,否则造成重要血管和神经的撕裂或器械穿过邻近的空腔脏器或组织,将导致严重后果。

锐性切开和钝性分离各有优点,在手术过程中可以根据具体情况,选择使用。总的目的是充分显露深部组织和器官,同时又不致造成过多组织的损伤。为此,必须注意确定准确切开的部位,控制切口大小以满足实验需要为度,切开时按解剖层次分层进行等。

2. 止血

在手术过程中,组织的切开、切除等都可造成不同程度的出血。因此,在手术操作中,完善而彻底地止血,不但能防止严重的失血,而且能保证术部清晰,便于手术顺利地进行,避免损伤重要的器官,有利于切口的愈合。

小血管出血或静脉渗血,可使用纱布或干棉球压迫止血法,是按压,不可擦拭,以免损伤组织和使血栓脱落。若未能确切止血,用此法也可清除术部血液,辨清组织及出血点以进行其他有效的止血方法。较大的出血,特别是小动脉出血时,先用止血钳准确夹闭血管断端,结扎后除去止血钳。较大的血管应尽量避开,或先做双重结扎后剪断。结扎止血法是手术中最常用、最可靠的止血方法,又包括单纯结扎止血法、缝合结扎止血法和适用于大网膜、肠系膜的贯穿结扎止血法。

其他止血方法还有电凝止血、烧烙止血和局部药物(1%～2%麻黄素或0.1%肾上腺素)止血法等,以及骨蜡、吸收性明胶海绵止血。

3. 缝合与打结

缝合主要是有利于组织愈合,以及固定瘘管、封闭切口等。打结是止血和缝合的需要。

(1)缝合　缝合需要缝合针、缝线和持针器。缝合必须按组织的解剖层次分层缝合,不留死腔;缝合前彻底止血;进针点距切口缘的距离及针距要均匀、远近适当。一般皮肤缝合时距切口缘为0.5～1 cm,浆膜肌层组织为0.2～0.5 cm,肌肉缝合为1.5～2 cm。缝合线间的距离在保证对合严密的情况下,针数愈少愈好,一般皮肤缝合为1.5～2.5 cm,对钝性分离的肌层应间隔较远。

机能学实验中常用的缝合方法有结节缝合(单纯间断缝合)、螺旋缝合(单纯连续缝合)和荷包缝合等(图3-24)。结节缝合由多数缝线分别打结而成,常用于皮下组织、筋膜及肌肉等组织,可对抗较大的张力,便于拆线。螺旋缝合是用一条长缝线,先在创口一端打结,然后用同一缝线等距离作螺旋形缝合,最后留下线尾抽紧打结。适用于皮下深部组织以及内脏器官修复和消化管瘘管手术等。荷包缝合是围绕腔体器官小创口作环形的浆膜肌层连续缝合,主要用于胃肠壁上小范围的内翻,还可用于胃、肠、胆囊、膀胱造瘘引流管的固定等。

图 3-24　常用的三种缝合法

(2)打结　结的种类主要有方结(平结)、外科结和三叠结等(图 3-25)。平结由两个方向相反的单结组成,它的线圈内张力越大,扣结越紧,不易滑脱,是手术中最常用的结,用于血管和各种缝合的结扎。在平结的基础上再加一结即为三叠结,目的是使方结更加牢靠。用于重要组织和大血管的结扎等,或用于肠线和尼龙线的结扎。外科结由于第一个结圈绕两次,摩擦面比较大,再作第二个结时不易滑脱,用于大血管结扎和张力较大的组织缝合后打结。打平结时如果两道结动作和方向相同就成为假结(斜结),此结易松脱,不能采用。

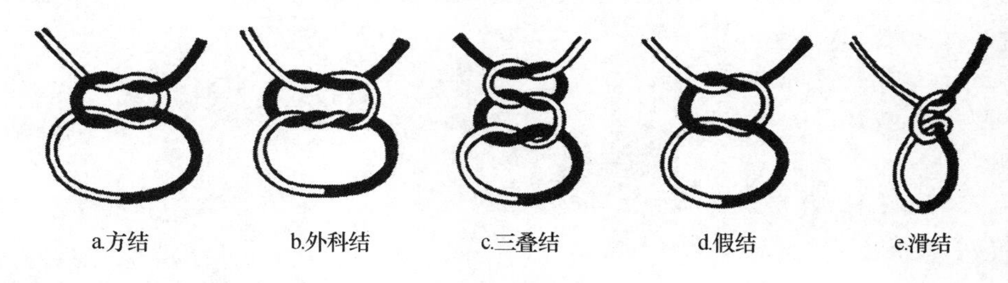

图 3-25　结的种类

(王菊花,周杰)

第二部分

基本实验

第四章

动物组织胚胎学实验

实验一　上皮组织

一、实验目的与要求

（1）了解上皮组织的结构特点和分布，掌握被覆上皮的形态结构。
（2）了解纤毛、微绒毛等上皮组织的特殊结构。

二、实验器材

（1）器械　数码生物显微镜、数码体视显微影像系统、显微数码互动设备。
（2）材料　组织切片、挂图、擦镜纸、二甲苯等。

三、实验内容与方法

1. *单层扁平上皮*（simple squamous epithelium）

（1）单层扁平上皮表面观　铺片：蛙肠系膜，镀银。

肉眼观察：肠系膜呈棕黄色，由于铺片厚度不一，故颜色深浅不均。

低倍镜观察：选择一染色稍淡，较清楚的区域观察，可见不规则的波浪状黑线，每一多角形的轮廓即相当于一个单层扁平上皮细胞。

高倍镜观察：细胞呈不规则形或多边形，边缘呈锯齿状，相邻细胞彼此紧密相嵌，细胞间质因银盐沉淀为黑褐色，胞核轮廓不甚清楚，仅见一淡黄色椭圆形区域，居细胞中央（图 4-1）。

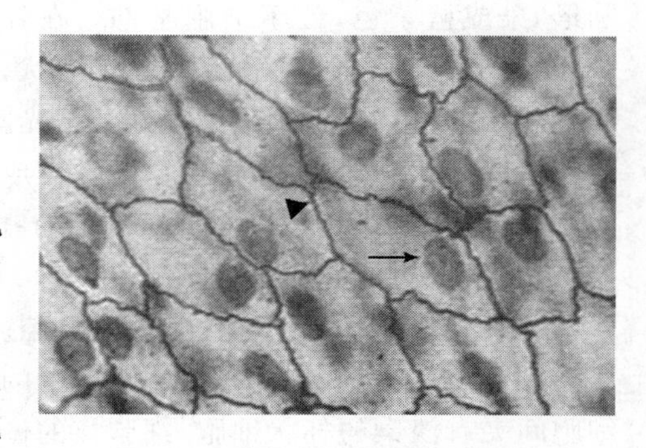

图 4-1　单层扁平上皮表面观

↑示细胞核，▲示细胞间质

(2)单层扁平上皮侧面观　切片:小鼠肾脏,HE染色。

肉眼观察:肾表面为纤维膜,被膜下方深色的部分为皮质,皮质下方浅色部分为髓质。观察皮质部分。

低倍镜观察:在肾脏皮质部找到圆形的肾小体。

高倍镜观察:肾小囊的壁层由一层扁平的上皮细胞组成,可见细胞隐约呈梭形,细胞核呈扁椭圆形,染成蓝紫色(图4-2)。

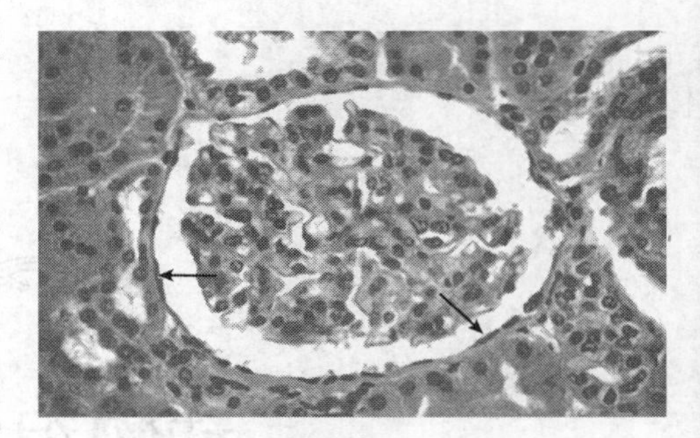

图4-2　单层扁平上皮侧面观

↑示细胞核

2. *单层立方上皮*(simple cuboidal epithelium)

切片:甲状腺,HE染色。

低倍镜观察:可见许多大小不等的圆形或椭圆形的滤泡,滤泡腔内含有红色的胶质,胶质周边可见一圈透明区,这是制片时胶质收缩所形成的人工假象,滤泡壁为排列紧密的单层立方上皮。

高倍镜观察:滤泡壁上皮细胞呈立方形,细胞核圆形,染成蓝紫色,位于细胞中央,胞质染成红色。上皮细胞朝向滤泡腔的一面为游离面,相对的一侧为基底面(图4-3)。

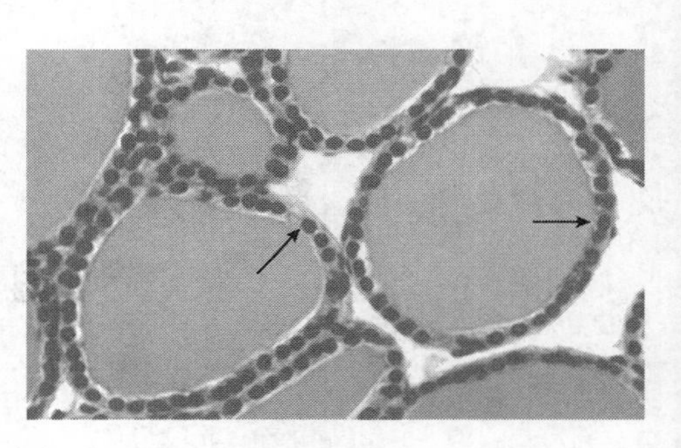

图4-3　单层立方上皮

↑示细胞核

3. *单层柱状上皮*(simple columnar epithelium)

切片:空肠(横断),HE染色。

肉眼观察:凹面为肠腔面,腔面有若干不规则形突起,为小肠绒毛。

低倍镜观察:在肠腔面可见到不同断面的小肠绒毛。找到绒毛的表面,可见一层细胞,细胞顶部的细胞质染色浅,基部有一层细胞核(选择切面规则、上皮细胞排列整齐的绒毛观察)。

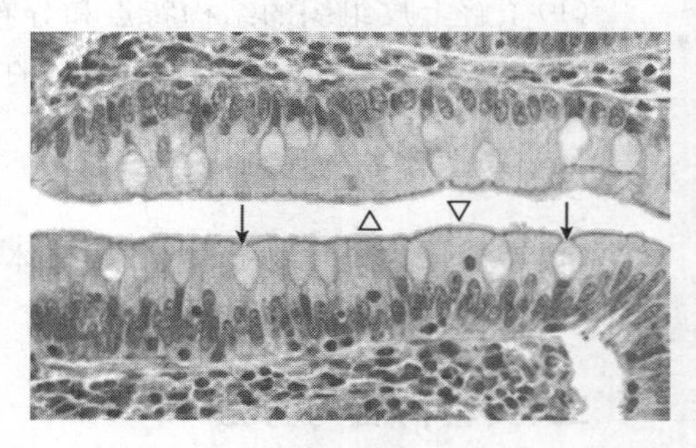

图4-4　单层柱状上皮

↓示杯状细胞,△示纹状缘

高倍镜观察:上皮细胞呈柱状,排列紧密,胞核椭圆形,染成蓝紫色,位于细胞基部。在柱状细胞之间散在有杯状细胞,大多呈卵圆形空泡状,核呈三角形或扁平形,染色深,位于细胞基部。把光圈缩小,可见柱状上皮细胞游离面有厚度均匀一致、颜色较深的纹状缘,是由大量的微绒毛构成的(图4-4)。

4. *假复层柱状纤毛上皮*(pseudostratified ciliated columnar epithelium)

切片:犬气管(横断),HE染色。

肉眼观察:周围是管壁,中央是管腔。

低倍镜观察:管壁内表面着色较深的为假复层柱状纤毛上皮。细胞排列紧密,界限不清,细胞间夹有淡染的杯状细胞;细胞核的位置高低不一;细胞游离面有密集的纤毛。

高倍镜观察:上皮由高低不等,形态不同的细胞组成,细胞核排列不在同一个水平,所有细胞的基底面均附着于基膜上(图4-5),依据细胞的形态位置可分为4种:

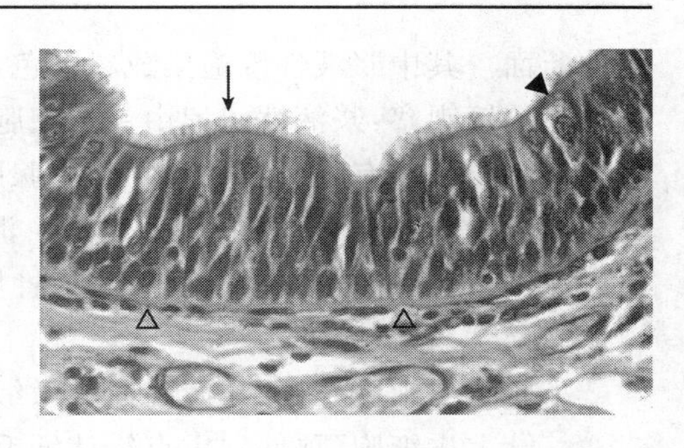

图 4-5　假复层柱状纤毛上皮

↓示纤毛，▼示杯状细胞，△示基膜

(1)柱状细胞　数量最多，呈柱状，顶端到达腔面，游离面有许多纤毛，核椭圆形，多位于细胞的顶部，故排列在整个上皮浅层。

(2)梭形细胞　夹于柱状细胞之间，胞体为梭形，顶端不达腔面，核椭圆形，位于细胞中央，排列在整个上皮中层。

(3)锥形细胞　胞体小呈锥体形，排列在基膜上，顶端不达腔面，核圆形，位于细胞中央，在整个上皮中为最贴近基膜的一层细胞。

(4)杯状细胞　形似高脚酒杯，夹于上皮细胞间，胞质淡染，核三角形或扁圆形，染色深，位于细胞基部。上皮下可见较明显的基膜，呈均质状，染成较明亮的粉色。

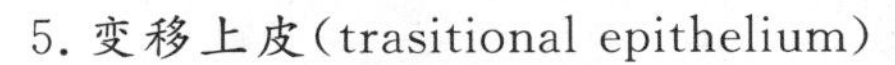

5. 变移上皮(trasitional epithelium)

切片：兔膀胱，HE 染色。

肉眼观察：标本是收缩状态的膀胱，着紫蓝色的一侧是膀胱腔面的变移上皮。

低倍镜观察：腔面有许多皱襞，上皮细胞排列紧密，细胞层数较多，界限较清楚。

高倍镜观察：表层细胞较大，胞体梨形或大立方形，胞核圆形，1～2 个，居细胞中央，顶部胞质浓缩，染色较深；中间层为几层多角形细胞，染色较淡；基底层为一层立方形或矮柱状细胞(图 4-6)。

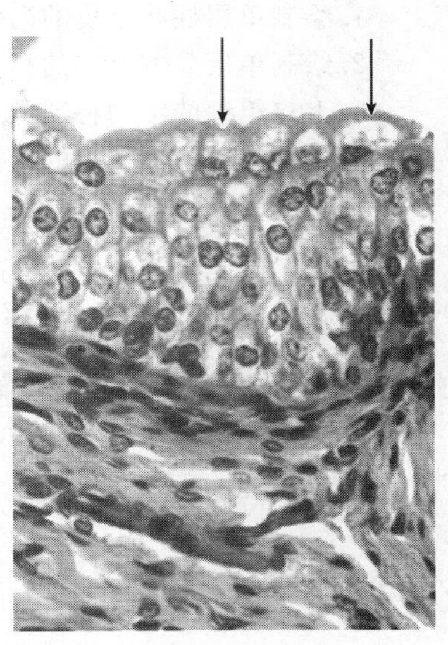

图 4-6　变移上皮(收缩状态)

↓示盖细胞

6. 复层扁平上皮(stratified squamous epithelium)

切片(横断)：犬食管，HE 染色。

肉眼观察：周围是管壁，中央是管腔，管壁的内表面凹凸不平，其上有一层紫蓝色的部分即为复层扁平上皮。

低倍镜观察：在横断面上所观察到的是复层扁平上皮的垂直切面。可见复层扁平上皮和下方的部分组织向管腔形成突起(实为立体结构下的纵行皱襞)。复层扁平上皮有多层细胞组成，厚薄不一，基底面凹凸不平，呈波浪状。

高倍镜观察：根据细胞形状，上皮可分为基底层、中间层和表层三个部分。基底层为一层立方形或矮柱状细胞，细胞排列紧密，核椭圆形，染色深；中间层由数层多角形细胞组成，细胞体积较大，染色浅，细胞核圆形或椭圆形；表层细胞为扁平形，染色浅，核扁平与上皮表面平行(图 4-7)。

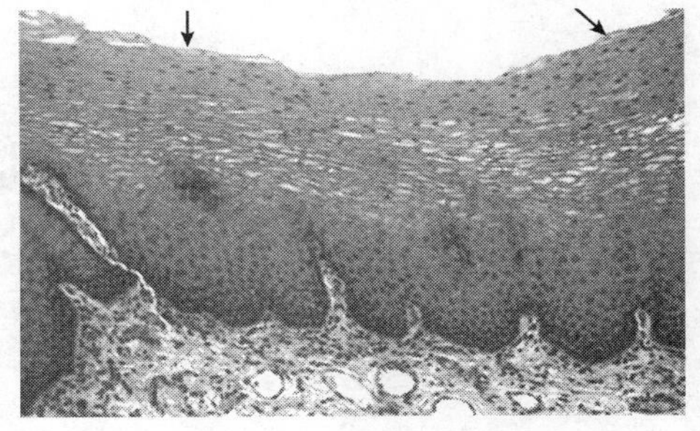

图 4-7　复层扁平上皮

↓示表层细胞

7. 腺上皮(glandular epithelium)

切片：人颌下腺，HE 染色。

低倍镜观察：可见许多圆形或椭圆形结构，即腺泡的断面。其中浆液性腺泡染成粉红色,数量很多;黏液性腺泡发亮,数量很少。

高倍镜观察:浆液性腺泡由锥形细胞组成,细胞基底部嗜碱性,染色深。核圆形,位于细胞中央。胞质顶部有红色嗜酸性颗粒。腺腔有时不明显。黏液性腺泡由锥形细胞或柱状细胞围成,胞质清亮,核扁,位于细胞基底部。混合性腺泡由浆液性腺细胞和黏液性细胞共同组成。一般在黏液性腺泡末端附有几个浆液性腺细胞,切片断面上呈半月状,故称半月。

8.电镜照片(示教)

小肠上皮细胞(局部):游离面为微绒毛。侧面:观察紧密连接,中间连接和桥粒。

气管上皮细胞(顶部):重点辨认纤毛,微管和基粒。

肾小管上皮:重点辨认质膜内褶和基膜。

四、作业与思考题

1.绘制单层柱状上皮的高倍镜图。

2.绘制单层立方上皮的高倍镜图。

3.上皮组织的结构特征及其主要功能有哪些?

4.试述各种上皮组织的结构及分布。

实验二　固有结缔组织

一、实验目的与要求

(1)掌握疏松结缔组织各种细胞和纤维的形态结构、染色特点及功能。
(2)掌握结缔组织的特点和分类。
(3)了解致密结缔组织、网状组织与脂肪组织的基本结构和功能。

二、实验器材

(1)器械　数码生物显微镜、数码体视显微影像系统、显微数码互动设备。
(2)材料　组织切片、挂图、擦镜纸、二甲苯等。

三、实验内容与方法

1. 疏松结缔组织(loose connective tissue)

铺片:兔皮下组织(活体注射台盼蓝入腹腔),HE染色,Weigter弹性纤维染色。

低倍镜观察:选择较薄的部位,可见着色和粗细不同的两种纤维交织成网,在网眼内有散在的细胞。

高倍镜观察:胶原纤维呈粗细不等的带状或丝状,染成粉红色,交织成网,有的呈波浪状,折光性较弱。弹性纤维呈细丝状,粗细较均一,断端常卷曲,染成紫蓝色,折光性较强。成纤维细胞数目最多,细胞多呈扁平状或梭形,有突起,胞质染色较浅,细胞轮廓不清;胞核较大,椭圆形。巨噬细胞形态不规则,带有伪足,细胞质嗜酸性,内含大小不等的蓝色台盼蓝颗粒和空泡。细胞核多偏位,较小,圆形或卵圆形,染色较深。

2. 致密结缔组织(dense connective tissue)

(1)规则致密结缔组织　切片:肌腱,HE染色。

肉眼观察:切片上有两块组织,圆形的为肌腱横断面,长形的为纵断面。

低倍镜观察:选择纵断面观察,染成红色宽带状的为胶原纤维束,相互平行,紧密排列,束间腱细胞排列成行。

高倍镜观察:胶原纤维束较粗大,由许多平行排列的胶原纤维组成。胶原纤维束间可见单行的、染成蓝紫色的椭圆形或杆状细胞核,为腱细胞的胞核。相邻细胞核常靠得很近,胞质不易见到(图4-8)。

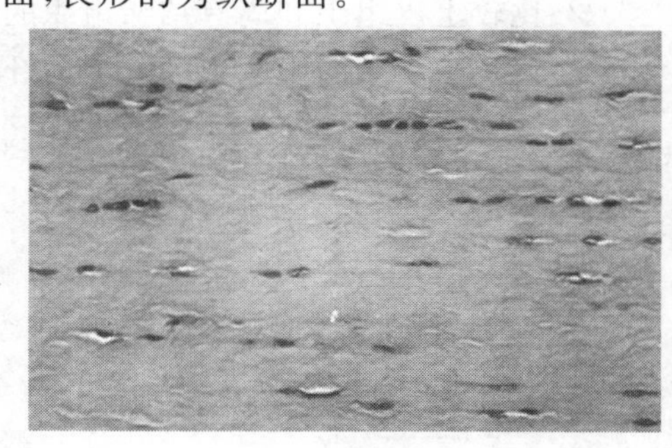

图4-8　肌腱

(2)不规则致密结缔组织　切片:人指皮,HE染色。

肉眼观察:表面粉红色及其下方的紫蓝色部分为表皮,其下淡粉色部分为真皮和皮下组织。

低倍镜观察:找到皮肤的真皮层,可见到染成红色的胶原纤维束,排列不规则。

高倍镜观察:胶原纤维束粗大,交织成致密的网,呈粉红色,可见其各种断面。纤维束间有分散存在的成纤维细胞,核呈椭圆形(只能看清核)。

3. 网状组织(reticular tissue)

切片:淋巴结,HE染色或镀银。

低倍镜观察:淋巴结由边缘染色较深的皮质和中央染色较浅的髓质共同组成。将视野调到髓质处观察。

高倍镜观察:HE染色的切片上可见染色较浅、体积较大的星形、多突起的网状细胞,这些细胞的突起相连,构成一个网架,其网眼里有基质和一些其他的细胞。银染的标本上可见网状纤维缠在网状细胞的突起上。

4. 脂肪组织(adipose tissue)

切片:淋巴结,HE染色。

低倍镜观察:找到淋巴结表面染成红色的结缔组织被膜,在被膜外侧,可见大量如蜂窝状的结构,此为脂肪细胞聚集形成的脂肪组织。

高倍镜观察:脂肪细胞胞体较大,呈圆形,胞质内因脂滴占据,胞核被挤到一侧呈新月形。制片过程中,脂滴因被二甲苯和乙醇溶解而呈空泡状。

5. 肥大细胞(mast cell)(示教)

切片:大鼠的皮下组织铺片,酒精硫堇染色。

高倍镜观察:细胞成群分布于小血管附近,呈圆形或卵圆形,核圆且小,着色浅,细胞中含有大量粗大的紫红色颗粒。

6. 电镜照片(示教)

浆细胞:重点辨认粗面内质网、高尔基复合体和细胞核。

巨噬细胞:重点辨认微绒毛、吞噬体和溶酶体。

成纤维细胞:重点辨认粗面内质网、高尔基复合体和胶原原纤维。

四、作业与思考题

1. 绘出疏松结缔组织铺片的高倍镜图。
2. 比较上皮组织和固有结缔组织的结构特点。
3. 试述疏松结缔组织各种细胞和纤维的结构和功能。

实验三　软骨和骨

一、实验目的与要求

(1)掌握透明软骨和弹性软骨的结构特点。
(2)掌握骨组织中骨质与细胞成分的形态结构与功能。
(3)了解软骨组织的一般结构。
(4)了解骨的形成过程及骨的改建。

二、实验器材

(1)器械　数码生物显微镜、数码体视显微影像系统、显微数码互动设备。
(2)材料　组织切片、挂图、擦镜纸、二甲苯等。

三、实验内容与方法

1. 透明软骨(hyaline cartilage)

切片:狗气管(横断),HE染色。

肉眼观察:此标本为气管横断,呈圆环状,标本中央可见呈紫蓝色的半环状结构,即为透明软骨。

低倍镜观察:软骨表面有一层致密结缔组织构成的软骨膜,染成粉红色。深部为软骨组织。软骨基质嗜碱性染成蓝色,其中看不到纤维成分。位于软骨边缘的软骨细胞胞体小,呈扁圆形,愈近软骨中央则细胞愈大,并成群分布。

高倍镜观察:软骨细胞位于软骨陷窝内,其形态和排列与软骨发育方式有关。靠近软骨膜的细胞呈扁椭圆形,多平行于软骨膜排列,单个分布;近中央的软骨细胞呈圆形或椭圆形,体积增大,多为2～4个成群分布,称为同源细胞群。软骨细胞有圆形胞核,生活状态时软骨细胞充满整个软骨陷窝,制片过程中,因细胞收缩,胞体变为不规则形,使陷窝中出现间隙。细胞间质位于软骨细胞之间,呈均质状,弱嗜碱性,染成淡蓝色。包绕软骨细胞周围的软骨基质,含硫酸软骨素较多,嗜碱性较强,染色较深,称软骨囊,切片中多呈环形。软骨内无血管,基质内的胶原纤维不易分辨(图4-9)。

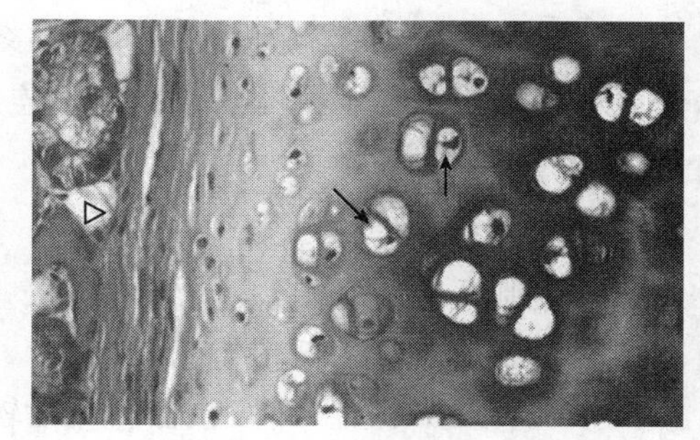

图4-9　透明软骨

↑示软骨陷窝,△示软骨膜

2. 弹性软骨(elastic cartilage)

切片:人耳廓,HE染色。

肉眼观察:标本中部有一紫红色的带状组织,即弹性软骨。

低倍镜观察:耳廓表面被覆皮肤,中央长条状的结构即为弹性软骨,其表面有薄层软骨膜,细胞位于软骨陷窝内。

高倍镜观察:结构类似透明软骨,基质中有大量染成亮红色的交织成网的弹性纤维(图4-10)。

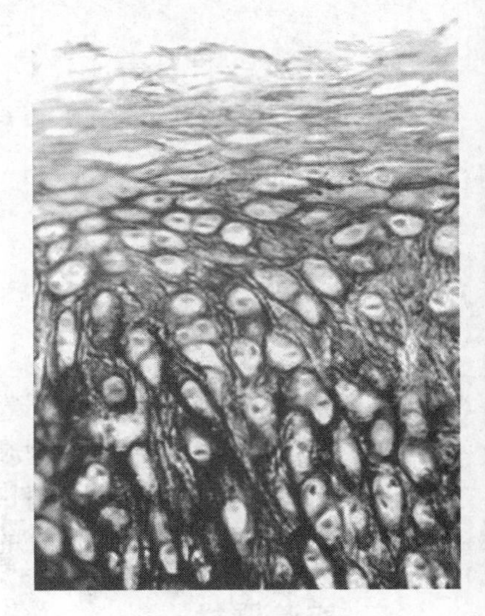

图4-10　弹性软骨

3.纤维软骨(fribro cartilage)

切片:椎间盘,HE染色。

低倍镜观察:胶原纤维束染成粉红色,纤维平行排列,束间有软骨细胞,软骨膜不明显。

高倍镜观察:软骨细胞呈椭圆形或圆形,散在于纤维束间或成行排列,但比透明弹性两种软骨的细胞小且少。

4.骨

磨片:长骨骨干(横断),亚甲蓝染色(图4-11)。

低倍镜观察:外环骨板,位于骨表面,数层与骨表面平行排列的骨板,骨板间有骨陷窝,被染成蓝紫色。内环骨板,位于骨髓腔表面,排列不太规则,有时内环骨板被磨掉而见不到。哈佛氏系统(骨单位),由哈佛氏管和哈佛氏骨板组成。内、外环骨板间呈同心圆排列的骨板称哈佛氏内板,骨板中央为哈佛氏管(中央管)。有些中央管在磨片时,被碎屑等填充,呈黑色或棕黑色。间骨板,哈佛氏系统间排列不规则的骨板。福克曼氏管(穿通管),内、外环骨板中横行通过的管道,有时连接于两个哈佛氏管。这些结构被碎屑等填充,呈黑色。

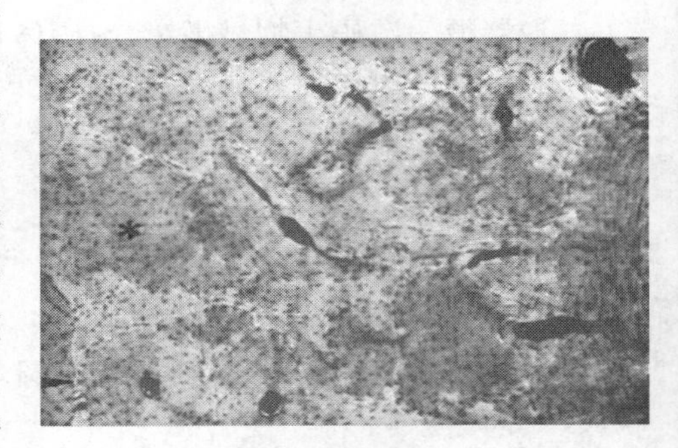

图4-11　骨磨片

高倍镜观察:骨陷窝,骨板内或骨板间有许多卵圆形的黑色小腔,形似蚂蚁,为骨细胞所在的空间。骨小管,骨陷窝向四周伸出许多黑色细丝状的小管。骨小管为骨细胞突起存在的空间。相邻骨陷窝间的骨小管彼此相通连。

四、作业与思考题

1.绘制透明软骨组织的高倍镜图。

2.绘制骨单位的低倍镜图。

3.比较透明软骨、弹性软骨和纤维软骨的分布和结构。

4.试述长骨密质骨的结构。

实验四　肌组织

一、实验目的与要求

1. 掌握三种肌细胞的光镜结构及其异同点。
2. 掌握骨骼肌与心肌电镜结构的异同点。
3. 了解肌组织的特点。

二、实验器材

1. 器械　数码生物显微镜、数码体视显微影像系统、显微数码互动设备。
2. 材料　组织切片、挂图、擦镜纸、二甲苯等。

三、实验内容与方法

1. 平滑肌(smooth muscle)
切片:平滑肌,HE 染色(图 4-12)。

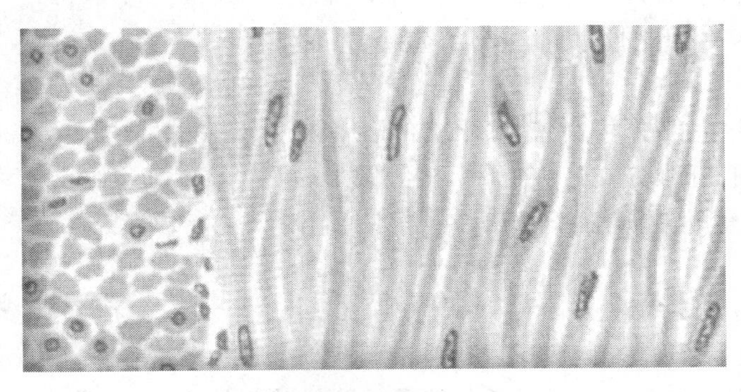

图 4-12　平滑肌纵横切

肉眼观察:标本上长形者为纵断面,圆形者为横断面。

低倍镜观察:肌纤维呈长梭形,为纵断的平滑肌;呈大小不等的圆点状,为横断的平滑肌。

高倍镜观察:

(1)纵断　肌纤维呈红色长梭形,中部较粗,两端尖细,胞质嗜酸性染成粉红色,细胞核为椭圆形或杆状,染成蓝紫色,位于细胞中央。

(2)横断　肌纤维呈大小不等的圆形或多边形,染成粉红色,有的切面经细胞中部,可见蓝色的圆形核。有的切面经细胞两端故不能切到细胞核。

2. 骨骼肌(skeletal muscle)

切片：骨骼肌，HE 染色或铁矾苏木精染色(图 4-13)。

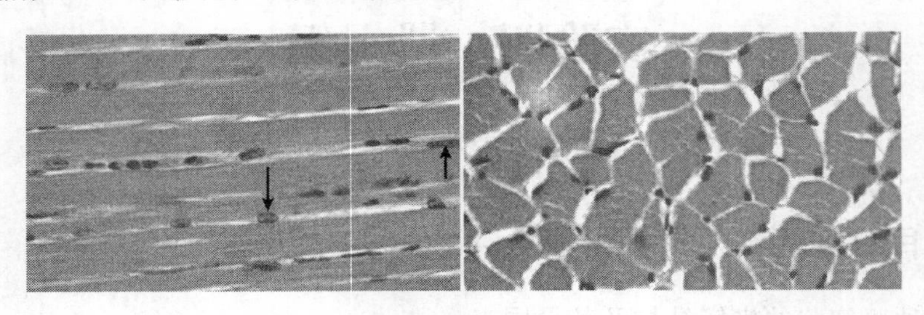

图 4-13　骨骼肌纵横切

↑示细胞核

肉眼观察：标本上长形者为纵断，圆形者为横断。

低倍镜观察：纵断面标本中可见长带状的骨骼肌纤维平行排列，横断面的骨骼肌纤维呈圆形或多边形。肌纤维的胞质嗜酸性，染成粉红色。

高倍镜观察：

(1)纵断　肌纤维呈长带状，可见明暗相间的横纹，核卵圆形或杆状，多个，呈紫蓝色，分布在肌膜的内侧。

(2)横断　胞核卵圆形，位于肌膜内侧，肌纤维内可见点状的肌原纤维。

3. 心肌(cardiac muscle)

切片：小鼠心脏(纵断)，铁苏木精染色(图 4-14)。

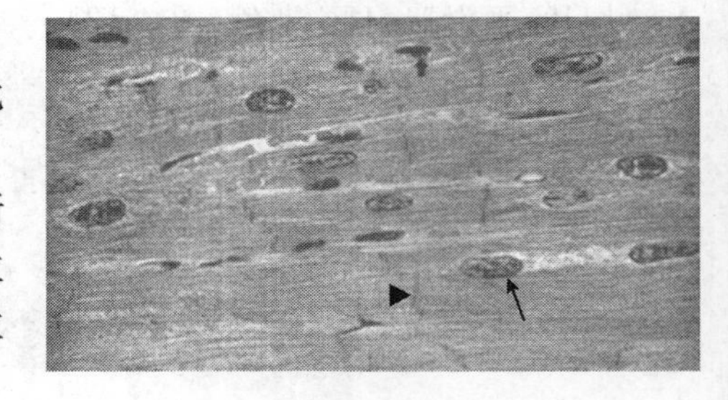

图 4-14　心肌纵切

↑示细胞核，▲示闰盘

肉眼观察：标本一侧肥厚的部分为心室壁，在此部观察心肌组织。

低倍镜观察：心室部分可见心肌纤维的各种断面。纵断面可见心肌纤维分支连接成网，核卵圆形位于中央。其横断面呈不规则形，有的有核，呈圆形位于肌纤维中央。

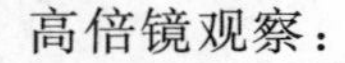

高倍镜观察：

(1)纵断　短柱状，分支相互连接成网，有不明显横纹，相邻心肌纤维分支连接处可见染色较深的阶梯状粗线—闰盘；胞核一个，卵圆形，位于肌纤维中央，有的可见双核。

(2)横断　圆形或不规则形，有的肌纤维中央可见圆形的胞核。

4. 闰盘(intercalated disk)(示教)

切片：羊的心脏，铁苏木精染色。

高倍镜观察：着深蓝色，呈直线或阶梯状，较粗，与心肌纤维横纹呈平行状分布。

5. 电镜照片(示教)

骨骼肌纤维：重点观察肌原纤维，Z 线，M 线，明带，暗带，H 带，横小管等。

心肌纤维：重点观察线粒体、闰盘和肌丝。

平滑肌纤维：重点观察密体、密区和小凹。

四、作业与思考题

1. 绘制骨骼肌纤维纵断面的高倍镜图。
2. 绘制平滑肌纤维纵断面的高倍镜图。
3. 列表比较三种肌纤维的光镜和电镜下的结构。

实验五　血　液

一、实验目的与要求

(1)掌握哺乳动物和禽类各种血细胞的结构特点。

(2)学会采血、血涂片的制作和染色方法。

二、实验器材

(1)器械　生物显微镜、数码体视显微影像系统、显微数码互动设备、染色缸、洗耳球、采血针(注射针头)、载玻片、盖玻片等。

(2)材料 家兔、家鸡,动物血细胞挂图,75%酒精棉球、碘酊、瑞氏染液、磷酸盐缓冲液、二甲苯、擦镜纸等。

三、实验内容与方法

(一)血细胞观察

1.人血

涂片:人血,Giemsa 染色。

低倍镜观察:可见大量无核、淡红色的红细胞及少量有核的白细胞。

高倍镜观察:

(1)红细胞　圆盘状,无核;胞质中央染色浅,周边染色深。

(2)中性粒细胞　圆形,细胞核分 2～5 叶,胞质呈淡粉色。油镜下可见到胞质中含有紫红色细小的颗粒。

(3)嗜酸性粒细胞　较少,细胞核分 2 叶,胞质中充满了粗大的均匀的橘红色嗜酸性颗粒。

(4)嗜碱性粒细胞　数量极少,涂片上找不到。其特点是:胞质中含大小不等、分布不均的紫蓝色嗜碱性颗粒　细胞核常被颗粒覆盖,形状不规则。

(5)淋巴细胞　多为小淋巴细胞,胞体与红细胞大小相仿;核圆,深染;胞质很少,呈天蓝色。

(6)单核细胞　体积最大的白细胞,圆或椭圆形,核可为卵圆、肾形或马蹄铁形。胞质较多,呈淡灰蓝色。

(7)血小板　形态不规则,成群存在。其周围胞质呈淡蓝色或近于透明,中央含许多紫红色血小板颗粒。

2.网织红细胞(示教)

涂片:人血液,煌焦油蓝和瑞氏染色。

油镜观察:红细胞胞质内,有蓝色的丝网状结构。

3. 鸡血

涂片：鸡血，瑞氏染色。

高倍镜观察：重点辨认禽类血细胞与成熟哺乳动物血细胞的区别。

(1)红细胞　胞体呈椭圆形，有细胞核。

(2)中性粒细胞　胞质内的颗粒粗大杆状，呈红色，又称异嗜性粒细胞。

(3)凝血细胞　胞体呈椭圆形，比红细胞小，有核，胞质嗜碱性。功能与哺乳动物的血小板相同。

(二)血涂片

1. 采血

家兔、家鸡的采血方法见第一部分(第三章，基本手术操作——动物采血法)。

2. 血涂片制作

左手平持一载玻片两端，右手持另一载玻片两侧，以其一端下缘沾上少许血液，置左手所持载玻片右端，呈45°角，使血液沿载玻片接触面均匀扩展后，以均匀的力量向前平推，做成薄而均匀的血膜，待自然干燥后染色。

3. 染色方法(瑞氏法)

(1)用玻璃铅笔在血膜两端画一染色区，避免染液外溢。

(2)滴加瑞氏染液数滴，以盖满血膜为宜，染2 min。

(3)滴加等量缓冲液或蒸馏水与染液混匀，染8 min面浮现一层金黄色金属物为宜。

(4)用自来水或蒸馏水冲洗玻片上的染液30 s。

(5)用吸水纸吸干血涂片上的水分即可观察。

4. 染色结果(显微镜下)

红细胞——橘红色或淡红色；　中性粒细胞胞质颗粒——淡紫红色；

嗜酸性粒细胞胞质颗粒——鲜红色；　嗜碱性粒细胞胞质颗粒——蓝紫色；

淋巴细胞胞质——天蓝色；　单核细胞胞质——淡灰蓝色；

细胞核——深蓝紫色

5. 观察

肉眼观察：标准的血涂片呈一很薄的“血膜”，一端平直(后端)，另一端呈圆弧形(前端)，故整体呈舌形。由于血涂片封片后易于退色，故一般不加盖玻片。

低倍镜观察：兔血涂片为例，分辨出血液中的红细胞和白细胞(有核)。

高倍镜观察：

(1)家兔血涂片

①红细胞：数量最多，圆形，无核，中央染色浅，周围染色较深。

②中性粒细胞：较多，胞质内有许多细小而分布均匀的淡红色和淡紫色颗粒，胞核蓝紫色，分2～5叶，每叶之间有很细的染色质丝相连。有的核呈马蹄铁形，称杆状核，杆状核细胞为较幼稚的细胞。

③嗜酸性粒细胞：较少，胞质内含有许多粗大且分布均匀的鲜红色颗粒，胞核蓝紫色，多分为2叶。

④嗜碱性粒细胞：数量最少，胞质内含有许多大小不等，分布不均的蓝紫色颗粒，胞核S形或不规则形，着色较颗粒浅，常被颗粒掩盖。

⑤淋巴细胞:较多,有大、中、小三种淋巴细胞,本片中所见主要为小淋巴细胞,胞体与红细胞相近,胞核圆形,染成深蓝紫色,胞质很少,染成天蓝色。大、中淋巴细胞胞质较多,着色较浅,胞核圆形或肾形。

⑥单核细胞:体积最大,胞质较多,染成灰蓝色,胞核肾形或不规则形,染色质细而疏松,着色较浅。

⑦血小板:不规则的蓝紫色小体,中央部分含有蓝紫色的颗粒,周围部分呈均质的浅红色,多群集在一起。

(2)鸡血涂片

①红细胞:椭圆形,中央有一椭圆形的胞核。

②异嗜性粒细胞:颗粒呈短杆状,嗜酸性。

③凝血细胞:椭圆形,有一椭圆形的胞核,胞体较红细胞小。

四、作业与思考题

1.绘制血液涂片中各种血细胞的高倍镜图。

2.光镜下如何区别5种白细胞?

3.比较家兔与家鸡红细胞的形态结构。

实验六　神经组织

一、实验目的与要求

(1)掌握多极神经元的形态结构。

(2)掌握有髓神经纤维的光镜结构。

(3)了解神经胶质细胞的光镜结构和神经末梢的种类。

二、实验器材

(1)器械　数码生物显微镜、数码体视显微影像系统、显微数码互动设备。

(2)材料　组织切片、挂图、擦镜纸、甲苯等。

三、实验内容与方法

1. 多极神经元(multipolar neuron)

切片:兔脊髓(横断),HE染色。

肉眼观察:可见脊髓实质分为白质和灰质两部分,灰质呈蝴蝶形,染色较深,有两个较狭小的为背角,两个较宽大的为腹角。蝴蝶形以外染色浅的为白质。

低倍镜观察:脊髓外面包有脊髓软膜,脊髓腹面有腹正中沟,背面有背正中隔,将脊髓分成左右两半。在灰质中部可见有一中央管。两侧腹面的灰质较膨大称腹角(前角),内有较大的神经细胞,称前角运动神经元,为多极神经元,神经元周围有许多神经胶质细胞胞核。选择切面完整的运动神经元,移至视野中央。常集合成群。两侧背角的灰质较狭窄为背角(后角),内有较分散的神经细胞,胞体较小。

高倍镜观察:胞体呈多角形,核大而圆,淡染,位于细胞中央,核内异染色质少,故呈空泡状,核仁明显。胞体和树突内充满大小不等的蓝紫色块状物,即嗜染质(尼氏体)。突起有两种:树突一至数个,由胞体伸出时较粗,逐渐变细,内含嗜染质(尼氏体)。轴突一个,较细长,粗细均匀,不易切到,自胞体伸出处为圆锥形的轴丘,轴突和轴丘内不含嗜染质(尼氏体)。

2. 有髓神经纤维(myelinated nerve fiber)

切片:坐骨神经纵、横断,HE染色。

肉眼观察:标本长形的为纵断,圆形的为横断。

低倍镜观察:纵断,可见许多神经纤维平行紧密排列,每一根神经纤维中间可见不连续的,紫色细线状结构为轴索。在观察时,先找到神经纤维平行排列,可见郎飞结的部分,然后换高倍观察(图4-15)。

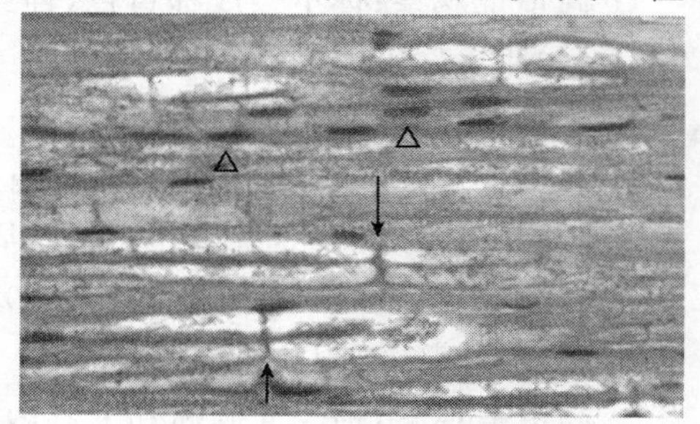

图4-15　有髓神经纤维纵切

↑示郎飞氏结,△示雪旺氏细胞核

横断,在整条神经外面有结缔组织形成的神经外膜。神经外膜伸入神经内部,将神经分成许多神经束,包在每一根神经束外面的结缔组织称神经束膜,每条神经纤维外面有少量结缔组织,为神经内膜,神经纤维呈圆形空泡状,中央有紫色圆点为轴索。

高倍镜观察:

(1)纵断面

轴索:位于神经纤维的中轴,细长,染成紫红色或蓝紫色。

髓鞘:节段状,包绕轴索的淡染或粉红色的空网状结构(制片时髓鞘中的类脂质被溶解所致)。

神经膜:又称雪旺氏鞘,髓鞘外面很薄的淡红色膜状结构(太薄,不易分辨),有的可见紫色椭圆形或杆状的细胞核,为雪旺氏细胞核。

郎飞结:又称神经纤维结,每条神经纤维上间隔一定长度,髓鞘中断形成的狭窄结构,结处无髓鞘。

(2)横断面　神经纤维呈圆形,其中央有一染成淡蓝色圆点为轴索,轴索外周为无色或淡红色空网状结构为髓鞘,髓鞘边缘可见蓝紫色的雪旺氏细胞核。

3.神经末梢(nerve ending)

(1)环层小体(pacinian corpuscle)

切片:淋巴结,HE染色。

低倍镜观察:在切片的外周寻找圆形或椭圆形小体,周围由多层扁平细胞同心圆排列形成被囊,中央有一紫红色小点为无髓神经纤维。

(2)运动终板(motor end plate)

切片:骨骼肌,镀银法染色。

低倍镜观察:骨骼肌纤维染成蓝紫色或紫色,神经纤维染成黑色,神经纤维沿途分支,循神经纤维找到它的末端,可见呈爪状分支,附着于肌纤维表面,形成运动终板。

高倍镜观察:神经纤维末端在骨骼肌纤维表面的分支膨大,呈爪状(花斑状)(图4-16)。

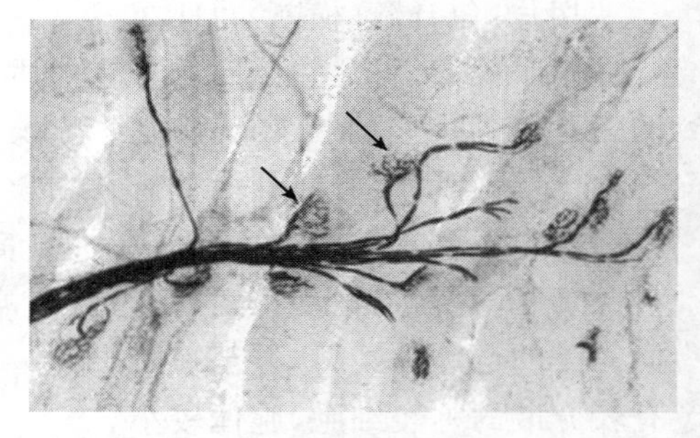

图4-16　运动终板(↑)

(3)游离神经末梢(free nerve ending)(示教)

切片:大鼠的唇,Banson法杂色。

高倍镜观察:标本染成棕黄色,神经纤维呈黑色。它的末端分布于表皮各层上皮细胞内。

(4)肌梭(muscle spindle)(示教)

撕片:猫肋间肌,氯化金镀染法。

高倍镜观察:肌梭呈梭形。表面有染色浅的结缔组织包裹,内为骨骼肌纤维,有的可见横纹,神经纤维染成黑色,缠绕在肌纤维周围。

4.神经原纤维(neurofibril)(示教)

切片:脊髓,镀银法染色。

高倍镜观察:神经元胞体和突起内均有棕黑色的细丝,即为神经原纤维。

5.电镜照片(示教)

神经元:重点辨认细胞核,粗面内质网,树突。

有髓神经纤维：重点辨认轴索，髓鞘，神经膜细胞。

突触：重点辨认突触小泡，突触前膜和突触后膜。

四、作业与思考题

1. 绘出多极神经元的高倍镜图。
2. 绘出有髓神经纤维纵断面的高倍镜图。
3. 绘出环层小体的低倍镜图。
4. 绘出运动终板的低倍镜图。
5. 试述多极神经元的形态结构和神经元的分类。

实验七　神经系统

一、实验目的与要求

(1)掌握脊髓的组织结构特征。

(2)掌握小脑皮质神经元的分层。

(3)了解大脑皮质神经元的分层和神经节的结构。

二、实验器材

(1)器械　数码生物显微镜、数码体视显微影像系统、显微数码互动设备。

(2)材料　组织切片、挂图、擦镜纸、甲苯等。

三、实验内容与方法

1. 小脑(cerebellum)

切片:羊小脑,HE染色。

肉眼观察:可见表面有许多凹凸不平的沟和回,其周围染色深的是皮质,中央染色淡的是髓质。

低倍镜观察(图4-17):皮质,由表面至深层可分3层结构:

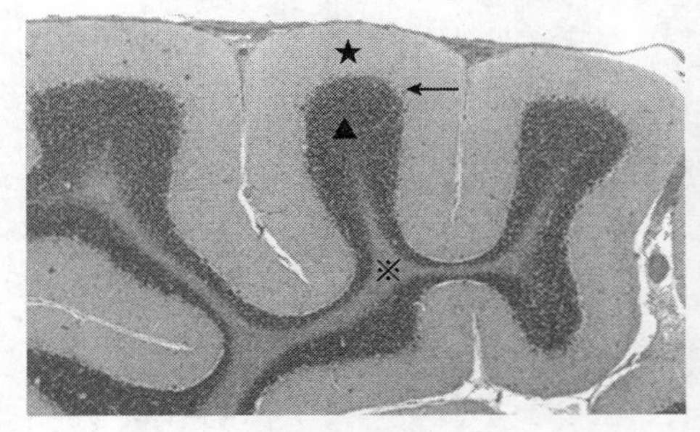

图 4-17　小脑皮质

★示分子层,←示蒲肯野细胞层,▲示颗粒层,※示髓质

(1)分子层　此层最厚,位于皮质表面,染色浅,浅层神经细胞较少,深部神经细胞较多,但不能看清其形态。为细而密的无髓神经纤维及散在染成紫蓝色的小的神经细胞核和神经胶质细胞核。

(2)蒲肯野细胞层　为一层大而不连续的梨状神经元构成。染色较深,核大,呈圆形,有时可见1～2个主树突伸入分子层。

(3)颗粒层　由紧密排列的颗粒细胞和高尔基细胞组成,细胞排列紧密,但细胞分界不清,仅见密集的细胞核。

髓质,在皮质的深层为髓质,染色浅,主要由神经纤维和神经胶质细胞组成。

高倍镜观察:重点观察皮质部蒲肯野细胞,神经细胞大,胞体呈梨形,一列排开。核大,圆形,核内异染色质少,核仁明显。顶端树突分支伸入分子层,轴突不易见到。

2. 大脑(cerebrum)

切片:人大脑,HE染色。

肉眼观察:标本上凹凸不平为脑回和脑沟,其表层为皮质,深部为髓质。

低倍镜观察:皮质,为多极神经元、神经纤维和神经胶质细胞构成。根据神经元的大小、形态及分布,由浅表至深层,可将大脑皮质分为6层:

(1)分子层　为最表面的一层,染成浅红色,神经细胞数量少,有水平细胞和星形细胞,体积小,排列稀疏,镜下看不清细胞的形态。有许多与皮质表面平行的神经纤维。

(2)外颗粒层　主要由星形细胞和少量小锥体细胞组成,神经细胞排列密集。其中小锥体细胞的形态较清楚,胞体呈锥体形。

(3)外锥体细胞层　此层较厚,由许多中小型锥体细胞组成,细胞分布较外颗粒层稀疏。

(4)内颗粒层　细胞密集,主要为星形细胞。

(5)内锥体细胞层　细胞较稀少,主要由大、中型锥体细胞组成,细胞分布疏散。

(6)多形细胞层　以梭形细胞为主,排列较稀疏,看不清细胞的形态。

大脑皮质的分布,按所取标本部位不同及切面关系而有差异。在有些切片上,此6层难以区分,应结合理论,参照图加以理解。

髓质,染成浅粉色,神经纤维排列较为整齐,其中可见神经胶质细胞。

3. 脊神经节(spinal ganglia)

切片:猫脊神经节,HE染色。

低倍镜观察:脊神经节的外面包有结缔组织被膜。节内含大量假单极神经元,神经节内的神经纤维多属有髓纤维,平行排列集合成束,多从神经节中央能过,脊神经节细胞被神经纤维分隔成群。神经节细胞胞体大小不一致。

高倍镜观察:脊神经节细胞大小不等,大细胞胞质染色浅,小细胞胞质深,核圆形位于中央,有明显的核仁。脊神经节细胞外面有一层扁平细胞(即卫星细胞)形成被囊。

4. 交感神经节(sympathetic ganglia)

切片:人交感神经节,HE染色。

低倍镜观察:与脊神经节结构相似,但节内的神经元是多极神经元,纤维为无髓纤维,神经节细胞胞体小,散在分布。

高倍镜观察:交感神经节细胞胞体大小区别不大,不结合成群,细胞核多位于细胞体的偏心位置上,细胞体外也有卫星细胞,但不形成被囊。

四、作业与思考题

1. 绘出小脑皮质的低倍镜图。
2. 绘出脊髓的低倍镜图。
3. 脊髓灰质前角、侧角和后角内能见到什么结构?

实验八　循环系统

一、实验目的与要求

(1)掌握动脉管壁结构及其与静脉的区别。

(2)掌握毛细血管的组织结构。

(3)掌握心脏壁的组织结构。

二、实验器材

(1)器械　数码生物显微镜、数码体视显微影像系统、显微数码互动设备。

(2)材料　组织切片、挂图、擦镜纸、二甲苯等。

三、实验内容与方法

1. 中动脉和中静脉(medium sized artery and medium sized vein)

切片:中动、静脉,HE 染色。

肉眼观察:可见两个血管的横断面。其中管壁较厚,管腔小而圆的为中动脉;管腔大而不规则者为中静脉。

低倍镜观察:管腔圆,管壁厚的是中动脉。管壁分 3 层,自腔面向外依次观察,分内膜、中膜、外膜。管壁薄,管腔大而不规则的是中静脉。内外弹性膜不明显,故 3 层分界不清,管腔不规则。

高倍镜观察:

(1)中动脉(medium sized artery)(图 4-18)

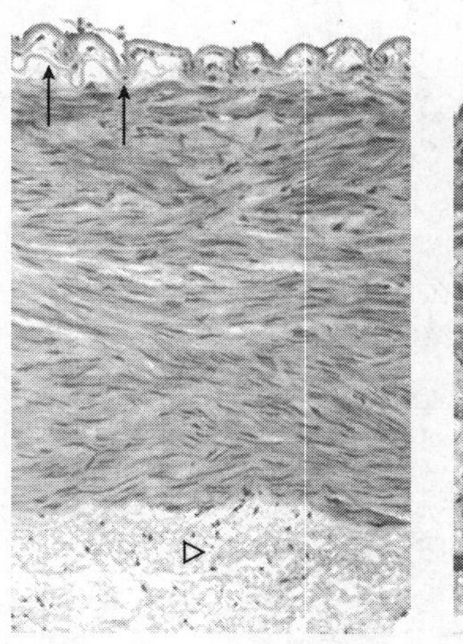

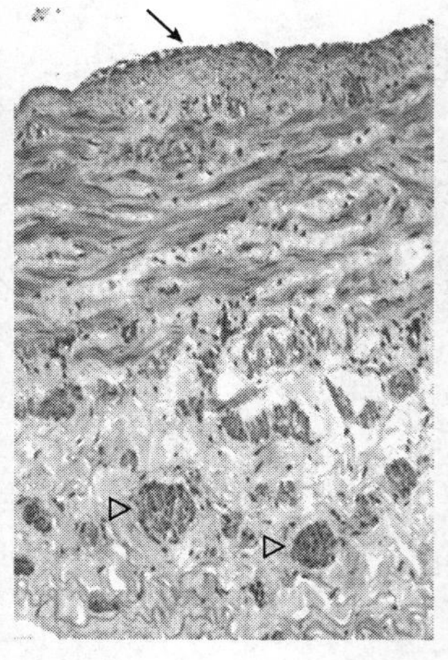

图 4-18　中动脉

左:↑示内弹性膜,△示外弹性膜和中静脉;右:↑示内膜,△示平滑肌束

内膜：最薄。其中内皮：靠腔面，为单层扁平上皮，切片上只见到内皮细胞和细胞核向管腔突出；内皮下层：一薄层结缔组织，切片上几乎看不到此层；内弹性膜：很明显，在血管横断面上因管壁收缩，呈亮红色，波浪状。

中膜：最厚，主要由几十层环形平滑肌组成，肌纤维间夹有少量的弹性纤维和胶原纤维。

外膜：较中膜稍薄，由结缔组织构成。与中膜交界处有外弹性膜，外膜结缔组织中可见弹性纤维、营养血管。

(2) 中静脉(medium sized vein)　与中动脉对比观察，了解其结构特点。

内膜：很薄，只见内皮及内皮下层极少量的结缔组织，内弹性膜不明显。

中膜：中膜较薄，主要由3～5层平滑肌组成。

外膜：比中膜厚，由结缔组织构成，近中膜处有时可见纵行平滑肌束的横断面。

2. 大动脉(large artery)

切片：猴主动脉，HE染色。

肉眼观察：切片呈弧形，凹面为腔面。

低倍镜观察：三层膜分界不明显，内膜较厚，色淡；中膜最厚，色深；外膜为结缔组织。

高倍镜观察：

(1)内膜　内皮：单层扁平上皮；内皮下层：其中有胶原纤维、弹性纤维及横断的平滑肌束；内弹性膜：由数层弹性纤维构成，与中膜的弹性膜相连，故内膜、中膜分界不明显。

(2)中膜　中膜最厚，由几十层弹性膜组成，其间夹有少量平滑肌、胶原纤维和弹性纤维。

(3)外膜　由结缔组织构成，其中有小血管和神经束，外弹性膜不明显。

3. 小动脉和小静脉(small artery and small vein)

切片：食管或小肠，HE染色。

低倍镜观察：食管壁外膜结缔组织中或小肠壁黏膜下层可见小动脉和小静脉。小动脉腔小而圆，壁厚；小静脉腔大而不规则，壁薄。

高倍镜观察：

(1)小动脉　腔面有内皮细胞核分布，管径较大的小动脉内膜可见内弹性膜，中膜为几层平滑肌组成，无外弹性膜。外膜由少量结缔组织构成，与周围组织无明显分界。

(2)小静脉　较同级小动脉管壁薄，由内皮及外方少量结缔组织构成，有的小动脉中膜可见少量的平滑肌纤维，外膜很薄，与周围结缔组织不易区分。

4. 毛细血管(capillary)

铺片：兔肠系膜铺片，HE染色。

低倍镜观察：先找到一根较粗的血管，在其附近有更细的分支，即毛细血管网。选择一条较细的、染色淡的进行观察。

高倍镜观察：管壁很薄，管腔很小，仅能通过1～2个红细胞，管壁由一层内皮围成，内皮细胞核略突管腔。

5. 心脏(heart)

切片：小鼠心脏，HE染色。

低倍镜观察：心脏壁由内向外分3层，即心内膜、心肌膜、心外膜。注意心内膜与心外膜的区别，心内膜较厚，内有结缔组织及染色浅、体积大的蒲肯野细胞，心外膜的结缔组织中常有脂肪组织及较多的神经纤维束。

高倍镜观察：

(1)心内膜　分为3层，其中内皮：单层扁平上皮。内皮下层：薄层结缔组织。心内膜下层：紧靠心肌膜的一层结缔组织，含有蒲肯野纤维，其直径较心肌纤维粗，着色较淡，细胞中央有1～2个核，胞浆多，横纹不明显。

(2)心肌膜　主要由心肌构成，分内纵、中环、外斜3层，心肌纤维呈螺旋状排列，切片上可见到心肌纤维的不同断面，心肌纤维间含有丰富的毛细血管和少量结缔组织。

(3)心外膜　为浆膜，表面被覆间皮，间皮下为结缔组织，含有血管、神经和脂肪组织。

6. 电镜照片(示教)

有孔毛细血管：重点辨认内皮细胞，内皮小孔，基膜，周细胞和吞饮小泡。

连续毛细胞血管及血脑屏障：重点辨认内皮细胞，吞饮小泡，基膜和神经胶质膜。

四、作业与思考题

1. 绘制中动脉和中静脉管壁结构的高倍镜图。
2. 试述毛细血管的组织结构与类型。
3. 简述心脏传导系统的细胞组成、分布和功能。
4. 简述心壁的分层结构。

实验九　被皮系统

一、实验目的与要求

(1)掌握皮肤的结构。
(2)了解皮肤衍生物——毛、皮脂腺、汗腺和乳腺的结构。

二、实验器材

(1)器械　数码生物显微镜、数码体视显微影像系统、显微数码互动设备。
(2)材料　组织切片、挂图、擦镜纸、二甲苯等。

三、实验内容与方法

1. 皮肤(skin)

切片:人头皮(图 4-19)或山羊皮肤,HE 染色。

低倍镜观察:找到表皮、真皮和皮下组织。

高倍镜观察:表皮为角质化的复层扁平上皮,切片上可明显区分为角质层和生发层。角质层为多层无核角质化的扁平细胞,切片上呈细线状,大多染成红色。真皮由致密结缔组织组成,分乳头层和网状层,乳头层向表皮突出形成许多真皮乳头,网状层在乳头层的深部,两层间无明显界限。此层含粗大的胶原纤维束、弹性纤维,彼此交错成网,成纤维细胞分散在纤维之间。有血管、淋巴管和汗腺、神经及环层小体。

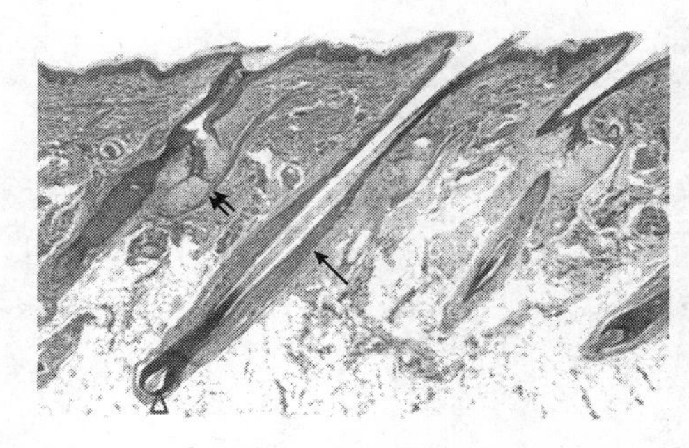

图 4-19　人头皮
↑示毛囊,↑↑示立毛肌,△示毛球

(1)毛根和毛囊　毛干露于皮肤外,毛根埋在皮肤内。毛根外裹毛囊,由表皮下陷形成,由于切面关系,毛根可有纵断面、横断面和斜切面。毛根和毛囊末端膨大称毛球,毛球底部有结缔组织突入为毛乳头,内含毛细血管和神经末梢。

(2)汗腺　分泌部:位于网织层及皮下组织内,由于盘曲成团,故切片上呈成群的分泌部切面,由单层低柱状细胞围成,有时因切面关系直观上似乎不止一层。导管部:由两层细胞围成,细胞较小,切片上可见导管的切面,最后开口成表皮的汗孔。

(3)皮脂腺　位于近毛囊开口处,分泌部细胞染色淡,其周边部腺细胞小,呈立方形。中央的腺细胞大,呈多边形,胞质富含脂滴,故染色较淡,导管很短,开口于毛囊。因切面关系未必能看到导管与毛囊相通。

(4)立毛肌　在毛发与皮肤表面成钝角侧有一束斜行平滑肌,有时切面不完整。

2. 乳腺(mammary gland)

切片:羊的泌乳期乳腺,HE染色。

肉眼观察:标本为乳腺的一小部分,被分隔成若干小叶,小叶内有粉红色物质,为腺泡腔内的乳汁。

低倍镜观察:可见大量腺组织和少量结缔组织,腺实质分成许多小叶,小叶内含大量腺泡,腺泡腔内不含或有染成红色的乳汁。

高倍镜观察:腺泡上皮细胞有单层扁平、立方或柱状。在腺泡之间可见到一些没有腺腔的细胞团,这是由于仅切到腺泡壁的缘故。有的腺泡内有大量染成红色的乳汁。

四、作业与思考题

1. 绘制有毛皮肤的低倍镜图。
2. 简述表皮的分层结构。
3. 试述真皮的分层结构及功能特点。

实验十　免疫系统

一、实验目的与要求

(1)掌握淋巴结、脾脏、胸腺的组织结构和功能。

(2)掌握淋巴小结与弥散淋巴组织的结构与功能。

(3)了解中枢淋巴器官和周围淋巴器官的区别。

(4)了解免疫系统的组成及免疫的概念。

二、实验器材

(1)器械　数码生物显微镜、数码体视显微影像系统、显微数码互动设备。

(2)材料　组织切片、挂图、擦镜纸、二甲苯等。

三、实验内容与方法

1.胸腺(thymus)

切片:幼畜胸腺,HE染色。

肉眼观察:可见胸腺分成许多大小不等的小叶。小叶周边染色较深,中央染色浅。

低倍镜观察:表面有结缔组织被膜,伸入胸腺实质成为小叶间隔,把胸腺分为许多不完全分隔的小叶,每一小叶周边是皮质,染色深,小叶中间为髓质,染色浅,皮质不完全包裹髓质,相邻小叶的髓质彼此相连续,髓质中可见圆形、粉红色的胸腺小体。

高倍镜观察:

(1)皮质　主要由大量胸腺细胞和少量胸腺上皮细胞构成。

(2)髓质　含大量胸腺上皮细胞和少量初始T细胞。胸腺小体由数层至十几层胸腺上皮细胞同心圆排列形成,核染色浅,胞质嗜酸性。

2.淋巴结(lymph node)

切片:猫淋巴结,HE染色。

肉眼观察:淋巴结呈圆形或椭圆形,为实质性器官。凹陷处为淋巴结门部,表面一薄层粉红色结构为被膜,被膜下面染色较深的为皮质,中央染色较浅的为髓质。

低倍镜观察:被膜位于淋巴结表面,由一薄层致密结缔组织构成,被膜伸入实质形成小梁,小梁粗细不等,彼此连接,构成淋巴结的粗网架。在淋巴结的一侧凹陷称淋巴结门部(有的切片未切到此部),门部可见输出淋巴管、动脉和静脉。皮质位于被膜下方,由浅层皮质、深层皮质和皮质淋巴窦构成。浅层皮质:位于皮质浅层,由淋巴小结和小结之间的弥散的淋巴组织组成,淋巴小结圆形或椭圆形,染色较深,有的小结中央染色较浅,为生发中心。深层皮质(副皮质区)位于皮质深层,为较大片的弥散淋巴组织,与周围组织无明显界限。皮质淋巴窦(皮窦)

为分布于被膜和淋巴小结之间(被膜下窦)和小梁与淋巴组织之间(小梁周窦)的网状间隙。窦壁由内皮细胞围成,窦腔内有网状细胞、淋巴细胞和巨噬细胞等。髓质位于淋巴结中央,由髓索和髓窦组成。髓索由淋巴细胞(主要为B细胞)密集排列的许多不规则条索状结构,粗细不等,染色较深,有分支,相互连接成网。髓窦位于髓索之间和髓索与小梁之间的网状窦隙,窦腔较大,结构同皮窦。

高倍镜观察:

(1)生发中心　位于淋巴小结的中央,染色较浅,此处的细胞体积较大,核大且染色质较少;主要由大、中淋巴细胞和巨噬细胞组成。

(2)毛细血管后微静脉　位于深层皮质区,可见毛细血管后微静脉的纵断或横断面,特点是内皮细胞为立方形或矮柱状,核染色浅。

(3)淋巴窦　窦壁由一层连续性的扁平的内皮细胞围成,细胞核长而扁,胞质不清。窦内有淋巴细胞、游离的巨噬细胞及大量的网状细胞。巨噬细胞圆形或卵圆形,胞质嗜酸性。网状细胞呈星形,其突起相互连接,细胞核卵圆形,染色浅,核仁明显。

3. 脾脏(spleen)

切片:狗脾,HE染色。

肉眼观察:切片一侧粉红色结构为被膜。被膜内侧的部分为脾实质,在实质中可见散在的深蓝色的圆形或椭圆形小体,即白髓;其余的部分主要为红髓。

低倍镜观察:

(1)被膜与小梁　脾的被膜很厚,由富含弹性纤维及平滑肌纤维的致密结缔组织构成,表面覆有间皮。被膜结缔组织伸入脾内形成小梁,构成脾的粗支架(图4-20)。结缔组织内的平滑肌纤维,在小梁中有小梁动脉和小梁静脉。

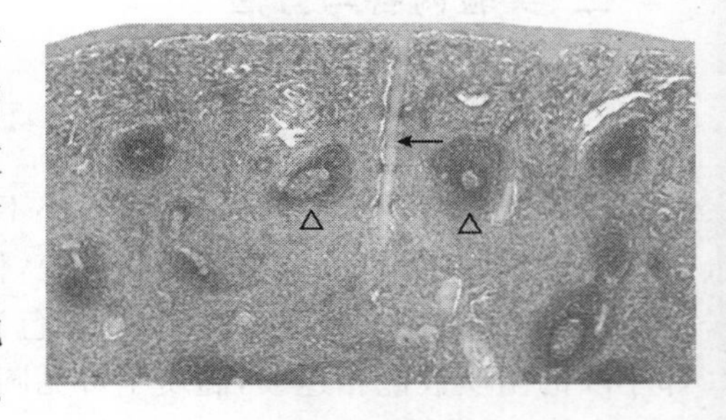

图4-20　脾脏

↑示小梁,△示白髓

(2)白髓　在脾实质内散在的染成深蓝色的细胞集团,即为脾白髓,包括脾小结和动脉周围淋巴鞘。动脉周围淋巴鞘:小梁动脉的分支离开小梁,称中央动脉。围绕中央动脉周围的厚层弥散淋巴组织,由大量T细胞和少量巨噬细胞等构成。脾小结:即淋巴小结,位于动脉周围淋巴鞘的一侧,有的有生发中心,发育完全的脾小结包括明区、暗区和小结帽,帽朝向红髓。

(3)边缘区　位于白髓与红髓之间,淋巴细胞较白髓稀疏,但较红髓密集。含血窦及较多巨噬细胞。

(4)红髓　占脾实质大部分,分布于被膜下、小梁周围、白髓及边缘区外侧。由脾索和脾血窦组成。脾索:为富含血细胞的淋巴索,呈不规则的索条状,相互连接成网。脾血窦:简称脾窦,位于脾索之间,形态不规则,相互连接成网状。

高倍镜观察:

(1)脾索　脾索内含T细胞、B细胞、浆细胞、巨噬细胞等。

(2)脾血窦　窦壁的杆状内皮细胞多被横断,细胞核圆形,多凸向窦腔。

4. 网状纤维(reticular fiber)(示教)

切片:犬淋巴结,镀银法染色。

高倍镜观察：网状纤维较细，呈黑色，分支交织成网。

5. 电镜照片（示教）

血-胸腺屏障：重点辨认毛细血管内皮及基膜，毛细血管周隙，巨噬细胞，胸腺上皮细胞及基膜。

脾红髓：重点辨认脾窦腔，杆状内皮，红细胞，白细胞，网状细胞和巨噬细胞。

四、作业与思考题

1. 绘制淋巴结的低倍镜图。
2. 比较淋巴结和脾脏结构和功能方面的异同。
3. 试述单核吞噬细胞系统的组成、分布和功能特点。
4. 简述淋巴细胞再循环的途径和意义。

实验十一　内分泌系统

一、实验目的与要求

(1)掌握甲状腺的组织结构和功能。

(2)掌握肾上腺的组织结构和功能。

(3)掌握脑垂体的组织结构和功能。

(4)了解内分泌腺的构造特点。

二、实验器材

(1)器械　数码生物显微镜、数码体视显微影像系统、显微数码互动设备。

(2)材料　组织切片、挂图、擦镜纸、二甲苯等。

三、实验内容与方法

1. 甲状腺(thyroid gland)

切片:狗甲状腺,HE 染色。

肉眼观察:标本为甲状腺的一部分,染成粉红色。

低倍镜观察:表面覆有结缔组织被膜,并伸入腺体内部,将腺实质分隔为不明显的小叶。小叶内有许多大小不等的圆形或不规则形滤泡,滤泡腔内充满粉红色的胶质,滤泡间有少量结缔组织和丰富的毛细血管。

高倍镜观察:

(1)滤泡上皮细胞　单层立方形或低柱状(随功能状态不同面变化),核圆形,位于细胞中央,胞质淡染。

(2)滤泡旁细胞　胞体较大,圆形或卵圆形,胞核大而圆,着色较浅,位于细胞中央,胞质染色很淡,故又称亮细胞,该细胞单个嵌在滤泡上皮细胞与基膜间或分布于滤泡间的结缔组织中,此细胞数量少,不一定能观察到。

2. 肾上腺(adrenal gland)

切片:猫肾上腺,HE 染色(图 4-21)。

肉眼观察:标本呈三角形或半月形。周围染色较深的为皮质,中央染色浅黄,为髓质。

低倍镜观察:被膜由结缔组织组成。皮质位于被膜下方,据皮质细胞的形态和排列特征,可将皮质分为 3 个带,即球状带(多形带)、束状带和网状带。多

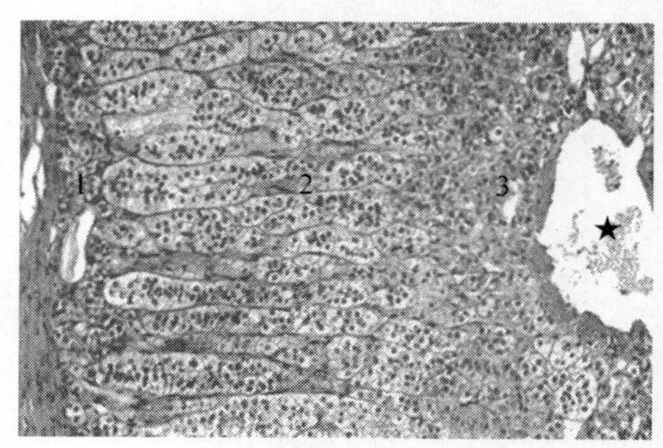

图 4-21　肾上腺

1. 多形带;2. 束状带;3. 网状带;★示中央静脉

形带位于被膜下方，较薄，细胞聚集成团状分布。束状带：位于球状带下方，此层最厚，呈条束状平行排列。网状带位于皮质最内层，细胞排成条索状且相互吻合成网。髓质为肾上腺中央紫蓝色的结构，主要由排列成索或团的髓质细胞组成，有时可见髓质中央有中央静脉。

高倍镜观察：

(1)多形带　细胞体积较小，低柱状或立方形或锥体形，胞核深染，胞质弱嗜碱性。细胞团间有结缔组织和血窦。

(2)束状带　细胞较大，呈多边形或立方形，胞核淡染，胞质内富含脂滴，脂滴在制片时被溶解，故染色浅，呈泡沫状，细胞束间有少量结缔组织和丰富的血窦。

(3)网状带　细胞较小，圆形或多边形，胞核深染，胞质内含少量脂滴和脂褐素，细胞索吻合成网，网眼内有结缔组织和血窦。

(4)髓质细胞　呈多边形，胞体大，核圆，位于细胞中央，细胞排列成索并连接成网。经铬盐处理的标本，胞质内可见有许多黄褐色的嗜铬颗粒，因此胞质呈棕黄色。髓质中可见数量很少的交感神经节细胞，胞体大而不规则，胞质染色深，核大而圆，染色浅，核仁明显。

3. 脑垂体(hypophysis)

切片：猫脑垂体，HE 染色。

肉眼观察：在标本一侧染色深的部分是远侧部，另一侧染色浅的部分是神经部。两者之间为中间部。远侧部上方为结节部。

低倍镜观察：区别染色深的腺垂体和染色浅的神经垂体。被膜为表面的结缔组织。远侧部细胞密集成团、成索，彼此连接成网，细胞团索之间有丰富的血窦。中间部狭长，可见几个大小不等的滤泡，腔内充满红色胶质。神经部染色最浅，细胞成分少，主要是神经纤维。

高倍镜观察：

(1)远侧部　腺细胞排列成索团，其间可见丰富的血窦，根据腺细胞嗜色特点可分为 3 种。

嗜酸性细胞：量多，呈圆形或卵圆形，细胞界限清楚，胞质内含嗜酸性颗粒，故染成红色。

嗜碱性细胞：呈椭圆形或多边形，细胞大小不等，胞质内含嗜碱性颗粒，故染成蓝色。

嫌色细胞：量多，体积小，胞质少，着色浅。细胞界限不清。

(2)中间部　紧贴神经部。可见一些大小不等的滤泡，腔内含有红色胶质。滤泡周围可见嗜碱性细胞和嫌色细胞。

(3)神经垂体　染色淡，内含大量无髓神经纤维及散在的神经胶质细胞和丰富的毛细血管。神经胶质细胞形状和大小不一，有的胞质内含有棕褐色的色素颗粒。还可见大小不等的嗜酸性团块即赫令体。

4. 滤泡旁细胞(parafollicular cell)(示教)

切片：人甲状腺，镀银法染色。高倍镜观察：滤泡之间及滤泡壁上单个或成群分布，呈圆形或椭圆形，胞质中含大量棕黑色嗜银颗粒，核圆，着色浅。

5. 电镜照片(示教)

甲状腺滤泡上皮细胞：重点辨认粗面内质网，线粒体，分泌颗粒，胶质小泡，胶质。

肾上腺皮质束状带细胞：重点辨认线粒体，脂滴，粗面内质网，滑面内质网，糖原颗粒。

腺垂体远侧部腺细胞：重点辨认嫌色细胞，滤泡细胞，生长激素细胞，促性腺激素细胞，促甲状腺激素细胞。

四、作业与思考题

1.绘制甲状腺的高倍镜图。

2.绘制肾上腺皮质的低倍镜图。

3.脑垂体远侧部3种细胞的形态结构和功能。

4.简述下丘脑与腺垂体的关系。

实验十二　消化管

一、实验目的与要求

(1)掌握消化管壁的一般结构。

(2)掌握胃底腺各种细胞的形态结构与功能。

(3)掌握食管、小肠和大肠的组织结构。

二、实验器材

(1)器械　数码生物显微镜、数码体视显微影像系统、显微数码互动设备。

(2)材料　组织切片、挂图、擦镜纸、二甲苯等。

三、实验内容与方法

1. 食管(esophagus)

切片:狗食管(横断),HE 染色。

肉眼观察:管腔呈星形,染成蓝紫色的为黏膜上皮,上皮下淡红色的为黏膜下层,肌层染成红色,外膜淡染。

低倍镜观察:分清管壁的四层结构,然后从管腔内侧面向外逐层观察。

(1)黏膜　上皮为复层扁平上皮;固有层为疏松结缔组织,分布有淋巴组织,小血管、食管腺导管;黏膜肌层由纵行平滑肌束组成,切片上为肌纤维的横断。

(2)黏膜下层　疏松结缔组织,有食管腺。

(3)肌层　分层不明显,骨骼肌和平滑肌混合存在。

(4)外膜　食管纤维膜,由结缔组织构成。

2. 胃(stomach)

切片:狗胃底部,HE 染色。

肉眼观察:染成紫蓝色的为黏膜,黏膜下染色浅的是黏膜下层,其下呈红色,为肌层,外表是染色浅的薄层浆膜。

低倍镜观察:观察胃壁的四层结构,重点观察黏膜的结构。

黏膜:上皮为单层柱状上皮,无杯状细胞分布。上皮下陷形成许多胃小凹(图 4-22);固有层分布大量的胃底腺,可见腺体管状的纵断面和圆形的横断面,腺体间有毛细血管和少量结缔组织分布;黏膜肌层为内环外纵两层平滑肌。黏膜下

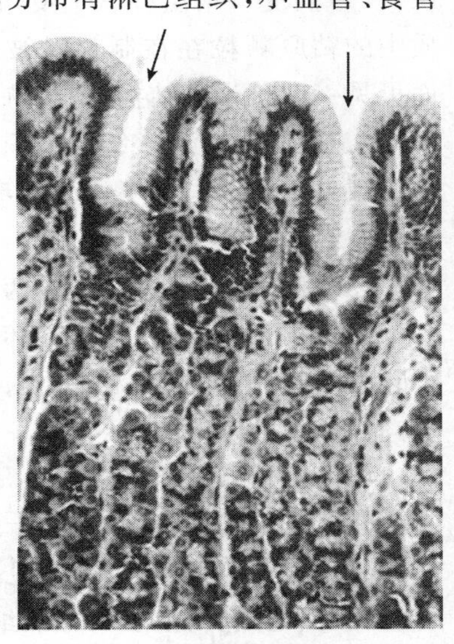

图 4-22　胃底部黏膜

↑示胃小凹

层:疏松结缔组织,内有血管和神经。肌层:较厚,染色较红,由内斜、中环、外纵3层平滑肌组成,3层分界不清。外膜:为浆膜,可见薄层结缔组织外被覆一层间皮。

高倍镜观察:观察胃底腺三种细胞的形态结构和染色特点。

(1)主细胞　又称胃酶细胞,数量最多,多成堆分布于腺体部和底部,细胞呈柱状或锥体形,胞核圆,位于细胞的基部。胞质基部呈嗜碱性,染成淡蓝色。

(2)壁细胞　又称泌酸细胞,胞体积较大,数量较主细胞少,多散在于腺的颈部和体部。细胞呈圆形或锥体形,核圆而深染,居细胞中央,时常可见双核,胞质强嗜酸性,染成鲜红色。

(3)颈黏液细胞　数量很少,多位于腺颈部,细胞呈立方形或矮柱状,胞核扁圆,位于细胞基部。胞质淡染。

3. 十二指肠(duodenum)(图4-23)

切片:人十二指肠(横断),HE染色。

肉眼观察:腔面有许多细小的突起为绒毛。

低倍镜观察:分清管壁的四层结构,选择一切面比较完整的皱襞,由腔面向外逐层观察。

(1)黏膜　表面有许多上皮和固有层构成的绒毛。纵断的绒毛呈指状,横断的绒毛呈圆形。固有层中可见有许多不同断面的肠腺。

(2)黏膜下层　结缔组织,内有十二指肠腺,腺细胞矮柱状,胞质染色淡,核扁圆,位于细胞基部,腺导管开口于小肠腺的底部。十二指肠腺是识别十二指肠的主要特征之一。

(3)肌层　内环外纵两层平滑肌。

(4)外膜　浆膜,由结缔组织和间皮组成。

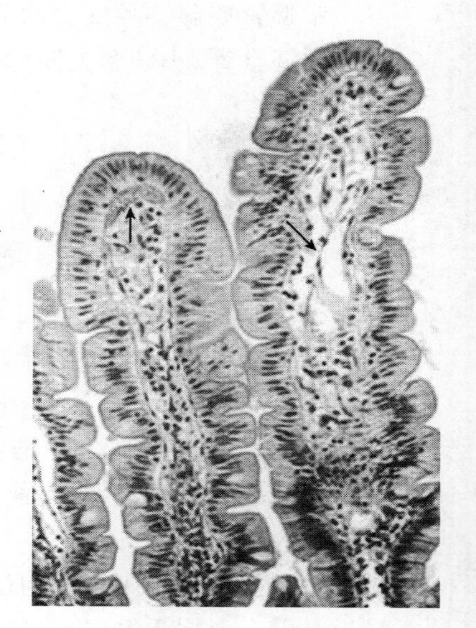

图4-23　肠绒毛

↑示毛细淋巴管

高倍镜观察:

(1)上皮　单层柱状上皮,柱状细胞间夹有杯状细胞,胞质中的粘原颗粒在在制片时被溶解而呈空泡状。细胞游离面可见一红色带状结构,即纹状缘。

(2)固有层　疏松结缔组织,内有上皮下凹形成的小肠腺,可被切成纵、斜、横各种切面,开口于绒毛之间。固有层构成绒毛中轴,其中含有毛细血管,淋巴细胞,散在的平滑肌纤维,绒毛中央有纵行的中央乳糜管。

(3)黏膜肌层　内环外纵两薄层平滑肌。

(4)小肠腺　柱状细胞和杯状细胞与绒毛上皮相同。潘氏细胞呈锥体形,常三五成群位于小肠腺的基部,细胞顶部胞质内含有嗜酸性分泌颗粒。

4. 回肠(ileum)

切片:回肠,HE染色。

低倍镜或高倍镜观察:与十二指肠比较有以下特点。

(1)固有层和黏膜下层可见集合淋巴小结,黏膜肌常不完整。

(2)绒毛减少,上皮中杯状细胞增多,黏膜下层内无十二指肠腺。

5. 空肠(jejunum)

切片:空肠,HE染色。

低倍镜或高倍镜观察：与十二指肠和回肠相比较，其特点如下。

(1)固有层内无淋巴集结，可见孤立淋巴小结和弥散淋巴组织。

(2)黏膜下层内无十二指肠腺，上皮中杯状细胞的数量介于十二指肠和回肠之间。

6. 大肠(large intestine)

切片：大肠，HE 染色。

低倍镜或高倍镜观察：管壁结构与小肠相似，其特点如下。

(1)黏膜不形成绒毛，上皮中杯状细胞特多。

(2)固有层内大肠腺发达，杯状细胞很多，无潘氏细胞。

(3)外膜结缔组织中含较多的脂肪细胞。

7. 潘氏细胞(Paneth cell)(示教)

切片：大鼠小肠，天青一伊红染色法。

高倍镜观察：潘氏细胞三五成群，位于小肠腺的底部。细胞呈锥形，细胞顶部含许多粗大的红色嗜酸性颗粒，核圆或卵圆形，位于细胞基部。

8. 嗜银细胞(argyrophil cell)(示教)

切片：豚鼠小肠，Masso 法染色。

高倍镜观察：细胞呈锥形或烧瓶形，胞质中含许多棕黑色的嗜银颗粒，多位于细胞的基部，核圆，着色浅，有时被颗粒覆盖。

9. 电镜照片(示教)

胃底腺主细胞和壁细胞：重点辨认酶原颗粒，高尔基复合体，粗面内质网，线粒体。

小肠吸收细胞：重点辨认微绒毛，细胞连接，线粒体，高尔基复合体，粗面内质网和溶酶体。

四、作业与思考题

1. 绘制小肠的低倍镜图。

2. 试述消化管壁的一般结构及食管、胃、小肠和大肠各段的特点。

3. 比较胃黏膜和小肠黏膜的结构及其与功能的关系。

实验十三　消化腺

一、实验目的与要求

(1)掌握肝脏、胰腺的组织结构和功能。

(2)了解浆液性、黏液性和混合性腺泡的结构特点。

(3)熟悉腮腺和颌下腺的结构特点。

二、实验器材

(1)器械　数码生物显微镜、数码体视显微影像系统、显微数码互动设备。

(2)材料　组织切片、挂图、擦镜纸、二甲苯等。

三、实验内容与方法

1. 颌下腺(submaxillary gland)

切片:人颌下腺,HE 染色。

肉眼观察:标本为颌下腺的一部分,腺的一侧表面有薄层红色的被膜,蓝紫色的小块为小叶。

低倍镜观察:小叶中有不同切面的腺泡,着色深浅不一,为混合性腺;腺泡间有较多的分泌管及较少的闰管。小叶间的结缔组织中,有血管和小叶间导管。

高倍镜观察:

(1)黏液性腺泡　腺细胞着色浅,呈浅蓝色,核扁圆形,位于细胞基部。

(2)浆液性腺泡　腺细胞着色深,呈紫红色,核圆,位于细胞基部。

(3)混合性腺泡　由黏液性腺细胞和浆液性腺细胞共同组成。黏液性细胞在内,浆液性细胞呈半月状排列在腺泡的底部,称为浆半月。

2. 肝脏(liver)

切片:猪肝,HE 染色(图 4-24)。

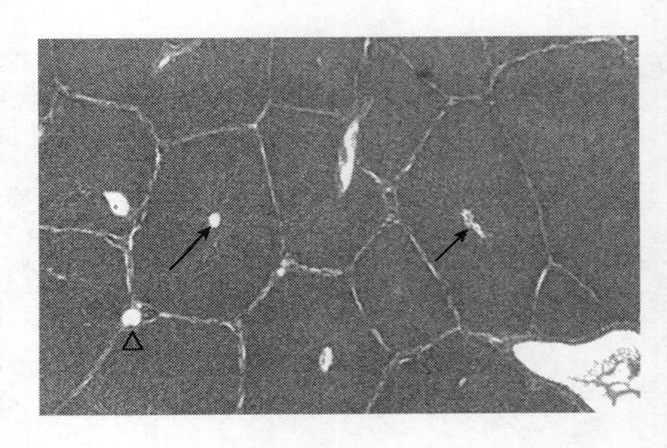

图 4-24　猪肝

↑示中央静脉,△示门管区

肉眼观察:标本为猪肝的一部分,肝脏被分成许多小区,即为肝小叶。

低倍镜观察:

(1)被膜　致密结缔组织,其表面为浆膜。被膜的组织伸入实质形成小叶间结缔组织,将实质分为许多肝小叶。

(2)肝小叶　多边形或不规则形。小叶间结缔组织比较发达,小叶分界明显。肝小叶中央有中央静脉；细胞索以中央静脉为中轴呈放射状排列，肝细胞索有分支，互相吻合成网；肝细胞索间的腔隙为肝血窦。

(3)门管区　相邻肝小叶间的结缔组织中可见3种管道：小叶间动脉、小叶间静脉和小叶间胆管。

高倍镜观察：

(1)肝小叶　中央静脉位于肝小叶中央，管壁很薄，由一层内皮细胞构成。由于血窦开口于中央静脉，故管壁不完整；肝索在切片中肝板呈索状，故称肝索。由单行肝细胞组成。肝细胞呈多边形，胞体大，核圆形、位于细胞中央，少数细胞可见双核；胞质染成粉红色；肝血窦：位于肝索之间，形状不规则，窦壁衬以内皮，窦腔内有散在的形态不规则的枯否氏细胞，体积较大。

(2)门管区　小叶间动脉管腔小而圆，管壁较厚，管壁可见环形平滑肌；小叶间静脉管腔大而不规则，管壁薄；小叶间胆管管腔小，管壁由单层立方上皮细胞组成。

3. 胰腺(pancreas)

切片：豚鼠胰腺，HE染色。

肉眼观察：标本为胰腺的一部分，形态不规则、大小不等的区域为胰腺小叶。

低倍镜观察：被膜不明显，被膜伸入实质形成小叶间结缔组织，将实质分为许多小叶。首先分清内分泌部和外分泌部，外分泌部为染色较深的浆液性腺泡和部分导管，腺泡之间可见分布有染色较淡，大小不一的胰岛。

高倍镜观察：

(1)外分泌部　腺泡由单层锥体细胞围成，胞核圆形，位于细胞基部。顶部胞质中含有红色的酶原颗粒，基部胞质嗜碱性。腺泡腔内可见数个胞质淡染的泡心细胞。导管：闰管在腺泡附近寻找，该管由单层扁平或立方上皮构成，管腔很小。小叶内导管位于小叶内结缔组织中，为单层立方上皮组成。小叶间导管位于小叶间结缔组织中，管壁由单层柱状上皮构成。

(2)内分泌部　胰岛，位于细胞间淡染的细胞团，细胞界限不清，细胞间有丰富的毛细血管。HE染色标本中不能区别A、B、D 3种细胞。

4. 肝糖原(示教)

切片：兔肝脏，过碘酸雪夫反应染色。低倍镜观察：紫红色的颗粒为肝糖原，位于肝细胞质中，核的反应为阴性。中央静脉周围肝细胞的糖原含量较少，着色较浅；肝小叶周边肝细胞的糖原含量较多，着色较深。

5. 胆小管(bile canaliculi)(示教)

切片：狗肝脏，铁苏木精染色。

高倍镜观察：胆小管染成深蓝色，呈线条状，有的相互连接成网。胆小管位于肝细胞之间。

6. 胰岛(pancreas islet)(示教)

切片：豚鼠胰腺，偶氮胭脂红-丽春红橘黄G-亮绿法染色。

高倍镜观察：

(1)胰岛A细胞　较大，胞质染成黄色，细胞多分布于胰岛的外周部。

(2)胰岛B细胞　较小，胞质染成红色，数量多，多分布于胰岛的中央。

(3)胰岛D细胞　较小，胞质染成绿色，数量少，散在于A、B细胞之间。

7.电镜照片(示教)

肝:重点辨认肝细胞,胆小管,肝血窦,肝血窦内皮。

胰腺外分泌部:重点辨认浆液性腺细胞核,粗面内质网,分泌颗粒,线粒体,泡心细胞。

胰岛A细胞:重点辨认细胞核,颗粒内致密结晶样小体,线粒体。

胰岛B细胞:重点辨认细胞核,分泌颗粒,线粒体。

胰岛D细胞:重点辨认细胞核,分泌颗粒,线粒体。

四、作业与思考题

1.绘制肝脏的低倍镜图。

2.试述肝小叶的结构。

3.试述胰腺的组织结构与功能。

实验十四　呼吸系统

一、实验目的与要求

(1)掌握气管管壁的组织结构。

(2)掌握肺导气部和呼吸部各段的组织结构。

二、实验器材

(1)器械　数码生物显微镜、数码体视显微影像系统、显微数码互动设备。

(2)材料　组织切片、挂图、擦镜纸、二甲苯等。

三、实验内容与方法

(一)标本的观察

1. 气管(trachea)

切片:狗气管(横断),HE 染色。

肉眼观察:含有深蓝色的部分为软骨部,粉红色部分为膜部。

低倍镜观察:由内向外将管壁分为黏膜、黏膜下层和外膜三层。黏膜:上皮为假复层纤毛柱状上皮,细胞间夹有杯状细胞,固有膜为富含弹性纤维的结缔组织,本片中呈红色发亮的点状结构。此外还有丰富的血管、淋巴管等;黏膜下层:疏松结缔组织,与固有膜无明显界限,内含大量混合性腺;外膜:透明软骨环和结缔组织组成。软骨环呈"C"形,缺口处有平滑肌,部分切片中还可见混合性腺。

高倍镜观察:黏膜上皮为假复层纤毛柱状上皮,柱状细胞胞体呈柱状,核椭圆形,位于上皮浅层,其游离面可见大量的纤毛。杯状细胞顶部胞质呈空泡状,核呈倒置的三角形,基细胞位于上皮的深部,上皮下有明显的基膜,呈粉红色窄带状。

2. 肺(lung)

切片:狗肺,HE 染色(图 4-25)。

肉眼观察:标本呈网眼状,还有大小不等的管腔断面,是肺内支气管各级分支和肺动、静脉的断面。

低倍镜观察:肺表面被覆浆膜,实质由各级支气管和肺泡组成。肺内支气管的各级分支可根据管壁结构、管径大小和管壁有无肺泡开口加以区别。

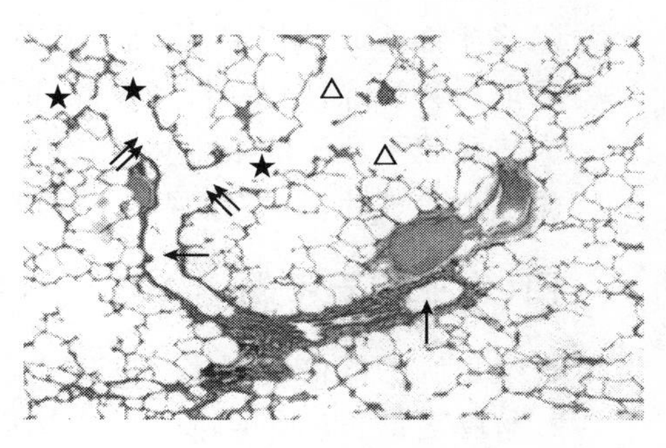

图 4-25　肺

↑示终末细支气管,↑↑示呼吸性细支气管,★示肺泡管,△示肺泡囊

高倍镜观察:导气部包括小支气管、细支气管和终末细支气管。

(1)小支气管　管壁分黏膜、黏膜下层和外膜三层。管径随分支逐渐变细,管壁逐渐变薄。上皮为假复层柱状纤毛上皮,夹有杯状细胞,黏膜下层中气管腺减少;外膜为软骨片和结缔组织,含有血管、淋巴管和神经。

(2)细支气管　为假复层或单层纤毛柱状上皮,杯状细胞、腺体和软骨片逐渐减少或消失,平滑肌纤维相对增多。

(3)终末细支气管　黏膜皱襞明显,管腔呈星状,上皮为单层纤毛柱状上皮;杯状细胞、气管腺和软骨片完全消失;平滑肌形成完整的环形。

呼吸部包括呼吸性细支气管、肺泡管、肺泡囊和肺泡。

(1)呼吸性细支气管　管壁不完整,壁上有肺泡开口,上皮有单层柱状或立方上皮,上皮下有少量结缔组织和平滑肌。

(2)肺泡管　管壁上有许多肺泡开口,上皮为单层立方或扁平上皮,下有薄层结缔组织和少量平滑肌。在切片上,肺泡管的特点是在相邻肺泡开口之间有结节状膨大。

(3)肺泡囊　为几个肺泡共同开口所围成的囊腔,肺泡开口处无平滑肌,故相邻肺泡开口之间无结节状膨大。

(4)肺泡　为不规则形的空泡状结构。肺泡上皮细胞有单层扁平和立方形两种,但光镜下不易分辨。

(5)肺泡隔　相邻肺泡间的结缔组织,内含丰富弹性纤维和毛细血管。肺泡隔和肺泡腔内可见体积较大,形态不规则的肺巨噬细胞,其吞噬灰尘后,称为尘细胞。

3.肺弹性纤维(示教)

切片:狗肺,醛复红-丽春红橘黄G-亮绿法染色。

高倍镜观察:肺泡隔内含丰富的染成紫色的弹性纤维。胶原纤维着绿色,平滑肌纤维和红细胞染成黄色。

4.电镜照片(示教)

气管上皮表面观:重点辨认纤毛细胞表面的纤毛,杯状细胞的表面,刷细胞表面的微绒毛。

肺泡上皮:重点辨认Ⅰ型肺泡上皮细胞,Ⅱ型肺泡上皮细胞,嗜锇板层小体,连续毛细血管内皮细胞,基膜。

(二)纤毛摆动标本的制作与观察

(1)实验器材　蟾蜍、生理盐水、剪子、滤纸、载玻片。

(2)实验步骤

①将滤纸剪成“回”字形,铺于载玻片上,在中央滴加生理盐水。

②取一只蟾蜍,断头,打开口腔,剪下一块上腭黏膜。

③将黏膜平放于滤纸中央。

④盖上盖玻片,显微镜观察。黏膜上皮表面纤毛朝一个方向摆动。

四、作业与思考题

1.绘出肺的低倍镜图。

2.解释名词:气-血屏障。

3.简述肺泡的结构。

4.简述从气管至终末细支气管各段的结构变化。

5.光镜下确定气管的依据是什么?

实验十五　泌尿系统

一、实验目的与要求

(1)掌握肾皮质和髓质的组织结构。

(2)掌握球旁复合体结构和功能。

(3)了解排尿管道的组织结构。

二、实验器材

(1)器械　数码生物显微镜、数码体视显微影象系统、显微数码互动设备。

(2)材料　组织切片、挂图、擦镜纸、二甲苯等。

三、实验内容与方法

1. 肾(kidney)

切片:小鼠肾,HE 染色(图 4-26)。

肉眼观察:此标本为一个肾叶的纵断面,表层深红色部分是肾皮质,深层色淡部分是肾髓质。

低倍镜观察:肾表面被覆结缔组织被膜,实质分为皮质和髓质。

皮质:可见大量圆形的肾小体,肾小体间分布有不同断面的肾小管,其中数量多,管径大、染成红色的是近曲小管,数量少、淡染的是远曲小管。皮质内见到的纵行管道束,为髓放线。

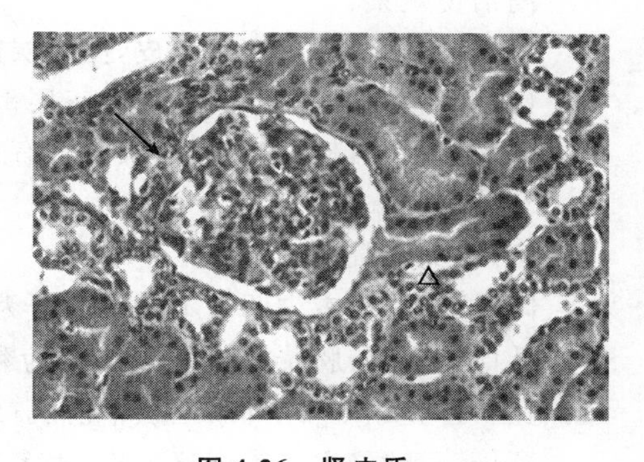

图 4-26　肾皮质

↑示血管极,△示近曲小管

髓质:无肾小体分布,可见大量肾小管的切面,主要是直小管、细段和集合小管的断面。肾间质内富含毛细血管。

高倍镜观察:

(1)肾小体　断面呈圆形,由血管球和肾小囊组成。偶见有入球小动脉和出球小动脉的血管极或与近曲小管相连的尿极。血管球:为毛细血管反复盘绕形成的毛细血管团,其中足细胞、球内系膜细胞和毛细血管内皮细胞的细胞核堆积在一起。肾小囊:包在血管球外面,分为壁层和脏层。壁层在外,为单层扁平上皮;脏层紧贴毛细血管球外面,可见细胞核较大,着色较浅,突向肾小囊腔,是足细胞。

(2)近曲小管　在肾小体周围,管腔小而不规则,管壁由单层锥体形细胞构成,细胞界限不清。胞核圆形,位于细胞基部,排列较稀疏,胞质强嗜酸性,染成深红色。在较好的切片中,可见细胞游离面刷状缘和基部纵纹。

(3)远曲小管　较近曲小管少,管径略细,管腔稍大,腔面规则。管壁上皮为单层立方上皮,细胞排列紧密,胞质弱嗜酸性,染成粉红色,胞核圆形,靠近细胞顶部或居中。

(4)肾小球旁器　在血管极的远曲小管起始部,细胞变高变窄,细胞核排列紧密,此处为致密斑。在由出、入球小动脉和致密斑组成的三角区内,有一群胞体小,染色淡的细胞,为极垫细胞。入球小动脉近血管极处,管壁平滑肌细胞变厚,呈立方形或多边形,胞核大而圆,胞质弱嗜碱性,为球旁细胞。

(5)细段　管径最细,管壁为单层扁平上皮,胞核突向管腔,胞质染色浅。注意细段与毛细血管区别,前者胞质较多,管腔无经细胞;后者胞质很少,核较扁平,管腔中常可见到红细胞。

(6)近直小管和远直小管　管径较粗,管壁为单层立方上皮,胞质弱嗜酸性,染成浅红色,细胞界线不清。

(7)集合小管　管径较粗,管壁为单层立方或柱状上皮,细胞界限清晰,胞质染色浅,胞核圆形,位于细胞中央。

2.输尿管(ureter)

切片:兔输尿管(横断),HE染色。

肉眼观察:标本呈圆形,壁厚管腔小呈星形。

低倍镜观察:管壁由内向外分为黏膜、肌层和外膜三层。黏膜形成许多纵行皱襞,使管腔显得不规则。

高倍镜观察:

(1)黏膜　上皮为变移上皮,固有层由结缔组织构成。

(2)肌层　为内纵、中环、外纵三层平滑肌。

(3)外膜　疏松结缔组织,其中含有血管和小神经束。

3.膀胱(bladder)

切片:兔膀胱,HE染色。

肉眼观察:标本中凹凸不平的一面为黏膜面,黏膜突出形成许多皱襞。

低倍镜观察:膀胱壁由内向外分为黏膜、肌层和外膜三层。黏膜由变移上皮和固有层组成;肌层为内纵、中环、外纵三层平滑肌;外膜为结缔组织和间皮构成。

高倍镜观察:上皮为变移上皮,由多层细胞构成,表层细胞表面的细胞质染色较深,细胞较大,有双核;中间层为几层多角形细胞,染色较淡;基底层为一层立方形或矮柱状细胞。

4.肾血管注射(示教)

切片:狗肾,肾内血液冲洗干净后注入墨汁制成切片,苏木精复染。

低倍镜观察:肾内血管充满黑色的墨汁,结合血管的部位和形态,可了解肾的血管分布。着重观察血管球与入球小动脉及出球小动脉相连。各种细胞核染成蓝色。

5.电镜照片(示教)

肾小体:重点辨认足细胞胞体,初级突起和次级突起、

滤过屏障:重点辨认内皮细胞孔、基膜、足细胞突起和裂孔膜。

近曲小管:重点辨认微绒毛、顶浆小泡、顶浆小管和细胞核。

四、作业与思考题

1. 绘出肾小体、近曲小管和远曲小管的高倍镜图。
2. 简述球旁复合体(肾小球旁器)的组织结构。
3. 解释名词:滤过屏障。
4. 简述肾小体的结构。

实验十六　生殖系统

一、实验目的与要求

(1)掌握睾丸的组织结构。

(2)掌握卵巢的组织结构和卵泡发育过程。

(3)了解附睾和输精管管壁的组织结构。

(4)了解输卵管和子宫壁的组织结构。

二、实验器材

(1)器械　数码生物显微镜、数码体视显微影像系统、显微数码互动设备。

(2)材料　组织切片、挂图、擦镜纸、二甲苯等。

三、实验内容与方法

1. 睾丸(testis)

切片:豚鼠睾丸,HE染色。

肉眼观察:标本呈长椭圆形。

低倍镜观察:被覆一层浆膜,浆膜下方是致密结缔组织构成的白膜,睾丸实质由多种切面的曲精小管组成,曲精小管之间为间质组织,富含血管。

高倍镜观察:重点观察曲精小管的组织结构。曲精小管:基部为一层染成红色的基膜,基膜内数层大小不一的细胞为各级生精细胞,紧贴基膜外为梭形的肌样细胞。

(1)精原细胞　位于基膜上,胞体小,核大而圆,染色深。

(2)初级精母细胞　在精原细胞内侧,2～3层,胞体最大,胞核大,常处于分裂状态,可见密集成团的染色体。

(3)次级精母细胞　位于初级精母细胞内侧,胞体较小,核淡染。由于其存在时间较短,故切片上不易见到。

(4)精子细胞　近管腔面,体积最小,核深染。

(5)精子　多靠近管腔面,头部膨大,染成深蓝色,可见到粉红色的尾部游离于腔内。

(6)支持细胞　位于生精细胞之间,细胞很大,呈高柱状或锥体形,从基膜直达腔面,但在切片中,细胞轮廓不清,细胞核较大,椭圆形或不规则形,染色淡,核仁明显。

间质细胞常分布于曲精小管间的睾丸间质内,胞体较大,圆形或多边形,胞质嗜酸性,染成红色,核圆形,常偏位,多成群存在(图4-27)。

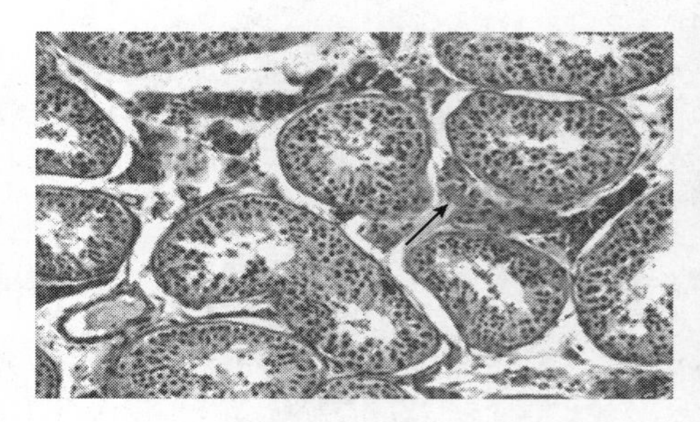

图4-27　生精小管与间质

↑示间质细胞

2. 附睾(epididymis)

切片:豚鼠附睾,HE 染色。

低倍镜观察:附睾表面被覆一层结缔组织被膜。在切片的不同部位分别可见到不同形状的小管:一种管壁较薄,管腔不规则,为睾丸输出小管;另一种管壁较厚,管腔规则,为附睾管。

高倍镜观察:

(1)输出小管　管壁上皮为假复层柱状纤毛上皮,有纤毛的柱状细胞和无纤毛的立方细胞相间排列,故腔面高低不平,呈波浪状,上皮基膜外有少量平滑肌。

(2)附睾管　管壁上皮为假复层柱状纤毛上皮,由主细胞和基细胞组成,主细胞呈高柱状,表面具有粗长的静纤毛,基细胞较小,靠近基膜,故腔面平整,腔内有许多精子;上皮基膜外有环形平滑肌。

3. 输精管(ductus deferens)

切片:人输精管,HE 染色。

肉眼观察:标本为输卵管横断面,管壁很厚,管腔很小。

低倍镜观察:分黏膜、肌层和外膜,管腔不规则,腔内常见精子,黏膜向腔内突出形成许多皱襞。

高倍镜观察:

(1)黏膜　上皮由假复层柱状上皮逐渐移行为单层柱状上皮,柱状细胞表面静纤毛,固有层为结缔组织;

(2)肌层　很厚,内环、中纵、外斜三层平滑肌;

(3)外膜　疏松结缔组织,含有血管和神经。

4. 卵巢(ovary)

切片:兔卵巢,HE 染色(图 4-28)。

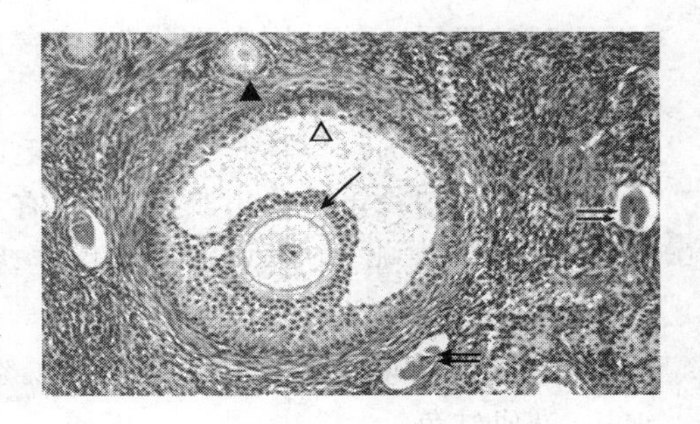

图 4-28　卵巢

▲示初级卵泡,△示颗粒层,↑示卵丘,↑↑示闭锁卵泡

肉眼观察:标本为卵圆形,卵巢周边部为皮质,其中可见大小不等的卵泡,中央为髓质。

低倍镜观察:卵巢表面被覆有一层扁平的生殖上皮,上皮下为致密结缔组织白膜。实质分为皮质和髓质:皮质位于周边,由大量不同发育阶段的卵泡、黄体和较致密的结缔组织构成。髓质位于中央,由疏松结缔组织构成,富含毛细血管和神经。

高倍镜观察:重点观察皮质的各种结构。

(1)原始卵泡　位于皮质浅层,数量多,体积较大,卵泡中央有一个大的初级卵母细胞,核大而圆。初级卵母细胞周围有一层扁平的卵泡细胞。

(2)初级卵泡　卵泡细胞由扁平变为立方形或低柱状,层数由单层变为复层。卵母细胞和卵泡细胞之间可见一层较厚的红色均质膜,即透明带。

(3)次级卵泡　由初级卵泡进一步发育而成,选择一切面完整的次级卵泡,观察以下结构:卵泡膜分内、外两层。内层细胞多边形或卵圆形,细胞间富含毛细血管;外层细胞梭形,数量较少,与周围基质无明显分界。颗粒层由数层卵泡细胞组成,围在卵泡腔周围构成卵泡壁,以基膜与卵泡膜分开。卵泡腔为卵泡细胞间大小不等的腔隙,有的卵泡形成一个大的腔隙,腔内含有染成淡红色的卵泡液。卵丘为卵母细胞与其周围的卵泡细胞共同形成突向卵泡腔的丘状隆起。卵母细胞的体积增大,核仁清晰,其周围一层柱状卵泡细胞围绕卵母细胞作辐射状排列,构成放射冠;卵母细胞和放射冠间为染成粉红色的透明带。

(4)成熟卵泡　向卵巢的表面明显突出,卵泡腔大,颗粒层变薄,一旦成熟,立即排卵,故切片上不易见到。

(5)闭锁卵泡　由发育各阶段的卵泡退化形成,结构特点是:卵泡塌陷,透明带皱缩,卵细胞退化、解体、消失。

(6)黄体　体积大,由不规则的细胞团和细胞索构成。黄体细胞分为粒黄体细胞和膜黄体细胞。粒黄体细胞体积较大,染色较淡,由颗粒细胞转化而来;膜黄体细胞体积较小,染色较深,多位于黄体周边部,由卵泡膜内膜细胞转化而来。在黄体周围有结缔组织围绕,黄体内有丰富的毛细血管。

5.输卵管(uterine tube)

切片:兔输卵管,HE染色。

肉眼观察:腔内有很多皱襞,内面染成紫色的部分为黏膜,周围染成红色的部分为肌层。

低倍镜观察:辨别管壁的黏膜、肌层和外膜。重点观察黏膜,其皱襞发达。

高倍镜观察:黏膜形成许多皱襞,管腔面不规则;上皮为单层柱状上皮,有的有纤毛,固有层为疏松结缔组织,富含血管。肌层:内环、外纵两层平滑肌;外膜:浆膜。

6.子宫(uterus)

切片:人子宫体(增生期),HE染色。

肉眼观察:标本上着色较深的一侧为内膜。

低倍镜观察:分辨子宫壁的三层结构。内膜:可见上皮和固有层;固有层内含有许多管状的子宫腺;肌层:很厚,层次不分明,富含血管;外膜:浆膜。

高倍镜观察:着重观察子宫内膜。

(1)上皮　为单层柱状上皮,由纤毛细胞和分泌细胞组成。

(2)固有层　由结缔组织组成,内有大量幼稚的星形或梭形细胞,可见各种白细胞、血管和淋巴管。子宫腺腺细胞染色较深,螺旋动脉螺旋明显。

7.精液涂片(示教)

涂片:人精液,HE染色。高倍镜观察:精子呈蝌蚪状,头部呈扁卵圆形,染成紫蓝色,尾部细长,染成红色。

8.电镜照片(示教)

生精小管:重点辨认肌样细胞,支持细胞,脂滴,精原细胞和胞质桥。

精子:重点辨认顶体,细胞核,线粒体鞘,支持细胞和微管。

生长卵泡:重点辨认初级卵母细胞,细胞核,核仁,透明带,卵泡细胞(放射冠)。

四、作业与思考题

1.绘出曲精小管的高倍镜图。

2.绘出卵巢的低倍镜图。

3.简述精子的发生过程。

4.简述卵泡的发育过程。

实验十七　鸡胚胎整装片的制作

一、实验目的与要求

（1）掌握鸡胚胎整装片的制作和染色方法。

（2）掌握鸡胚不同发育时期的形态学变化。

二、实验器材

（1）器械　显微镜、恒温箱、大烧杯、培养皿、圆口染色缸、吸管、取胚匙、载玻片、盖玻片、中性树胶、培养皿、电视投影设备等。

（2）材料　受精蛋、苦味酸、甲醛、冰醋酸、硼砂、胭脂红、酒精、硬滤纸等。

三、实验内容与方法

1. 鸡卵的孵化

受精蛋同时置入38℃恒温培养箱内孵化。温箱内应放一杯水使空气湿润，并打开温箱的气门使空气流通，每隔4～6 h翻卵一次，使鸡胚发育正常，孵化的时间自种蛋入温箱1 h后开始计算。注意经常检查温箱温度是否恒定。

2. 制作步骤

（1）取出不同孵化时间的鸡胚　从温箱中拿出16 h、19 h、24 h、36 h、48 h的鸡卵，将鸡卵放入垫有棉花的玻璃皿中，使鸡卵固定不动。用眼科镊在鸡卵的钝端破一口子，用眼科弯剪沿破口修剪蛋壳（呈卵圆形剪口），暴露卵黄，这时可见卵黄表面有白色圆形胚盘或胚体，卵化的时间愈长，则胚盘愈大，且周边，逐步有血管出现。

然后用眼科弯剪在胚胎与相连的血岛周围1～2 mm处剪开卵黄膜，并用眼科镊子镊住胚盘缘，再以眼科剪沿胚盘外围剪下，将带有卵黄的胚盘移入培养皿中的生理盐水中，摄住胚盘边缘在生理盐水中轻轻摆动，使卵黄脱开胚盘，此时可见胚盘表面有一层透明白膜，这便是鸡胚的羊膜，将羊膜轻轻撕掉，仅留下鸡胚。

（2）固定　鸡胚放入新的生理盐水中洗净，取滤纸一小块（滤纸上可剪一小圆孔）置入生理盐水中，将鸡胚轻轻拉到滤纸上的小圆孔中，从生理盐水中取出，然后将胚胎边同滤纸一并放入Bouin氏液固定24 h。

（3）脱水　固定后胚胎放入30%、50%酒精各洗涤30 min。由于胚盘很薄易碎，应从极低浓度的酒精开始洗涤、脱水，以保证标本的结构和外形美观；入70%酒精（在70%酒精中滴4滴碳酸锂饱和液或碳酸，以加快脱色）过夜；70%酒精洗2次，每次2 h，经50%、30%酒精各30 min，蒸馏水洗2～3次。

（4）染色　鸡胚标本经过孵化、固定后，入硼砂胭脂红染色液（硼砂4 g、胭脂红2 g溶于

100 mL蒸馏水搅匀并加热煮沸30 min,并放置1～2 d,经常摇动,临用时加等量的70%酒精稀释,过滤后即可使用)染色24 h;蒸馏水洗2次,30%、50%、70%酒精各洗30 min,用0.5%～1%盐酸酒精分色,分色的程度为胚体的体节与脊索色泽鲜艳、清晰即可,注意将滤纸除掉;经梯度酒精脱水,各30 min,100%酒精2次脱水,各30 min,100%酒精加二甲苯(1∶1)洗30 min,纯二甲苯透明2次,放在载玻片上加中性树胶封片,若胚胎过厚,可加玻璃围框封固。亦可用冬青油透明,树胶封片。

3. 结果

(1)染色结果　体节、脊索、神经沟等结构呈桃红色。

(2)各胚胎发育时期的变化

16 h:由原肠胚发育成为原条期,在原凹的前方可看见一隆起,为原结。

19 h:由神经板变为神经沟,出现第一对体节,在神经褶的前方出现头褶。

24 h:有4对体节,羊膜心泡,前肠,在神经沟的下面出现脊索。

36 h:有14对体节,出现前脑、中脑、菱脑、视泡、听泡、心脏、动脉干等。

48 h:有27对体节,体躯的前部扭转到右边,头的前部弯曲,心脏和血管系统发育基本完整。

四、作业与思考题

1. 试述不同发育时期鸡胚的形态结构。

2. 试述鸡胚胎整体装片制作的过程与注意事项。

(方富贵)

第五章 动物生理学实验

实验十八　红细胞渗透脆性实验

一、实验目的与要求

通过学习测定红细胞渗透脆性的方法，理解细胞外液渗透张力对维持细胞正常形态与功能的重要性。

二、实验原理

正常红细胞若置于高渗溶液内，则会因失水而皱缩；反之，置于低渗溶液内，则水进入红细胞，使红细胞膨胀。如环境渗透压继续下降，红细胞会因继续膨胀而破裂，释放血红蛋白，称之为溶血。红细胞膜对低渗溶液具有一定的抵抗力，这一特征称为红细胞的渗透脆性。红细胞膜对低渗溶液的抵抗力越大，红细胞在低渗溶液中越不容易发生溶血，即红细胞渗透脆性越小。将血液滴入不同的低渗溶液中，可检查红细胞膜对低渗溶液抵抗力的大小。开始出现溶血现象的低渗溶液浓度，为该血液红细胞的最小抵抗力；出现完全溶血时的低渗溶液浓度，则为该血液红细胞的最大抵抗力。

三、实验器材

(1)器械　2 mL 注射器 1 支、试管架、小试管 10 支、2 mL 吸管 2 支、滴管。
(2)材料　家兔或其他动物、抗凝剂(1%肝素)、1% NaCl 溶液、蒸馏水。

四、实验内容与方法

1. 溶液配制

将试管编号后排列在试管架上，按表5-1向各试管准确加入1% NaCl溶液和蒸馏水，混匀，配制出10种不同浓度的氯化钠低渗溶液。

表5-1 氯化钠低渗溶液的配制

管号	1	2	3	4	5	6	7	8	9	10
1% NaCl(mL)	1.4	1.3	1.2	1.1	1.0	0.9	0.8	0.7	0.6	0.5
蒸馏水(mL)	0.6	0.7	0.8	0.9	1.0	1.1	1.2	1.3	1.4	1.5
NaCl浓度(%)	0.70	0.65	0.60	0.55	0.50	0.45	0.40	0.35	0.30	0.25

2. 制备抗凝血

可采取静脉取血或心脏取血，将新鲜血液与抗凝剂混合(1%肝素0.1 mL可抗10 mL血液)。

3. 加抗凝血

用滴管吸取抗凝血，在各试管中各加一滴，轻轻摇匀，静置1～2 h。

4. 结果判定

上层清液无色，试管下层为浑浊红色，表明没有溶血；上层清液呈淡红色，试管下层仍为浑浊红色为“不完全溶血”；管内液体完全变成透明的红色，管底无细胞沉积为“完全溶血”。呈现不完全溶血的最高NaCl浓度为“最小抵抗”，呈现完全溶血的最高NaCl浓度为“最大抵抗”。

5. 实验注意事项

(1)配制不同浓度的氯化钠低渗溶液时应力求准确、无误。

(2)抗凝剂最好为肝素，其他抗凝剂可改变溶液的渗透性。

(3)加抗凝血的量要一致，混匀时，轻轻倾倒1～2次，避免用力震荡，避免非渗透脆性溶血。

五、作业与思考题

1. 为什么同一个体的红细胞渗透脆性不同？
2. 红细胞的形态与生理特征有何关系？
3. 根据结果分析血浆晶体渗透压保持相对稳定的生理学意义。
4. 输液时为什么要采用等渗溶液？
5. 如何能更精确地测定红细胞脆性结果？

实验十九 血液凝固及其影响因素

一、实验目的与要求

了解血液凝固的基本过程和影响血液凝固的因素。

二、实验原理

血液凝固是一个酶的有限水解激活过程，在此过程中有多种凝血因子参与。根据凝血过程启动时激活因子来源不同，可将血液凝固分为内源性激活途径和外源性激活途径。内源性激活途径是指参与血液凝固的所有凝血因子在血浆中，外源性激活途径是指受损的组织中的组织因子进入血管后，与血管内的凝血因子共同作用而启动的激活过程。

三、实验器材

(1)器械　常规手术器械、兔手术台、动脉夹、动脉插管、注射器、试管 8 支、小烧杯 2 个、试管架、竹签 1 束(或细试管刷)、秒表。

(2)材料　家兔、25%氨基甲酸乙酯溶液、3.8%枸橼酸钠溶液、5%草酸钾溶液、肝素(8 U/mL)、1%氯化钙溶液、生理盐水、药棉、液状石蜡。

四、实验内容与方法

1. 安置动脉插管

静脉注射氨基甲酸乙酯溶液，剂量为 5 mL/kg，将兔麻醉，仰卧固定于兔手术台上。剪去颈部被毛，于甲状软骨下方纵行剪(切)开皮肤约 5 cm。用止血钳等器械钝性分离皮下组织和肌肉，直至暴露气管。左手拇指和食指捏住切口缘的皮肤和肌肉，其余三指从皮肤外侧向上顶，右手持玻璃分针。在气管一侧找到颈动脉(图 3-18)，分离出约 4 cm 长一段，埋以双线，远心端用线结扎阻断血流，近心端夹上动脉夹。用眼科剪斜向 45°角在管壁上剪一小口，不超过管径的 50%，用眼科镊提起切口缘，按上述方向插入动脉插管或细塑料导管(勿插入夹层)，用预埋线结扎固定导管以备取血。

2. 准备试管

(1)对照　试管 1 不加任何处理。

(2)物理因素对血凝的影响　试管 2 用液状石蜡润滑试管内表面，试管 3 放少许棉花。

(3)温度对血凝的影响　试管 4 置于有冰块的小烧杯中，试管 5 置于 37℃水浴中。

(4)钙离子对血凝的影响　试管 6 加入 3.8%枸橼酸钠 3 滴，试管 7 加入 5%草酸钾 3 滴。

(5)肝素对血凝的影响　试管 8 加入肝素 8 U/mL。

3.加入血液

放开动脉夹,每管加入血液 2 mL。将多余的血液盛于小烧杯中,并不断用竹签搅动直至纤维蛋白形成。将去除纤维蛋白的血液静置,观察血液是否发生凝固。

4.记录凝血时间

每个试管加血后,即刻开始计时,每隔 15 s 倾斜一次,观察血液是否凝固,至血液成为凝胶状不再流动为止,记录所经历的时间(表 5-2),即凝血时间。

表 5-2 实验项目结果

序号	实验项目	凝血时间	序号	实验项目	凝血时间
1	对照		7	加枸橼酸钠	
2	用石蜡润滑试管内表面		8	加枸橼酸钠后再加氯化钙	
3	放少许棉花		9	加草酸钾	
4	置有冰块的小烧杯中		10	加草酸钾后再加氯化钙	
5	置37℃水浴中		11	去除纤维蛋白	
6	加肝素				

如果加枸橼酸钠、草酸钾和肝素的试管不出现血凝,可再向试管内分别加入 1% $CaCl_2$ 溶液 2~3 滴,观察血液是否发生凝固。

5.实验注意事项

(1)采血的过程尽量要快,以减少计时的误差。

(2)6 号、7 号、8 号试管加入血液后,使血液与药物充分混合。

(3)判断凝血的标准要力求一致。一般以倾斜试管达 45°角时,试管内血液不见流动为准。

(4)每支试管口径大小及采血量要相对一致,不可相差太大。

五、作业与思考题

1.试述血液凝固的机制。
2.试述物理因素对血液凝固的影响及其机制。
3.试述温度对血液凝固的影响及其机制。
4.试述几种抗凝剂作用的机制。
5.试述去纤维蛋白对血液凝固的影响及其机制。

实验二十　红细胞凝集现象

一、实验目的与要求

了解红细胞凝集现象，掌握测定血型的方法。

二、实验原理

人红细胞膜上有ABO血型系统的凝集原，血浆内含有非对应的凝集素。当相应的凝集原、凝集素相互作用时，就产生红细胞的凝集。可依此用标准血清判定被测定人红细胞上凝集原的类型，即血型。

三、实验器材

(1)器械　显微镜、双凹玻片(或载玻片)、小试管、一次性刺血针、玻璃棒、记号笔。

(2)材料　人血液、75%酒精棉球、干棉球、抗A和抗B标准血清。

四、实验内容与方法

1. ABO血型的鉴定

(1)取一干洁双凹玻片，在左、右上角标好“A”“B”字样，分别滴入抗A标准血清和抗B标准血清各1滴。

(2)采血　对人指尖与采血针消毒，待酒精挥发后采血。用干洁玻棒两端各蘸取1滴血液，分别与一种标准血清混匀(切勿混用)，室温下静置几分钟，用肉眼观察有无凝血现象，肉眼不易分辨的用显微镜观察。

(3)结果判定　如果红细胞聚集成团，虽经振荡或轻轻搅动亦不散开，为“凝集”现象；红细胞散在均匀分布或虽似成团，一经振荡即散开，则为未凝集。根据凝集现象的有无判断血型(图5-1)。

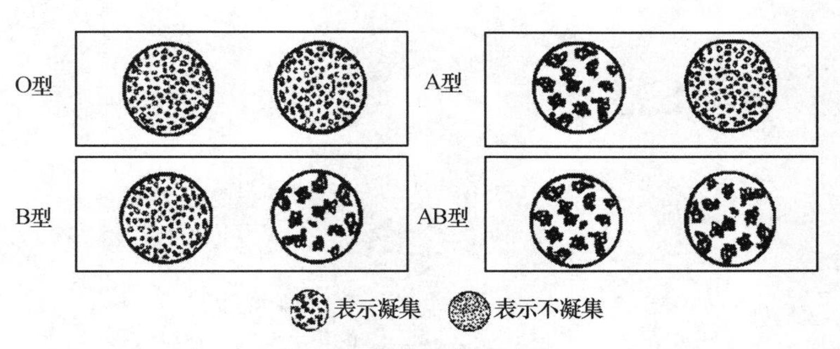

图5-1　红细胞凝集实验

载玻片左侧为抗A标准血清；右侧为抗B标准血清

2. 交叉配血实验

(1)分别对供血动物和受血动物消毒、静脉取血,制备成血清和红细胞悬浮液。红细胞悬浮液是将受检者的血液1滴,加入装有生理盐水约1 mL的小试管中,即为2%的红细胞悬浮液。加盖备用。

(2)取双凹玻片一块,在两端分别标上供血动物和受血动物的名称或代号,分别滴上它们的血清少许。

(3)将供血者的红细胞悬浮液吸取少量,滴到受血者的血清中(称为主侧配血,图5-2);将受血者的红细胞悬浮液吸取少量,滴入供血者的血清中(称为次侧配血),混合。放置10~30 min后;肉眼观察有无凝集现象,肉眼不易分辨的用显微镜观察。如果两次交叉配血均无凝集反应,说明配血相合,能够输血。如果主侧发生凝集反应,说明配血不合,不论次侧配血如何都不能输血。如果仅次侧配血发生凝集反应,只有在紧急情况下才有可能考虑是否输血。

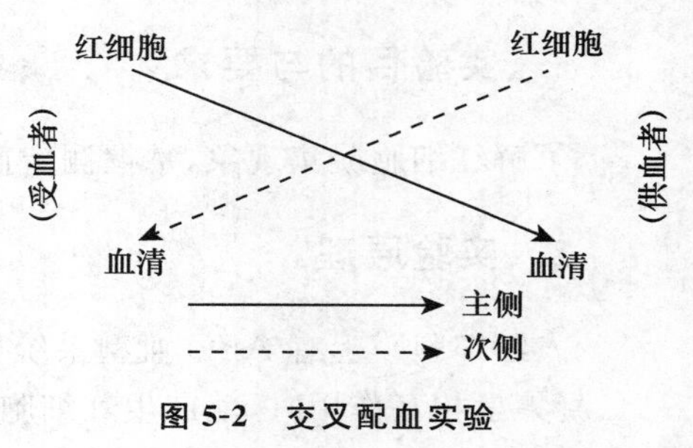

图5-2 交叉配血实验

3. 实验注意事项

(1) 指端、采血针和尖头滴管务必做好消毒。做到一人一针,不能混用。使用过的物品不得再到采血部位采血。

(2) 消毒部位自然风干后再采血,血液容易聚集成滴,便于取血。取血不宜过少,以免影响观察。

(3)采血后要迅速与标准血清混匀,以防血液凝固。

(4)在进行交叉配血实验时,一定要防止将主侧配血和次侧配血搞混了。

五、作业与思考题

1. 统计全班各类血型人数所占比例。

2. 判定自己的血型,并分析在临床输血时,能给什么血型病人输血?能接受什么血型供血者的血液?为什么?

3. 为什么在配血试验时,如果主侧发生凝集反应,不论次侧配血如何都不能输血?

实验二十一　蛙心肌收缩的记录和生理特性

一、实验目的与要求

了解心肌的生理特性并掌握蛙心收缩的记录方法。

二、实验原理

心肌的绝对不应期长，几乎占据整个收缩期和舒张早期，在此期间给予任何强大的刺激均不能产生动作电位。在心肌的相对不应期给予单个阈上刺激，可引起一次额外收缩，其后便产生一个较长的代偿间歇。另外，心肌还具有“全或无”的特征，在其他因素恒定的条件下，心肌对不同强度的阈上刺激均发生同样大小的收缩反应。

三、实验器材

（1）器械　蛙类常用手术器械一套、玻璃分针、生物信息采集处理系统（或生理记录仪、刺激器）、张力换能器、刺激电极、铜丝、铁支架、万能支架、双凹夹、蛙心夹、蛙板、小烧杯、滴管。

（2）材料　蟾蜍或蛙、纱布、棉花、丝线、任氏液。

四、实验内容与方法

1. 实验准备

在体蛙心标本的制备：用蛙针破坏蟾蜍的脑与脊髓，将其仰卧固定于蛙板上。剪开胸腔，暴露心脏，用眼科剪剪开心包膜。将连有丝线的蛙心夹在心室舒张时夹住心尖，丝线另一端连张力换能器，松紧适度。换能器接生物信息采集处理系统输入插口。刺激电极可直接与心室肌接触或由刺激输出端引出2根铜丝，一根和蛙心夹连接，另一根与心脏周围组织接触（图5-3）。

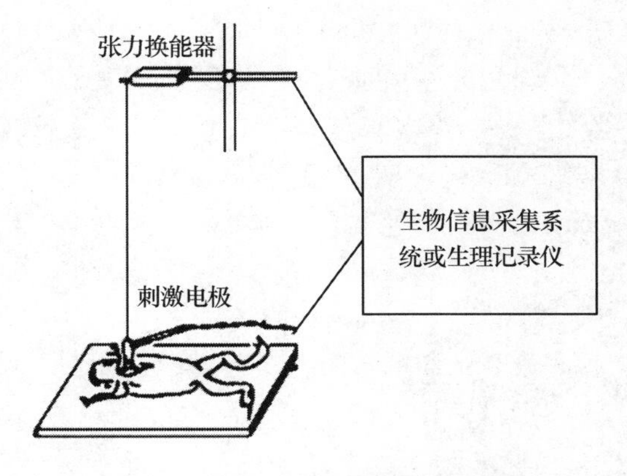

图5-3　在体蛙心心脏收缩记录装置

2. 观察项目

（1）描记正常心搏活动曲线，观察曲线与心室收缩、舒张的关系及频率。

（2）用中等强度的单个阈上刺激分别在心室收缩期或舒张早期刺激心室，观察能否引起期前收缩。

（3）用同等强度的单个阈上刺激在心室舒张早期之后的不同时段刺激心室，观察有无期前收缩出现。

(4)以上刺激若能引起期前收缩,观察其后有无代偿间歇出现(图5-4)。

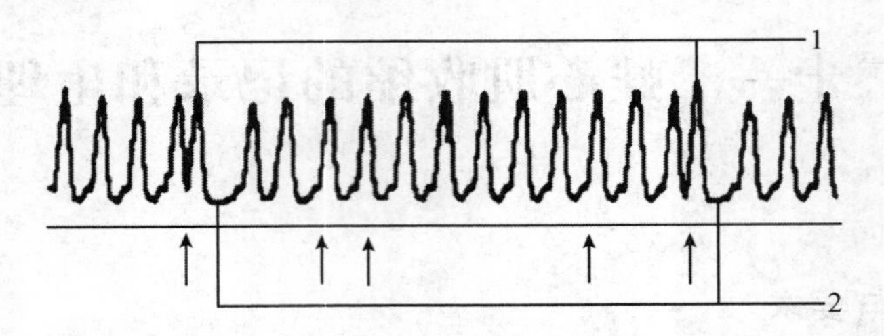

图5-4 期前收缩和代偿间歇

1.期前收缩;2.代偿间歇;↑示给予刺激

(5)心肌"全或无"反应:用丝线在静脉窦与心房之间作一结扎,心脏停止跳动。然后给予阈下及不同强度的阈上刺激,观察蛙心收缩强度的变化。两次刺激间隔时间不少于15 s。

3.实验注意事项

(1)实验中经常给蛙心滴加任氏液,以防心肌组织干燥。

(2)引起期前收缩后,须间隔一段时间再给予心脏第二次刺激。

(3)张力传感器与蛙心夹之间的细线应保持适宜的紧张度。

五、作业与思考题

1.实验结果说明心肌有哪些特性?

2.在什么情况下,期前收缩之后可以不出现代偿间歇?

3.心肌的有效不应期较长有何生理意义?

4.心肌有效不应期可以测定吗?如何测定?

实验二十二　蛙心起搏点观察

一、实验目的与要求

用结扎法观察两栖类动物心脏的起搏点和心脏不同部位传导系统的自动节律性高低。

二、实验原理

心脏的特殊传导系统具有自动节律性，但各部分的自动节律性高低不同。两栖类动物的心脏起搏点是静脉窦（哺乳动物的起搏点是窦房结）。正常情况下，静脉窦（窦房结）的自律性最高，能自动产生节律性兴奋，并依次传到心房、房室交界区、心室，引起整个心脏兴奋和收缩，因此静脉窦（窦房结）是主导整个心脏兴奋和搏动的正常部位，被称为正常起搏点；其他部位的自律组织仅起着兴奋传导作用，故称之为潜在起搏点。

三、实验器材

（1）器械　蛙类常用手术器械一套、蛙板、蛙钉、玻璃分针、秒表、滴管。

（2）材料　蛙或蟾蜍、丝线、任氏液。

四、实验内容与方法

1. 实验准备

在体蛙心的制备：取蛙一只，破坏脑、脊髓，后背位固定于蛙板上，左手持镊子提起胸骨后端的皮肤剪一小口，然后向左、右两侧锁骨外侧剪开皮肤。把游离的皮肤掀向头端。再用镊子，提起胸骨后方的腹肌，剪开一小口后，剪刀伸入胸腔（勿伤及心脏和血管），沿皮肤切口剪开胸壁，剪断左右乌喙骨和锁骨，使创口呈一倒三角形，充分暴露心脏部位。持眼科镊提起心包膜并用眼科剪剪开心包膜，暴露心脏（图 5-5）。

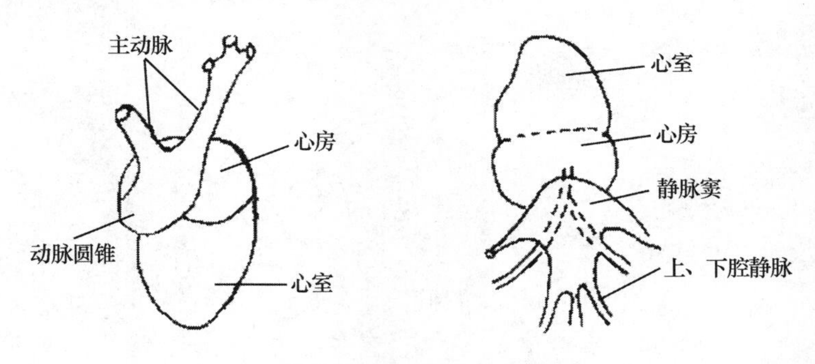

图 5-5　蟾蜍的心脏腹面观（左）和背面观（右）

2. 实验项目

(1)观察蛙心各部分收缩的顺序　从心脏背面观察静脉窦、心房和心室的跳动,记录各部分每分钟的收缩次数(次/min),注意它们的跳动次序。

(2)斯氏第一结　分离主动脉两分支的基部,用眼科镊在主动脉干下引一细线。将蛙心心尖翻向头端,暴露心脏背面,在静脉窦和心房交界处的半月形白线(窦房沟)处将预先穿入的线作一结扎(斯氏第一结,图5-6)以阻断静脉窦和心房之间的传导。观察蛙心各部分的搏动节律有何变化,并记录各自的跳动频率(次/min)。待心房、心室复跳后,再分别记录心房心室的复跳时间和蛙心各部分的搏动频率(次/min),比较结扎前后有何变化。

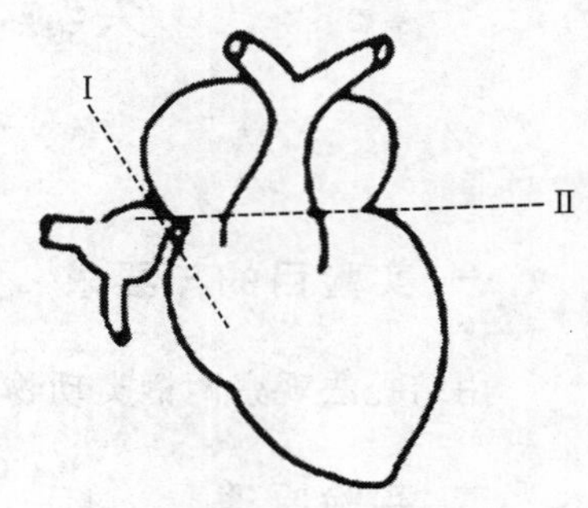

图5-6　斯氏结结扎部位

Ⅰ第一结,Ⅱ第二结

(3)斯氏第二结　第一结实验项目完成后,再在心房与心室之间即房室沟用线作第二结扎(斯氏第二结,图5-6)。结扎后,心室停止跳动,而静脉窦和心房继续跳动,记录其各自的跳动频率(次/min)。经过较长时间的间歇后,心室又开始跳动,记录心室复跳时间,及蛙心各部分的跳动频率(次/min)。

3. 实验注意事项

(1)结扎前要认真识别心脏的结构。

(2)结扎部位要准确地落在相邻部位的交界处,结扎时用力逐渐增加,直到心房或心室搏动停止。

(3) 斯氏第一结扎后,若心室长时间不恢复跳动,实施斯氏第二结扎则可能使心室恢复跳动。

五、作业与思考题

1. 正常情况下,两栖类动物(或哺乳类动物)的心脏静脉窦、心房和心室三者的收缩频率有何不同? 为什么?

2. 斯氏第一结扎后,房室搏动立刻发生什么变化? 随后又发生什么变化? 为什么?

3. 斯氏第二结扎后,房室搏动情况又有何不同? 为什么?

4. 如何证明两栖类心脏的起搏点是静脉窦?

实验二十三　微循环观察

一、实验目的与要求

了解微循环各组成部分的结构和血流特点。观察某些药物对微循环的影响。

二、实验原理

蛙类的肠系膜组织很薄，易于透光，可以在显微镜下直接观察其微循环血流状态、微血管的舒缩活动及不同因素对微循环的影响。在显微镜下，小动脉、微动脉管壁厚，管腔内径小，血流速度快，血流方向是从主干流向分支，有轴流（血细胞在血管中央流动）现象；小静脉、微静脉管壁薄，管腔内径大，血流速度慢，无轴流现象，血流方向是从分支向主干汇合；而毛细血管管径最细，仅允许单个细胞依次通过。

三、实验器材

（1）器械　显微镜、有孔蛙板、蛙类手术器械、蛙钉、吸管、注射器（1～2 mL）。

（2）材料　蛙或蟾蜍、任氏液、20％氨基甲酸乙酯溶液、0.01％去甲肾上腺素、0.01％组胺。

四、实验内容与方法

1. 实验准备

取蛙或蟾蜍一只，称重。在尾骨两侧进行皮下淋巴囊注射 20％氨基甲酸乙酯（3 mg/g），10～15 min 进入麻醉状态。用大头针将蛙腹位（或背位）固定在蛙板上，在腹部侧方做一纵行切口，轻轻拉出一段小肠袢，将肠系膜展开，小心铺在有孔蛙板上，用数枚大头针将其固定（图 5-7 左）。

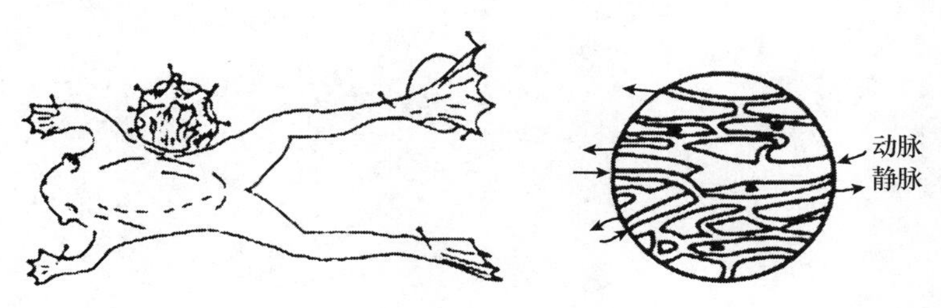

图 5-7　蛙肠系膜微循环的观察

左：肠系膜标本固定方法　右：微循环的观察

2. 实验项目

(1)在低倍显微镜下,识别动脉、静脉、小动脉、小静脉和毛细血管(图 5-7 右),观察血管壁、血管口径、血细胞形态、血流方向和流速等的特征。

(2)用小镊子给予肠系膜轻微机械刺激,观察此时血管口径及血流有什么变化?

(3)用一小片滤纸将肠系膜上的任氏液小心吸干,然后滴加几滴 0.01%去甲肾上腺素于肠系膜上,观察血管口径和血流有何变化?出现变化后立即用任氏液冲洗。

(4)血流恢复正常后,滴加几滴 0.01%组胺于肠系膜上,观察血管口径及血流变化。

3. 实验注意事项

(1)手术操作要仔细,避免出血造成视野模糊。

(2)固定肠系膜不能拉得过紧,不能扭曲,以免影响血管内血液流动。

(3)实验中要经常滴加少许任氏液,防止标本干燥。

五、作业与思考题

1. 低倍镜下如何区分小动脉、小静脉和毛细血管?各血管中血流有何特点?如何与生理机能相适应?

2. 试解释不同药物引起血流变化的机制。

实验二十四　动脉血压的直接测定

一、实验目的与要求

学习记录哺乳动物动脉血压的直接测定方法，并观察神经-体液因素对心血管活动的调节。

二、实验原理

在正常生理情况下，心血管活动受神经、体液和自身机制的调节。心脏受交感神经和副交感神经的支配。心交感神经兴奋时，使心率加快、心肌收缩力加强、心内兴奋传导加快、心输出量增加、动脉血压升高。心迷走神经兴奋时，使心率减慢、心房肌收缩力减弱、房室传导减慢，从而使心输出量减少、动脉血压下降。在神经调节中以颈动脉窦-主动脉弓的减压反射尤为重要。家兔的压力感受器的传入神经在颈部从迷走神经分出，自成一支，称为减压神经，其传入冲动随血压变化而变化。心血管活动还受肾上腺素和乙酰胆碱等体液因素的调节。

三、实验器材

(1)器械　兔手术台、压力换能器、生物信息采集处理系统(或生理记录仪)、气管插管、动脉套管、动脉夹、外科手术器械一套、注射器(50 mL、10 mL、2 mL)、支架、双凹夹、保护电极。

(2)材料　成年家兔、棉线、纱布、棉球、生理盐水、20%氨基甲酸乙酯(或3%戊巴比妥钠)、肝素(1 000 U/mL)、0.01%肾上腺素、0.01%乙酰胆碱。

四、实验内容与方法

1. 装置仪器

实验开始前将聚乙烯管拉制出合适的尖端，并剪成斜切口，切口尖端修剪成钝性，避免插管后刺穿动脉管壁。仪器装置按照图5-8所示方式连接，确保装置气密性良好。用注射器通过三通阀向压力换能器内注入灌以200 U/mL的肝素溶液，排除聚乙烯管内气体，由于聚乙烯管容积小、连接环节少，可不必事先升压。用改装的水银检压计为换能器定标(如0，100 mmHg)。

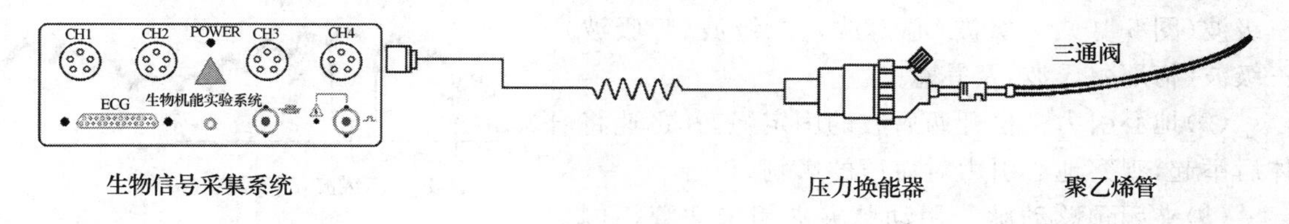

图5-8　动脉血压直接测定实验装置连接示意图

如用动脉套管,用乳胶管将三通阀接在换能器与动脉套管之间。先通过三通阀向换能器注入3.8%枸橼酸钠溶液,换能器侧支向上排除内部的气体,夹闭侧支上连接的管子。继续注入3.8%枸橼酸钠溶液将系统内压力升至110 mmHg左右,检查系统气密性,夹闭连接换能器与三通阀间的乳胶管。旋动三通阀向连接动脉插管的乳胶管内灌以3.8%枸橼酸钠溶液,动脉插管中可补加少许肝素溶液。

2. 手术准备

(1)麻醉和固定　家兔称重后,耳缘静脉缓慢注射20%氨基甲酸乙酯(5 mL/kg)或3%戊巴比妥钠(1 mL/kg)进行麻醉。当动物四肢松软,呼吸变深变慢,角膜反射迟钝时,表明动物已被麻醉,即可停止注射。将麻醉的家兔仰卧位固定于兔手术台上。

(2)分离颈部神经和血管　剪去颈部被毛,于甲状软骨下方纵行剪开皮肤约5 cm。用止血钳等钝性分离皮下组织和肌肉,直至暴露气管。在气管一侧找到颈部血管神经束,与颈总动脉伴行的神经中最细的为减压神经,最粗的为迷走神经,交感神经居中(详见第三章第一节图3-18)。辨认清楚后,宜先以玻璃分针将减压神经分离出来,再分离其他神经和血管;并应随即在其下各穿粗细颜色不同的丝线备用。并在减压神经下放一保护电极,实验过程中将电极悬空。并把右颈总动脉分离4 cm以上,下穿两条棉线供插动脉套管时使用。另一侧同此。

(3)插气管插管　于喉头下2～3 cm处的两软骨环之间,横向切开气管前壁约1/3的气管直径,再于切口上缘向头侧剪开约0.5 cm长的纵向切口,整个切口呈"⊥"形。将一适当口径的"Y"形气管插管由切口向肺方向插入气管腔内,并加以固定(详见第三章第一节图3-19)。

(4)分离内脏大神经　此步骤也可放在刺激内脏大神经前进行。将动物右侧卧位,在腰三角作一长4～5 cm的斜行切口,逐层分离至腹膜处,从左侧腹后壁(或沿腹中线切开皮肤)找到左肾,并将左肾向下推压,在其右上方可见一浅黄色黄豆粒大小的肾上腺。沿肾上腺上方可见内脏大神经(图5-9),小心分离主干,在其下方穿一丝线,并安放好保护电极备用。

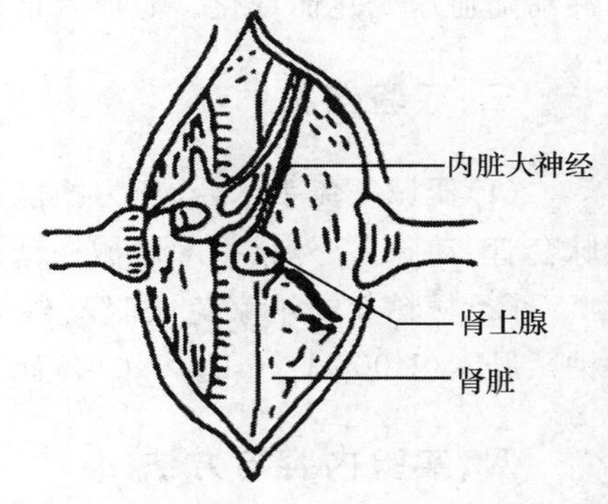

图5-9　兔左侧内脏大神经

(5)插动脉插管　在一侧颈总动脉的近心端夹上动脉夹,然后距3 cm结扎其远心端。在结扎的内侧用利剪作一斜向心脏的切口,向心插入准备好的动脉插管,用棉线缚紧,再固定在侧管上以免滑脱。先旋开三通开关,使动脉套管与压力换能器相通。再缓慢移去动脉夹,在生物信息采集处理系统上记录下血压变化曲线。做插管手术前,在动脉插管中充满肝素生理盐水,或经耳缘静脉注射肝素。

3. 实验项目

(1)正常曲线　观察正常血压曲线,识别其方向与大小所表示的血压变化含义,分析血压三级波(图5-10):一级波(心搏波)、二级波(呼吸波)、三级波(梅耶尔氏波)及其意义。

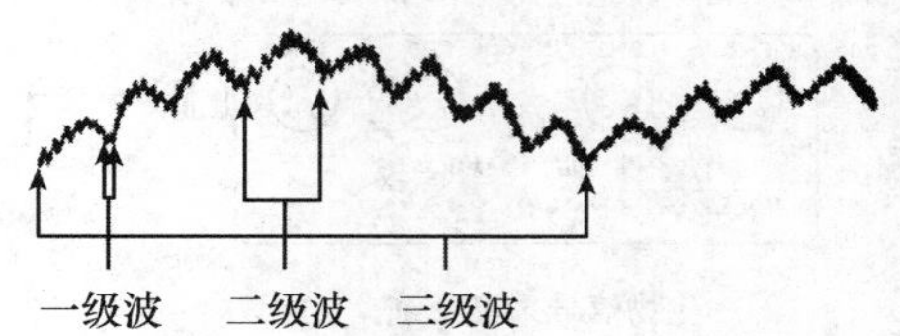

图5-10　兔颈总动脉血压三级波

(2)地心引力　松开两后肢的固定绳,并迅速将身体后举起,观察地心引力对血压的影响。

(3)夹闭颈总动脉　用动脉夹夹闭未插管一侧颈总动脉10～15 s,观察血压的变化。在出现一段明显变化后，突然放开动脉夹，血压又有何变化？

(4)牵拉颈总动脉　手持插管一侧颈总动脉上的远心端结扎线，向心脏方向快速牵拉 3 s。观察血压的变化。若持续牵拉，血压有何变化？

(5)刺激迷走神经离中端　待血压基本稳定后，结扎并剪断一侧迷走神经，电刺激迷走神经离中端，观察血压和心率的变化。待血压变化明显时停止刺激。

(6)刺激内脏大神经　待血压基本稳定后，用保护电极刺激内脏大神经，观察血压和心率的变化(注：刺激前需分离内脏大神经)。

(7)刺激减压神经　在血压基本恢复正常后，双重结扎减压神经，并在两结扎线中间剪断减压神经，分别用中等强度电流刺激减压神经的向中端和离中端，并同时做标记。观察心率与血压变化，待血压出现较明显变化后，停止刺激。

(8)静脉注射肾上腺素　待血压基本稳定后，由耳缘静脉注入 0.01%去甲肾上腺素 0.2～0.3 mL，观测血压变化。

(9)静脉注射乙酰胆碱　待血压基本稳定后，由耳缘静脉注入 0.01%乙酰胆碱 0.2～0.3 mL，观测血压的变化。

(8)、(9)两项注入后，应再补充数毫升生理盐水，以使药物全部进入血液循环。需仔细观察，血压出现变化即停止注射。

实验结果填入表 5-3 中。

表 5-3　实验结果

序号	实验项目	血压变化	序号	实验项目	血压变化
1	正常曲线		6	刺激内脏大神经	
2	地心引力		7	刺激减压神经	
3	夹闭颈总动脉		8	静脉注射肾上腺素	
4	牵拉颈总动脉		9	静脉注射乙酰胆碱	
5	刺激迷走神经离中端				

4. 实验注意事项

(1)本实验对麻醉要求较严，过浅则动物挣扎，过深则反射不灵敏。

(2)进行每一项目后，须待血压恢复正常或平稳后方可进行下一项观察。

(3)实验中应保持导管畅通并注意为动物保温。

(4)实验中注射药物较多，要注意保护耳缘静脉。

五、作业与思考题

1. 正常血压曲线的一级波、二级波及三级波各有何特征？其形成机制如何？

2. 动物动脉血压是怎样形成的？如何受神经体液调节？

3. 短时间夹闭右侧颈总动脉(未插管一侧)对全身的血压和心率有何影响？若夹闭的部位在颈动脉窦上，影响是否相同？

4. 试分析以上各种实验因素引起动脉血压和心率变化的机制。

5. 如何证明减压神经是传入神经？

实验二十五　心音听诊和动脉血压的间接测定

一、实验目的与要求

了解心音听诊和间接法测量动脉血压的方法。

二、实验原理

心音是由心脏瓣膜关闭和血液撞击心室壁、大动脉壁引起的振动所产生。心音在诊察心脏瓣膜功能方面有重要意义。

动脉血压是血管内流动的血液对血管壁造成的侧压力，是重要的生命体征。本实验采用Korotkoff听诊法测量肱动脉血压。

三、实验器材

(1)器械　听诊器、水银柱式血压计。

(2)材料　人。

四、实验内容与方法

1. 人心音听诊

参照图5-11，用听诊器在胸壁的不同位置听取心音。体会其声调高低、时间长短、节律是否均匀以及是否有杂音等。正常心脏共有4个心音。多数情况下只能听到第一心音和第二心音。在某些健康儿童和青年人有时(如剧烈运动后)可听到第三心音。第四心音单凭听诊很难发现，常可借助仪器记录到。

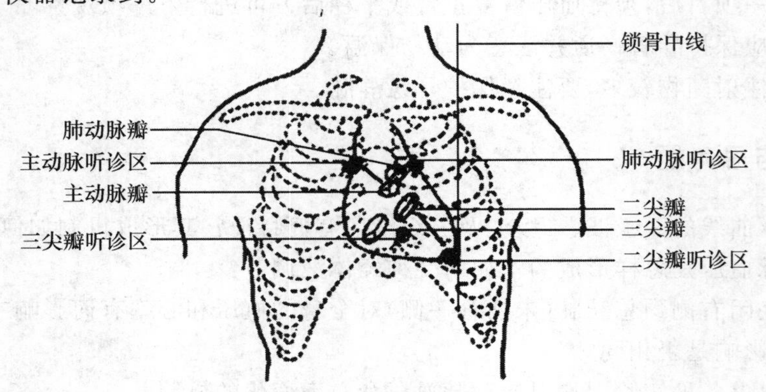

图5-11　各瓣膜位置投影及听诊区

2. 动脉血压的间接法测量

(1)受检者脱去一侧手臂衣袖,静坐 5 min。

(2)松开血压计橡皮球的螺丝帽,驱净袖带内的气体后再旋紧螺丝帽。

(3)受检者一侧手臂平放在桌上,掌心向上,使前臂与心脏处于同一水平。用袖带缠绕上臂,其下缘应在肘关节上 2 cm 处为宜。注意袖带应松紧适度。

(4)将听诊器两耳件塞入外耳道,务必使耳件的弯曲方向与外耳道一致。

(5)在肘窝内侧触到肱动脉脉搏后,用左手持听诊器的胸件放置在上面,将血压计与水银槽之间的旋钮旋至开的位置。

(6)用气球将空气打入袖带内,使检压计上的水银柱上升到 21.3 kPa(160 mmHg)左右,或使水银柱上升到听诊器听不见声音后再继续打气,使水银柱上升 2.7 kPa(20 mmHg)为止,随即松开螺丝帽(不可松开过多),徐徐放气,逐渐降低袖带内压力,使水银柱缓慢下降。同时仔细听诊,听诊器中声音从无到突然出现,或触诊桡动脉出现脉搏时的血压计刻度为收缩压;继续时,听诊器中声音由弱到强,突然变弱或消失时的刻度为舒张压(图 5-12)。测定血压的听诊和触诊技术,上线为动脉血压搏动曲线,下线为声音记录曲线。

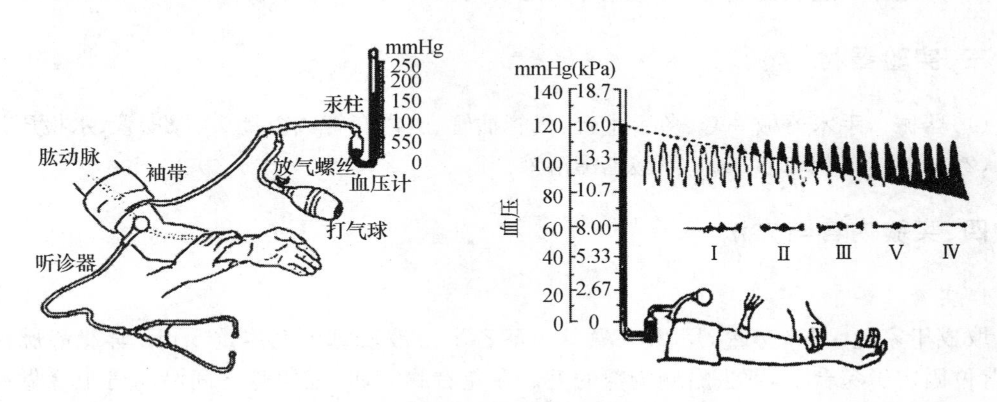

图 5-12　人体动脉血压测定方法和示意图

3. 实验注意事项

(1)室内保持安静,以利听诊。

(2)血压测量时,受试者必须静坐,上臂与心脏水平。发现血压超出正常范围时,应让被测者休息 10 min 后复测。

五、作业与思考题

1. 心音是如何产生的?如何区分第一心音和第二心音?
2. 心音听诊有何意义?
3. 测量血压时,对袖带的使用有何要求?
4. 如何确定收缩压和舒张压的数值?其原理如何?
5. 为什么不能在短时间内反复多次测量血压?
6. 测量动脉血压时,为什么有时要求配合触诊法观察血压变化?

实验二十六　胸膜腔内压的测定与气胸观察

一、实验目的与要求

证明胸内压的存在，了解胸内压产生的原理以及一些因素对它的影响。

二、实验原理

胸膜腔内的压力通常低于一个大气压，也称为胸内负压。胸内负压主要由肺的弹性回缩力产生，并随呼吸运动而变化，可反映呼吸运动情况。

三、实验器材

(1)器械　手术器械一套、兔手术台、气管插管、胸内套管或粗针头、橡皮管、水检压计等。

(2)材料　家兔、20%氨基甲酸乙酯溶液。

四、实验内容与方法

1. 实验准备

取成年家兔一只，称重，用20%氨基甲酸乙酯溶液按每千克体重5 mL耳缘静脉注射麻醉，背位固定于兔台上，剪去右侧胸部的毛。在兔右胸第四、五肋骨之间沿肋骨上缘做一长约2 cm的皮肤切口。将胸套管或粗针头(尖端磨圆)通过三通管与水检压计相连，夹闭三通管的第三个三通道，备用。

2. 观察项目

(1)观察胸内负压　将胸套管贴紧肋骨上缘与水平保持45°角快速插入胸膜腔，可见水检压计与胸内套管相连一侧水柱上升，表示胸膜腔内的压强低于大气压，为生理负值。两水柱的高度差即为胸内负压值(图5-13)。

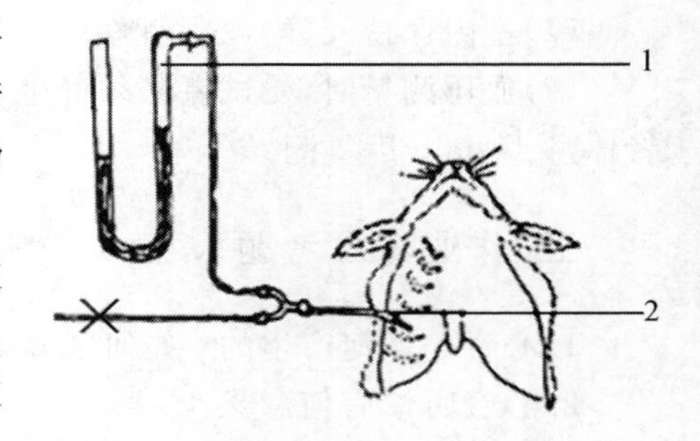

图5-13　胸内负压的检测

1. 检压计；2. 钝形针

(2)增加无效腔　气管插管连以50 cm长的橡皮管，增加呼吸无效腔，观察无效腔对胸内负压的影响。

(3)憋气　用止血钳夹闭连接在气管插管上的橡皮管，观察憋气对胸内负压的影响。

(4)气胸　利用图5-13装置，打开夹闭的第三个通道，使胸膜腔与大气相通形成气胸。观察胸内压是否仍低于大气压，并随呼吸而升降？同时打开腹腔，观察膈肌运动时水柱是否随膈肌运动而升降。

(5)迅速关闭创口，用注射器抽出胸膜腔中气体，能否见到胸内负压重新出现，且随呼吸运动而变化？

3.实验注意事项

(1)插胸内套管时，切口不可过大，动作要迅速，以免空气漏入胸膜腔过多。

(2)用穿刺针时不要插得过猛过深，以免刺破肺泡组织和血管，形成气胸或出血过多。

五、作业与思考题

1.平静呼吸时，胸膜腔内压为什么始终低于大气压？

2.在什么情况下胸膜腔内压可高于大气压？

实验二十七　鱼类呼吸运动及重金属离子对其洗涤频率的影响

一、实验目的与要求

学习鱼类鳃运动的描记方法，了解鱼类呼吸运动的特点，观察重金属离子对洗涤运动频率的影响。

二、实验原理

鳃呼吸是鱼类的重要生理机能，除了进行气体交换外，鱼类在每次呼吸运动后，会出现一次洗涤运动，以清除进入口腔和鳃的异物，保证气体交换的顺利进行，洗涤运动因其特殊作用而对水环境的污染物十分敏感，其频率与污染程度密切相关。通过记录鱼类呼吸运动可以研究水环境中的污染物对鱼类呼吸机能的影响，并能作为水环境污染的指标。利用机械-电换能装置可把鳃盖的机械运动转为电信号，通过生物信号采集系统将其记录下来。由于在洗涤运动过程中，其水流入口腔后，不是像呼吸机械运动那样从鳃盖处流出，而是从口喷出，故在图形上可将两种运动区分开来。

三、实验器材

(1)器械　手术器械一套、张力传感器、生物电信号采集处理系统、15 L 水族箱，毛巾。

(2)材料　鲤鱼(或鲫鱼)、$CuSO_4$原液 1 g/L。

四、实验内容与方法

1. 实验准备

200 g 左右的鱼 1 条，放入水族箱，加上充气泵充气。用软木塞(或泡沫塑料)和橡皮圈将机械传感器固定在鱼的头背部，传感器上的金属片上套上一圆形胶片，胶片的外缘刚好与鳃盖骨外面接触，可随鳃盖骨的张合左右摆动。传感器的输出与生物信号采集处理系统相连(图 5-14)

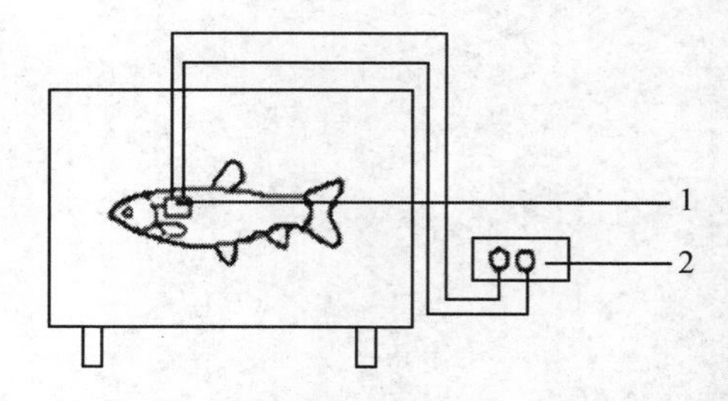

图 5-14　鱼类呼吸描记示意图

1. 换能器；2. 生物信号采集处理系统

2. 观察项目

待鱼安静后，开始记录。观察正常情况下鱼的呼吸运动和洗涤运动，以此为对照。在水族箱中加入 1 g/L $CuSO_4$原液，使最终浓度分别为 0.1 mg/L 、0.5 mg/L 、1 mg/L 和 10 mg/L，记录相应浓度的洗涤频率，每次实验时间为 10～15 min。

3. 实验注意事项

实验时鱼类所处的环境必须保持安静状态，避免其他因素对实验的干扰。

五、作业与思考题

1. 鱼类鳃运动的描记方法是什么？
2. 鱼类呼吸运动的特点有哪些？
3. 重金属离子如何影响洗涤运动频率？

实验二十八　胃肠运动的调节

一、实验目的与要求

观察动物麻醉情况下胃肠运动的情况及其影响因素；练习兔手术基本操作。

二、实验原理

胃肠肌肉属平滑肌，故具有平滑肌活动的特点。胃运动呈蠕动及紧张性收缩；肠的运动方式主要为紧张性收缩蠕动、分节运动。在内其运动主要受神经系统支配及理化因素影响。兔的胃肠运动活跃且运动形式典型，是观察胃肠运动的好材料。

三、实验器材

(1)器械　哺乳动物手术器械、兔手术台、注射器、电刺激器、保护电极。

(2)材料　家兔、纱布、丝线、阿托品注射液、0.01％肾上腺素、0.01％乙酰胆碱、台氏液或生理盐水、20％氨基甲酸乙酯溶液。

四、实验内容与方法

1. 手术准备

(1)20％氨基甲酸乙酯溶液按每千克体重 5 mL 耳缘静脉注射麻醉家兔，将兔仰卧固定于手术台上，剪去颈部和腹部的被毛。

(2)按常规纵向切开颈部皮肤。

(3)从剑突下，沿正中线切开皮肤，打开腹腔，暴露胃肠。

(4)颈部分离出迷走神经(或在膈下食管的末端找出迷走神经的前支)，分离后，下穿一条细线备用。以浸有温台氏液生理盐水的纱布将肠推向右侧，在左侧腹后壁肾上腺的上方找出左侧内脏大神经，下穿一条细线备用(图 5-9)。随时倒入 38℃左右台氏液或生理盐水，保持腹腔温度和湿润。

2. 实验项目

(1)观察相对正常情况下胃肠运动的形式，注意胃肠的蠕动、逆蠕动和紧张性收缩(胃的蠕动常不明显)，以及小肠的分节运动等。在幽门与十二指肠的接合部可观察到小肠的摆动。

(2)用连续电脉冲(波宽 0.2 ms、强度 5 V，10～20 Hz)作用于迷走神经(或膈下迷走神经) 1～3 min，观察胃肠运动的改变，如不明显，可反复刺激几次。

(3)用连续电脉冲(波宽 0.2 ms、强度 10 V，10～20 Hz)刺激内脏大神经 1～5 min，观察胃肠运动的变化。

(4)耳缘静脉分别注射 0.01％肾上腺素、0.01％乙酰胆碱各 0.5 mL，观察胃肠运动的变化。

(5)将肾上腺素或乙酰胆碱分别滴在胃壁及小肠上，观察胃肠运动的变化。

(6)耳缘静脉注射阿托品 0.5 mg，再刺激迷走神经(或膈下迷走神经)1～3 min，观察胃肠运动的变化。

(7)用镊子轻夹肠的任何一处，用冰块接触肠壁，观察胃肠运动的变化。

将实验结果填入表 5-4 中。

表 5-4　胃肠运动实验结果

序号	实验项目	胃肠运动	序号	实验项目	胃肠运动
1	正常胃肠运动		5	滴加肾上腺素，滴加乙酰胆碱	
2	刺激迷走神经		6	注射阿托品后重复(2)	
3	刺激内脏大神经		7	机械刺激胃肠，冰块刺激胃肠	
4	注射肾上腺素，注射乙酰胆碱				

3. 实验注意事项

(1)胃肠在空气中暴露时间过长时，会导致腹腔温度下降。为了避免胃肠表面干燥，应随时用温台氏液或温生理盐水湿润胃肠，防止降温和干燥。

(2)实验前 2～3 h 将兔喂饱，实验结果较好。

五、作业与思考题

1. 描述各项实验所观察到的现象并分析原因。
2. 正常情况下，食道、胃、小肠和大肠有哪些运动形式？

实验二十九　小肠吸收与渗透压的关系

一、实验目的与要求

了解和认识小肠吸收与肠内容物渗透压的关系。

二、实验原理

小肠吸收的机理十分复杂，肠内容物的渗透压是制约肠吸收的重要因素。同种溶液在一定浓度范围内，浓度愈大，吸收愈慢；浓度过高时，会出现反渗透现象，使内容物的渗透压降至一定程度后，再被吸收。

三、实验器材

(1)器械　哺乳动物手术器械、兔手术台、注射器。

(2)材料　家兔、纱布、棉线、0.7%NaCl溶液、饱和$MgSO_4$溶液、生理盐水、20%氨基甲酸乙酯溶液。

四、实验内容与方法

1. 手术准备

20%氨基甲酸乙酯溶液按每千克体重5 mL耳缘静脉注射麻醉家兔，将兔仰卧固定于手术台上，剪去腹部的被毛。从剑突下，沿正中线切开皮肤、打开腹腔，暴露胃肠。

2. 实验项目

找到空肠，结扎近幽门端，自结扎处轻轻将肠腔内容物向肛门方向挤压，使之空虚(挤压时避免损伤肠黏膜和肠系膜血管)。选择经过如此处理的小肠二段，每段长8 cm左右，两端用棉线结扎，使各段肠腔互不相通。用注射器分别注入预热至37℃的0.7%NaCl 30 mL和饱和$MgSO_4$ 5 mL，做好标记，记下注入时间。用止血钳闭合腹腔，覆盖上浸透温热生理盐水的纱布，用手术灯照明，以防散热干燥。经0.5 h后，观察各肠段涨缩情况。

3. 实验注意事项

(1)结扎肠段是应防止把血管结扎，以免影响实验效果。

(2)实验时注意动物的保温。

五、作业与思考题

1. 叙述小肠吸收的机理。

2. 试述小肠吸收与肠内容物渗透压的关系。

实验三十　瘤胃内容物在显微镜下的观察

一、实验目的与要求

了解饲料在瘤胃内的变化及纤毛虫的活动情况。

二、实验原理

饲料在瘤胃微生物作用下发生很大变化。瘤胃微生物包括纤毛虫、真菌、细菌，它们将纤维素、淀粉及糖类发酵并产生挥发性脂肪酸等，同时分解植物性蛋白质或直接利用非蛋白氮合成自身蛋白质。

三、实验器材

(1)器械　显微镜、载玻片、盖玻片、玻璃皿、注射器、滴管等。

(2)材料　牛或羊、甘油碘溶液[福尔马林生理盐水 2 份，卢(Lugol)氏碘液 5 份(碘片 1 g、碘化钾 2 g、蒸馏水 300 mL)，30%甘油 3 份，混合]。

四、实验内容与方法

1. 材料准备

经瘤胃瘘管或胃导管抽取瘤胃内容物，放入玻璃平皿内，观察其色泽、气味等性状。

2. 实验项目

用滴管吸取瘤胃液少许，滴在载玻片上，覆以盖玻片，先以低倍显微镜检查，继而改用中倍镜观察。找出淀粉颗粒及残缺纤维片，注意观察纤毛虫的运动。加一滴甘油碘溶液于载玻片上，观察碘染色后的变化，注意纤毛虫体内及饲料淀粉颗粒呈蓝紫色。

3. 实验注意事项

纤毛虫对温度很敏感，观察纤毛虫活动应在适宜的室温或保温条件下进行。

五、作业与思考题

1. 瘤胃内纤毛虫主要分为哪几类？各有何形态学特征？

2. 瘤胃纤毛虫对瘤胃消化起哪些作用？

实验三十一　动物体温测定

一、实验目的与要求

熟悉测定动物体温的方法，了解健康动物的体温状况。

二、实验原理

机体各部分之间存在着温度的差异，体表温度一般较体内温度低。健康动物体表各部位皮肤温度是不均匀的，取决于局部血管的分布情况、皮肤的裸露程度以及被毛的厚度。皮肤温度与环境温度也有密切关系。这不仅由于环境温度能直接影响皮肤的物理性散热，还由于环境温度可通过刺激皮肤的温度感受器，反射性地改变皮肤血管的口径和竖毛肌的舒缩，使体温的散失增加或减少。因此，测定动物的体温有助于了解其健康状况和皮肤温度分布的一般规律以及机体当时体热散失的情况。

三、实验器材

(1)器械　数字体温计、兽用体温计。

(2)材料　羊、猪或兔。

四、实验内容与方法

1. 数字体温计的用法

数字体温计采用热敏电阻作为测温元件，测温准确、迅速，测温结果以数字形式直接显示出来。数字体温计适用于连续和同时测量动物机体各部位如口腔、肛门以及皮肤各部位的温度。接通电源插座，打开电源开关，将传感器贴紧被测动物的某一部位，数字管便将测温的结果准确清楚地显示出来。

2. 兽用体温计的用法

多用于动物的直肠温度检查。检测前先将体温计的水银柱甩至刻度以下，并适当地涂以润滑剂插入肛门，不同动物插入深度不同，大鼠约 3 cm，豚鼠、兔、猫、犬、猴、猪、羊等约 5 cm。测定时间需 3～5 min。

3. 测定结果

填于下表 5-5 并分析。

表 5-5　测定结果

环境温度(℃)	直肠温度(℃)	皮肤温度(℃)										
		鼻	额	背	侧腹	腹下	上膊	腋部	大腿	肋部	前蹄	后蹄

4. 实验注意事项

(1)热敏电阻传感器在测温和保管中应避免与硬物碰撞，否则将损坏元器件。

(2)传感器消毒方式：采用无毒聚乙烯薄膜套在传感器头部，膜套在使用前已经过严格消毒，每次测温用毕应立即取下，待下次测温使用时另换新套。

五、作业与思考题

1. 动物皮肤散热有哪几种方式？当环境温度等于或高于体温时，机体是如何散热的？

2. 在寒冷条件下，动物皮肤温度是否发生变化而参与保持体温？

实验三十二 小白鼠能量代谢测定

一、实验目的与要求

了解能量代谢的间接测定原理及其计算方法。

二、实验原理

基础代谢是机体在基础状态的能量代谢，在基础状态下，机体代谢过程中所释放的能量几乎全部转变为热能，因此，测定机体在单位时间内释放的总热量，就可知道同一时间内耗能量，即能量代谢率。测定机体在单位时间内释放的总热量用间接测热法，即依据在一般混合性食物下，机体的呼吸商为 0.82，乘以 20.22（标准状态下每消耗 1 L 氧可产生 20.22 kJ 的热量），可算出该时间内被测者的总产热量。

耗氧量的测定方法又分为开放式和闭合式两种，开放式方法要收集和分析受测者的呼出气，再与吸入气的成分进行比较，从而计算出氧气的消耗量。闭合式法让受测者吸入密闭容器中的氧气，直接从仪器中读出单位时间内耗氧量，由于机体能量消耗与体面积成正比，通常以单位时间内（1 h）每平方米体表面积的产热量表示为基础代谢率。

三、实验器材

（1）器械　广口瓶（500 mL）、橡皮塞、温度计、20 mL 注射器、水检压计、弹簧夹、乳胶管、充有 O_2 的球胆。

（2）材料　小白鼠、钠石灰（用纱布包好）、液状石蜡。

四、实验内容与方法

1. 仪器连接

按图 5-15 安装并检查实验装置。将注射器内涂抹少量液状石蜡，反复推、拉注射器芯几次，使液状石蜡在注射器内形成均匀的薄层，以防止漏气。在广口瓶塞周围、温度计及玻璃管出口处涂少量液状石蜡或凡士林，使整个装置密封。水检压计的水柱应放至零刻度，水中加入少量甲基蓝溶液，以便读数。夹闭管夹使管道系统密闭后，用注射器推进一定量的气体，使检压计一侧气体上升。

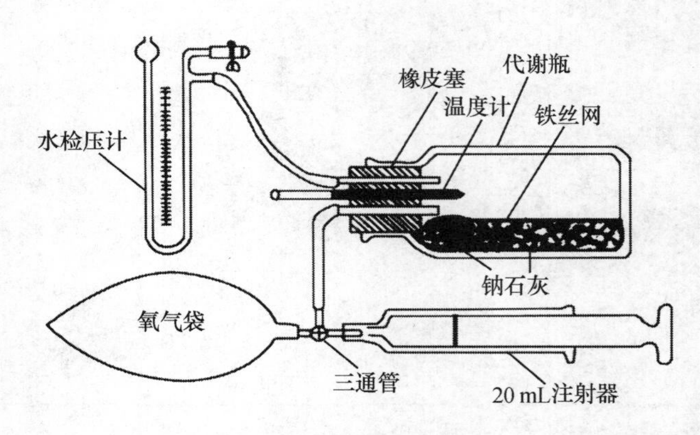

图 5-15　小白鼠能量代谢间接测定

停滞 5～10 min，检测是否漏气，如液面高度不变，即不漏气。

2. 实验项目

(1)实验前将小白鼠禁食 12 h。将小白鼠称重后放入广口瓶内的小动物笼内，加塞密闭。

(2)打开胶管上的弹簧夹，然后旋松氧气袋的螺旋夹，缓缓地送进氧气。抽注射筒的芯取氧气至略超出刻度 10 mL 处。

(3)旋紧氧气袋上的螺旋夹，不让氧气进入。然后将注射器筒芯推到 10 mL 处，夹闭胶管上的弹簧夹，同时记下时间和广口瓶内的温度。

(4)向前推注射筒 2～3 mL 刻度，此时见水检压计与大气压相通侧的水柱液面上升。由于小白鼠代谢消耗氧气，它产生的 CO_2 又被钠石灰吸收，所以广口瓶内气体逐渐减少，水柱液面因而回落。待液面降至原先水平时，再向前推注射筒 2～3 mL 刻度。如此反复，直至推到 10 mL 刻度处为止。待检压计两边的水柱液面达到同一水平时，记下时间。从夹闭胶管开始至此的时间即为消耗 10 mL 氧所需时间。

(5)计算小白鼠每小时产热量以及能量代谢率(假定小白鼠呼吸熵为 0.82，即氧的热价为 20.22 kJ/L)。

附：

$$\text{小白鼠的体表面积}(m^2) = 0.09 \times \text{体重}(kg)^{2/3}$$

$$\text{每小时产热量}(kJ/h) = \text{每小时耗氧量}(L/h) \times 20.22$$

$$\text{基础代谢率} = kJ/(m^2 \cdot h)$$

3. 实验注意事项

(1)整个管道系统必须严格密闭，防止漏气。

(2)保持动物安静，最好给动物避光。

(3)测量期间，不要用手接触管道和广口瓶，以免影响实验结果。

(4)钠石灰要新鲜干燥。

五、作业与思考题

1. 间接测热法的原理是什么？

2. 瓶中放钠石灰的作用是什么？为什么一定要用新鲜干燥的钠石灰？

3. 能量代谢率为什么不能以体重作为计量单位？

4. 如何减少本实验中的误差？

实验三十三　鱼类渗透压调节

一、实验目的与要求

掌握用冰点测定法测定鱼类渗透压的原理和方法，了解在不同环境下鱼类渗透压的变化。

二、实验原理

鱼类的渗透压可用渗透压计直接测得，但更普遍的是用间接方法测定，冰点测定法是其中之一。当某种物质溶于其他溶剂时，溶液的特征发生了变化。其渗透压升高、气化压降低，因此沸点升高而冰点(Δ)下降。1 mol 的电解质能使 1 kg 的水冰点下降 1.86℃，所以 mol 渗透浓度 $C=\Delta\cdot 1.86-1$。对于理想溶液，渗透压 $\pi=CRT$，其中 T 为绝对温度；R 为气体常数，在这种情况下为 0.082。测定不同环境下鱼类血液和尿液渗透压的变化，可了解鱼类是如何进行渗透压调节的。

三、实验器材

(1)器械　注射器，冰点测定器：如图 5-16 所示，在一个盛有碎冰和岩盐混合物(约 2∶1)的聚乙烯冷却器中插入套在一起的两个试管，内管可装待测样品，冰点温度计插在其中。另外还有两个搅拌器，样品中的搅拌器由不锈钢制成，冰盐混合液中的搅拌器是电镀的金属条或金属杆。温度计范围＋1～－5℃范围的，也可用 5 ℃范围内的。蛙类手术器械、铁支柱、刺激器、普通电极、秒表、玻璃平皿、烧杯(500 mL 或搪瓷杯)。

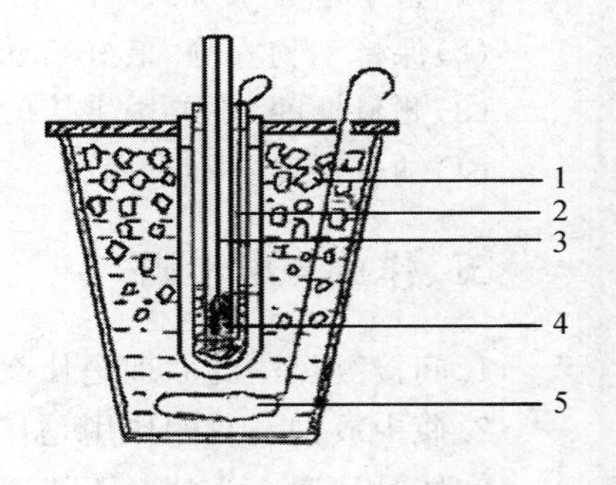

图 5-16　冰点测定装置
1. 冰盐混合物；2. 样品搅拌器；3. 温度计；4. 样品；5. 搅拌器

(2)材料　烷基磺酸同位氨基苯甲酸乙酯(MS-222)，驯养于不同水环境中的罗非鱼：淡水、25%海水、50%海水、75%海水、100%海水，驯养 24 h。

四、实验内容与方法

1. 采血

用 1∶(10 000～45 000)的 MS-222 浸泡鱼体使之麻醉，从尾部静脉或心脏取出 4～5 mL 血液。

2. 收集尿液

用一支细的塑料管从泄殖孔插到膀胱内，把尿液抽到管中。

3. 校正温度计

约 5 mL 的蒸馏水放入内试管中(刚没过温度计的水银球即可),缓慢地摇动使温度低于所期望的冰点(如 −1.5℃)。然后,插入先在干冰中冷却的搅拌器诱导结冰,用力搅拌 20 s。记录稳定时的温度(如果没有干冰,则需用力搅拌或放入冰块诱导结冰)。再把样品熔化,重复上述过程,直到两次结果相近,这个温度便是正确的零点。

4. 测定样品的冰点

按上述方法测定不同鱼的血液、尿液以及它们的水环境样品的冰点(为了节省时间,样品可事先放在冰中冷却)。

5. 计算

$$\pi = CTR = \Delta \cdot 1.86^{-1} \cdot 0.082 \cdot T$$

其中 $T=(273+t)$℃,t 为实验时样品温度

6. 实验结果

列表表示所得的实验数据。

五、作业与思考题

鱼类是如何进行渗透压调节的?

实验三十四　脊髓反射的基本特征和反射弧分析

一、实验目的与要求

以蛙的屈肌反射为指标，观察脊髓反射中枢活动的某些基本特征。通过对脊蛙的屈肌反射的分析，探讨反射弧的完整性与反射活动的关系。

二、实验原理

在中枢神经系统的参与下，机体对刺激所产生的适应反应过程称为反射。较复杂的反射需要由中枢神经系统较高级的部位整合才能完成，较简单的反射只需通过中枢神经系统较低级的部位就能完成。将动物的高位中枢切除，仅保留脊髓的动物称为脊动物。此时动物产生的各种反射活动为单纯的脊髓反射。由于脊髓已失去了高级中枢的正常调控，所以反射活动比较简单，便于观察和分析反射过程的某些特征。

反射活动的结构基础是反射弧。典型的反射弧由感受器、传入神经、神经中枢、传出神经和效应器五个部分组成。引起反射的首要条件是反射弧必须保持完整。反射弧任何一个环节的解剖结构或生理完整性受到破坏，反射活动就无法实现。

三、实验器材

(1)器械　蛙类手术器械、铁支柱、刺激器、普通电极、秒表、玻璃平皿、烧杯(500 mL或搪瓷杯)。

(2)材料　蟾蜍或蛙、1%利多卡因或普鲁卡因、小滤纸(约1 cm×1 cm)、纱布、硫酸溶液(0.5%、1%)。

四、实验内容与方法

1.标本制备

取一只蟾蜍，用粗剪刀由两侧口裂剪去上方头颅，制成脊蟾蜍，将其俯卧位固定在蛙板上，于右侧大腿背部纵行剪开皮肤，在股二头肌和半膜肌之间的沟内找到坐骨神经干，在神经干下穿一条细线备用。将脊蟾蜍悬挂在铁支柱上(图5-17)。

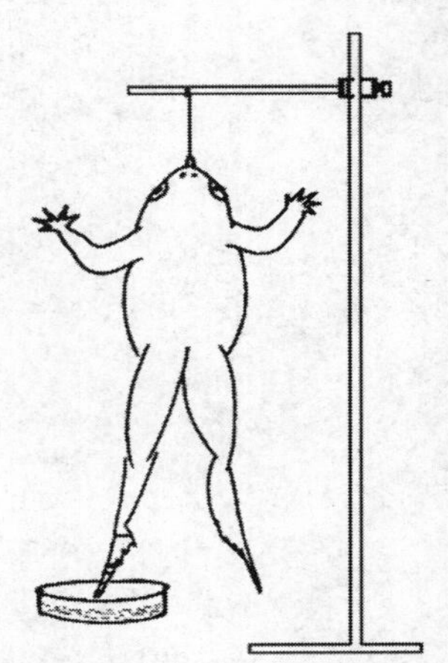

图5-17　反射弧分析

2.实验项目

(1)脊髓反射的基本特征

①骚扒反射：将浸有1%硫酸溶液的小滤纸片贴在蟾蜍的下腹部，可见四肢向此处骚扒。之后将蟾蜍浸入盛有清水的大烧杯中，洗掉硫酸滤纸片。

②反射阈刺激的测定：用单个电脉冲刺激一侧后足背皮肤，由大到小调节刺激强度，测定引起屈肌反射的阈刺激。

(2)反射弧的分析

①分别将左右后肢趾尖浸入盛有0.5%硫酸的平皿内(深入的范围一致)，双后肢是否都有反应？实验后，将动物浸于盛有清水的烧杯内洗掉硫酸，用纱布擦干皮肤。

②在左后肢趾关节上做一个环形皮肤切口，将切口以下的皮肤全部剥除(趾尖皮肤一定要剥除干净)，再用0.5%硫酸溶液浸泡该趾尖，观察该侧后肢的反应。实验后，将动物浸于盛有清水的烧杯内洗掉滤纸片和硫酸，用纱布擦干皮肤。

③将浸有1%硫酸溶液的小滤纸片贴在蛙的左后肢的皮肤上。观察后肢有何反应。待出现反应后，将动物浸于盛有清水的烧杯内洗掉滤纸片和硫酸，用纱布擦干皮肤。

④提起穿在右侧坐骨神经下的细线，然后将蘸有1%利多卡因或普鲁卡因的小棉球置于神经干之下，每隔10 s，用0.5%硫酸刺激一下脚趾，至不出现反应时，立即将浸有1%硫酸的小滤纸片贴于该后肢同侧躯干部的皮肤上，观察到药物对坐骨神经传入、传出神经纤维麻痹作用的时间顺序。剪断坐骨神经，用连续阈上刺激，刺激右后肢趾，观察有无反应。

⑤分别以连续刺激，刺激右侧坐骨神经的中枢端和外周端，观察该后肢的反应。

⑥以探针捣毁蟾蜍的脊髓后再重复上步骤，观察有何反应。

3. 实验注意事项

(1)制备脊蛙时，颅脑离断的部位要适当，部位太高因保留部分脑组织而可能出现自主活动，太低又可能影响反射的产生。

(2)用硫酸溶液或浸有硫酸的纸片处理蛙的皮肤后，应迅速用自来水清洗，以清除皮肤上残存的硫酸，并用纱布擦干，以保护皮肤并防止冲淡硫酸溶液。

(3)浸入硫酸溶液的部位应限于一个趾尖，每次浸泡范围也应一致，切勿浸入太多。

(4)随着实验进程，标本产生了适应性，反应灵敏性下降。

五、作业与思考题

1. 从实验结果分析反射弧的组成和各部分的作用。

2. 剥去趾关节以下皮肤后，不再出现原有的反射活动，为什么？

3. 右侧坐骨神经被麻醉后，动物的反射活动发生了什么变化？这是损伤了反射弧的哪一部分？

4. 麻醉坐骨神经后，将左后肢趾尖浸入盛有0.5%硫酸的平皿内，浸有1%硫酸溶液的小滤纸片贴在蛙的左侧躯干部的皮肤上。这两种情况下，蛙后肢的活动有何不同？为什么？

实验三十五　蛙坐骨神经-腓肠肌标本制备

一、实验目的与要求

(1)学习生理学实验基本的组织分离技术。

(2)掌握制备蛙类坐骨神经-腓肠肌标本的方法。

二、实验原理

蛙类的一些基本生命活动和生理功能与恒温动物相似,其离体组织所需的生活条件比较简单,容易维持良好的机能状态。若将蛙的神经-肌肉标本放在任氏液中,其兴奋性在几个小时内可保持不变。因此蛙类的神经-肌肉标本常用以观察研究兴奋性、兴奋过程、刺激反应的一些规律,以及骨骼肌的收缩特点等。制备坐骨神经腓肠肌标本是生理学实验的一项基本操作技术。

三、实验器材

(1)器械　蛙类手术器械、蛙板、蛙钉、锌铜弓(或电子刺激器)刺激器、玻璃分针、玻璃板、玻璃平皿、滴管。

(2)材料　蟾蜍或蛙、纱布、细线、任氏液。

四、实验内容与方法

1.破坏脑、脊髓

左手持蛙,用食指下压吻端,拇指按压背部,使蛙头前俯;右手食指沿两鼓膜正中向后触摸,触及一凹陷处,即枕骨大孔。用蛙针由凹陷处垂直刺入枕骨大孔,再向前伸入颅腔,捣毁脑;向后插入椎管,捣毁脊髓(图 5-18A)。或把铁剪刀插入口裂,沿两眼后缘剪去头,再以蛙针捣毁脊髓。待蛙四肢肌肉紧张性完全消失,即表示脑和脊髓已破坏完全。

2.剪除躯干上部及内脏

在腋部用铁剪刀剪断脊柱(图 5-18B),将头、前肢和内脏一并弃去(图 5-18C),仅保存一段脊柱和后肢。脊柱的两旁可见坐骨神经丛。

3.剥皮

先剪去肛门周围皮肤,然后用左手捏住脊柱断端,右手捏住断端边缘皮肤,向下剥掉全部后肢皮肤(图 5-18D)。标本放入盛有任氏液的小烧杯中,将手及用过的器械、蛙板洗净,以免皮肤分泌物污染神经-肌肉标本。

4.分离标本为两部分

沿脊柱正中线将标本均匀地分成左右两半,分别作进一步剥制。

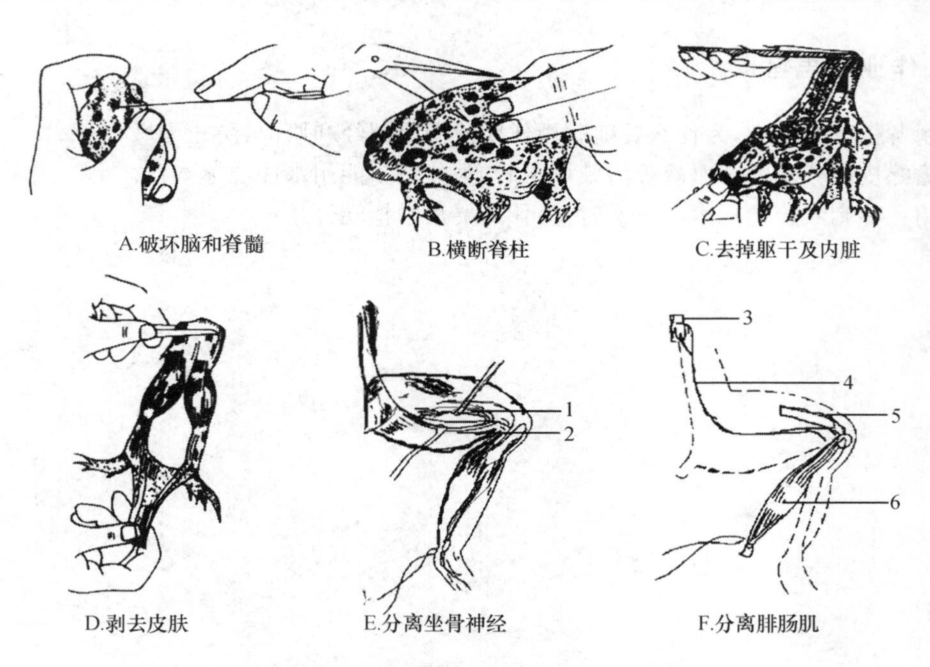

图 5-18 分离坐骨神经和坐骨神经-腓肠肌标本

1.股二头肌;2.半膜肌;3.脊椎骨;4.坐骨神经;5.股骨;6.腓肠肌

5.游离坐骨神经

用大头针将蛙腹位固定在蛙板上,用玻璃分针在半膜肌和股二头肌之间分离出坐骨神经。注意分离时要仔细用剪刀剪断坐骨神经的分支,勿伤神经干,前面分离至脊柱坐骨神经丛基部,向下分离至膝关节(图 5-18E)。保留与坐骨神经相连的一小块脊柱,将分离出来的坐骨神经搭于腓肠肌上,去除膝关节周围以上的全部大腿肌肉,用铁剪刀刮净股骨上附着的肌肉,保留下半段股骨(图 5-18F)。

6.分离腓肠肌

在跟腱上扎牢一线,提起结线,剪断结扎线外的跟腱,游离腓肠肌至膝关节处,将膝关节以下小腿其余部分全部剪去。至此,制成坐骨神经-腓肠肌标本。

7.标本的检验

将标本置于蛙板上,用锌铜弓(或电子刺激器)刺激坐骨神经,若腓肠肌收缩表明标本的兴奋性良好。将标本放入任氏液中待用。

8.实验注意事项

(1)制备标本过程中,应随时用任氏液润湿神经和肌肉,防止干燥。

(2)游离神经时,为防止损伤神经干切勿用玻璃分针逆向剥离,以及用力牵拉,同时忌用金属器械对神经的牵拉或触碰。

(3)避免蟾蜍皮肤分泌物和血液等污染标本,应使用任氏液冲洗标本而不能用水冲洗。

(4)标本制成后须在任氏液中浸泡数分钟,使标本兴奋性稳定,再开始实验效果较好。

五、作业与思考题

1. 制备标本过程中，为什么要随时用任氏液润湿神经和肌肉，防止干燥？
2. 蟾蜍皮肤分泌物和血液等污染标本时，为什么不能用水冲洗标本？
3. 用各种刺激检验标本兴奋性时，为什么要从中枢端开始？

实验三十六　刺激强度和刺激频率与骨骼肌收缩的关系

一、实验目的与要求

(1)观察刺激强度与骨骼肌收缩力量的关系,以及刺激频率对骨骼肌收缩形式的影响。

(2)了解单收缩、复合收缩产生的机制及其生理意义。

二、实验原理

不同强度的刺激作用于坐骨神经-腓肠肌标本能引起不同的肌肉反应。强度较小的阈下刺激不能引起腓肠肌收缩,当刺激强度逐渐增大为阈刺激时则可引起肌肉收缩。刺激强度进一步增大为阈上刺激时,参与收缩的肌纤维数目增多,腓肠肌收缩力也随之增强。当所有肌纤维全部参与收缩时,腓肠肌收缩力达到最大,此时的刺激为最大刺激,即使刺激强度再增加,肌肉的收缩力也不再增大。

腓肠肌受到单个阈上刺激能产生一次动作电位,并引起一次收缩,称为单收缩。单收缩是骨骼肌其他收缩形式的基础,可分为潜伏期、缩短期和舒张期 3 个时期。当给予腓肠肌连续刺激时,肌肉将出现连续的收缩。如果逐渐增加刺激频率,刺激间隔时间小于肌肉单收缩的持续时间时,出现复合收缩。当引起肌肉收缩的刺激落在前一收缩的舒张期内,表现为锯齿状的不完全强直收缩;若继续增加刺激频率,使刺激落在前一收缩的收缩期内,则收缩曲线出现平滑的完全强直收缩。在正常机体内骨骼肌的收缩几乎全是完全强直收缩。

三、实验器材

(1)器械　手术器械一套、生物信息采集处理系统、张力换能器、肌槽、蛙类手术器械、铁支柱、蛙板、蛙钉、锌铜弓(或电子刺激器)、玻璃分针、玻璃板、玻璃平皿、滴管。

(2)材料　蛙或蟾蜍,任氏液。

四、实验内容与方法

1. 标本制备与安放

制备坐骨神经-腓肠肌标本,并在任氏液中浸泡 10～15 min。将标本的股骨固定在肌槽上,用丝线结扎腓肠肌跟腱并与张力换能器相连,使肌肉处在自然长度。将信息输入生物信息采集处理系统,记录肌肉收缩曲线。将坐骨神经轻放在肌槽电极上。实验时注意保持标本湿润。

2.仪器连接

张力换能器与生物信息采集处理系统通道相连,刺激电极与刺激输出相连,并连接肌槽(图5-19)。打开电脑,进入生物信息采集处理系统操作界面,点击实验项目:刺激强度与反应的关系(刺激频率与反应的关系),设置各项参数。

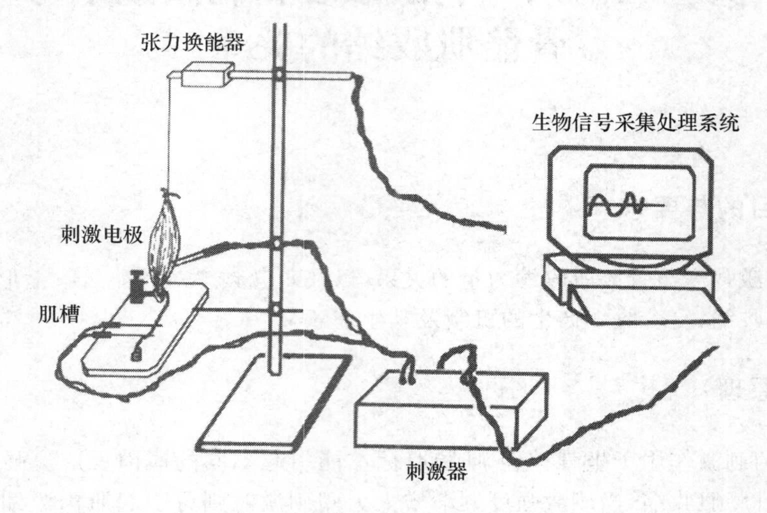

图5-19 实验装置连接

3.观察项目

(1)刺激强度与反应的关系 调整电刺激强度,采用单个刺激由小到大对标本进行手控刺激,记录肌肉收缩曲线。结果可见一组幅度逐渐增大的单收缩曲线。找出刚能引起肌肉出现收缩的刺激强度,为阈强度;刚能引起肌肉最大收缩的刺激强度,为最大刺激强度。

(2)刺激频率与反应的关系 固定电刺激强度(须大于阈强度,但不能过大),采用连续(串)刺激,由低频到高频调整刺激频率,观察肌肉的收缩曲线,可分别出现单收缩和复合收缩。观察不完全强直收缩和完全强直收缩,找出刚能引起肌肉出现完全强直收缩的刺激频率,为融合频率。

4.实验注意事项

(1)制备标本和实验过程中,应随时用任氏液湿润神经和肌肉,保持标本具有良好的兴奋性。同时要注意正负两刺激电极间不要留存液体,以免短路。

(2)标本连接要松紧适宜(以口吹气,线不动为佳),肌肉要保持自然长度。不能过分牵拉,以免损伤肌肉和损坏换能器。

(3)为防止标本疲劳,每次刺激后应让肌肉短暂休息(30 s～1 min),而且每次连续刺激时间不超过5 s。

五、作业与思考题

1.为什么肌肉收缩幅度在一定范围内随刺激强度的增大而增强?

2.为什么肌肉收缩幅度在一定范围内随刺激频率的增大而增强?

3.从刺激神经开始,到肌肉产生收缩,标本发生了哪些生理变化?

实验三十七　大脑皮层运动机能定位及去大脑僵直

一、实验目的与要求

(1)通过电刺激兔大脑皮层不同区域,观察相关肌肉的收缩活动,了解皮层运动区与肌肉运动的定位关系及其特点。

(2)观察去大脑僵直现象,证明中枢神经系统有关部位对肌紧张有调控作用。

二、实验器材

(1)器械　手术器械一套、骨钻、小咬骨钳、电子刺激器、刺激电极。

(2)材料　家兔、骨蜡(或止血海绵)、纱布、20%氨基甲酸乙酯溶液、液状石蜡、生理盐水。

三、实验原理

大脑皮层运动区是躯体运动机能较高级中枢,刺激其不同区域,能引起身体特定部位的肌肉收缩。正常情况下,中枢神经系统对伸肌的易化作用和抑制作用保持平衡,维持着肌体的正常姿势。如果在上下丘之间横断脑干,则易化作用相对地强于抑制作用,动物将出现角弓反张等僵直现象,称为去大脑僵直。

四、实验内容与方法

1. 实验准备

20%氨基甲酸乙酯溶液按每千克体重 5 mL 耳缘静脉注射麻醉家兔(不宜偏深),将兔背位固定在兔台上。剪去头顶部被毛,由两眉间正中至枕部将头皮纵行切开,再自中线切开骨膜,用止血钳夹干棉球擦推开骨膜。在前囟附近开始,用骨钻(或钝手术刀代替)和咬骨钳开颅并扩大创口,尤其注意避免矢状缝、人字缝的血窦出血(图 5-20),需要时可用骨蜡(骨蜡配方:凡士林 165 g、蜂蜡 335 g、松香粉 100 g,先将凡士林与蜂蜡加温,待完全融化后再加入松香粉)止血。暴露出大脑皮层后,滴上少量液状石蜡。放松兔的前后肢。

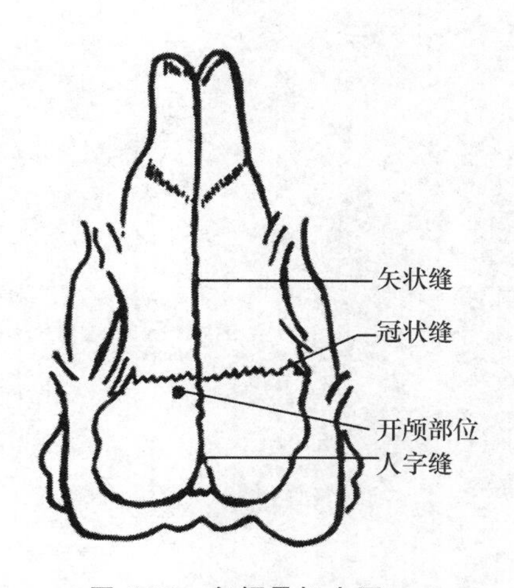

图 5-20　兔颅骨标志图

2. 实验项目

(1)用适宜强度的连续脉冲刺激一侧大脑皮层的各个部位(先画好图,依据骨缝、沟回等标志位置),每次持续 5～10 s,观察并记录刺激引起的骨骼肌反应情况。观察结束,继续做去大脑僵直实验。

(2)将颅部创口向后扩展至暴露大脑半球后缘。左手托起动物头部,右手用手术刀柄将大脑半球的枕叶翻托起来,露出四叠体(上丘较粗大下丘较小)。用手术刀刀背在上下丘之间、略向前倾斜(约呈 45°角)向颅底左右划断脑干,即成为去大脑动物(图 5-21)。使兔侧卧,几分钟后可见动物的躯体和四肢慢慢变硬伸直(前肢比后肢更明显),头后仰、尾上翘,呈角弓反张状态。将动物仰卧在桌上,观察前后肢肌紧张有无变化。

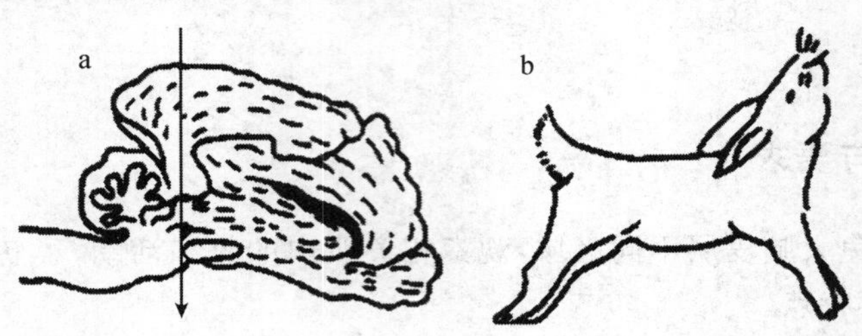

图 5-21 去大脑僵直

a. 脑干切断线;b. 兔去大脑僵直现象

(3)以手术刀背再向下切,当切到延髓时,观察伸肌紧张状态有何变化。

3. 实验注意事项

(1)皮层运动机能定位中电刺激不宜过强,并注意分辨是否为电极局部的刺激扩散(如同侧耳郭竖立)效果干扰。

(2)切断脑干的部位开始不能偏低,以免伤及延髓。

五、作业与思考题

1. 绘图标志大脑皮层运动区实验结果,并予以分析讨论(兔的大脑不够发达,精确定位较困难)。

2. 当去大脑动物肌紧张减弱时,刺激其前后肢,会有何变化? 为什么?

实验三十八　胰岛素和肾上腺素对血糖的影响

一、实验目的与要求

了解胰岛素、肾上腺素对血糖的影响。

二、实验原理

血糖含量主要受激素的调节。胰岛素使血糖浓度降低，肾上腺素可使血糖浓度升高。通过对实验动物注射适量的胰岛素，可出现低血糖症状，中枢神经系统可出现先兴奋后抑制以致昏迷的现象，称为“胰岛素休克”，表现为流汗、流涎、共济失调、惊厥、死亡。在出现惊厥时，立即腹腔注入肾上腺素或葡萄糖溶液，脑功能可恢复正常，症状缓解。

三、实验器材

(1)器械　恒温水浴锅、注射器、针头等。

(2)材料　兔或小白鼠、胰岛素、0.1% 肾上腺素、20% 葡萄糖溶液、生理盐水。

四、实验内容与方法

1. 兔

(1)取禁食 24 h 的兔 2 只，称重后从耳缘静脉按 30～40 U/kg 的剂量注射胰岛素。

(2)经 1～2 h，观察并记录各兔有无不安、呼吸急促、痉挛、甚至休克等低血糖反应。

(3)待试验兔出现低血糖症状后，立即给试验兔 1 及时静脉注射温热的 20%葡萄糖溶液 20 mL；试验兔 2 静脉注射 0.1% 肾上腺素(0.4 mL/kg)；仔细观察并记录结果。

2. 小白鼠

(1)取禁食 24 h 的小白鼠 4 只，给 3 只试验鼠每只皮下注射 1～2 U 的胰岛素，对照鼠用相同方法注入等量生理盐水。

(2)等试验鼠出现低血糖症状后，1 只腹腔(或尾静脉)注射 20%葡萄糖溶液 1 mL，1 只皮下(或尾静脉)注射 0.1%肾上腺素 0.1 mL，1 只腹腔(或尾静脉)注射 1 mL 生理盐水作对照，观察并详细记录实验结果。

3. 实验注意事项

(1)动物在实验前必须禁食 18～24 h。

(2)需用 pH 为 2.5～3.5 的酸性生理盐水配制胰岛素溶液。

(3)酸性生理盐水的配制：将 10 mL 0.1 mol/L 盐酸溶液加入 300 mL 生理盐水中，调控其 pH 在 2.5～3.5，如果偏碱，可加入同样浓度的盐酸调整。

(4)注射胰岛素的动物最好放在 30～37℃水域中保温，夏天可为室温，冬天则应高些，可到36～37℃,因温度过低,反应出现较慢。

(5)如果痉挛不出现,可敲打动物或将动物置于桌上观察。

五、作业与思考题

1.调节血糖的激素主要有哪些?各有何生理功能?影响这些激素分泌的主要因素是什么?

2.分析糖尿病产生的原因及治疗方法。

(王菊花)

第六章

动物病理学实验

实验三十九　细胞和组织的损伤

一、实验目的与要求

(1)掌握常见变性和坏死在光学显微镜下的形态特征。

(2)熟悉细胞和组织损伤类型及其形态学变化。

(3)了解细胞和组织损伤对机体的影响。

二、实验器材

(1)器械　数码生物显微镜、数码体视显微影像系统、显微数码互动设备。

(2)材料　大体标本:肝萎缩、肾萎缩、脂肪肝(槟榔肝);病理组织切片:肾浊肿(颗粒变性)、肝脂肪变性、脾淀粉样变性、肝灶性坏死。

三、实验内容与方法

1.大体标本观察

(1)肝萎缩　肝脏体积缩小,边缘锐薄,肝表面条纹状凹陷与岛屿状隆起相间,表面有红黄交错颜色。肝质地变硬,切面致密,小叶结构不清楚。

(2)肾萎缩　肾表面凹凸不平,肾体积缩小,质地变韧而重量减轻,被膜不易剥离,表面呈红褐色或灰褐色小颗粒。纵切可见皮质部变窄,结构不清,皮质与髓质交界线不明显。

(3)脂肪肝(槟榔肝)　肝体积增大,被膜紧张,边缘稍钝,表面略黄。切面有油腻感,瘀血部呈点状或条状的暗红色。脂肪变性部位呈黄褐色或土黄色。

2.病理组织切片观察

(1)肾浊肿(颗粒变性)

低倍镜观察(10×10):可见到肾小管上皮细胞明显肿胀,管腔变窄。

高倍镜观察(40×10):肾小管上皮细胞肿胀,管腔变窄,甚至完全闭塞。上皮细胞的细胞浆内出现大量细微的粉红色颗粒。大多数细胞核无明显变化。有的细胞核稍呈浓缩状态,有的细胞核被颗粒物掩盖仅见隐约轮廓,少数肾小管上皮细胞崩解破裂,故在肾小管的管腔内见到有红染的均匀团块,即为蛋白尿性管型。

(2)肝脂肪变性

低倍镜观察(10×10):肝细胞排列较疏松紊乱,肝细胞浆中有大小不等的空泡(此空泡原为脂肪滴,系在制片过程中酒精、二甲苯所溶解),有的肝细胞核被脂肪滴挤压到边缘。

高倍镜观察(40×10):可见肝细胞浆内出现大小不等、圆形、边缘整齐、轮廓清晰的空泡;大的空泡将细胞核挤向一侧;有的肝细胞内的脂肪空泡较小,见于胞核周围,或分布于整个胞浆中。

(3)脾淀粉样变性

低倍镜观察(10×10):移动切片观察全貌,分辨脾小梁、红髓和脾小体,再重点观察呈均匀一致、淡粉红云雾状染色的淀粉样物质沉积于脾小体上。

高倍镜观察(40×10):原脾小体的结构模糊不清,仅有少量的淋巴细胞残留,红髓的脾窦受压变窄,淀粉样物质也浸润到红髓区。

(4)肝灶性坏死

低倍镜观察(10×10):见肝组织结构清晰的为非坏死区;被炎性细胞浸润环绕的红染部位为坏死灶,此区肝小叶结构消失,肝细胞发生坏死。

高倍镜观察(40×10):坏死区(灶)肝细胞轮廓不清,细胞质呈红染无结构的颗粒状,细胞核浓缩、崩解、消失,肝索排列紊乱,坏死区(灶)边缘有大量炎性细胞浸润。非坏死区肝组织结构尚清楚可见,但部分肝细胞发生颗粒变性、脂肪变性。

四、实验注意事项

(1)病理学实验,在动物病理学教学中占有重要的地位,实验教学就是要求同学们要通过观察大体标本和病理组织切片,来印证课堂上所学的理论知识,加深对基本概念和基本病变的理解。

(2)观察大体标本时,首先要确定是什么器官,注意其表面、切面(注意切向)的一般状态和结构特点,特别注意观察病灶部的形态、大小、质度、颜色,尤应注意病灶周围组织的反应特点。

(3)在观察病理组织切片时,应先用肉眼或放大镜观察切片,再用低倍镜全面观察,初步确认是什么器官组织、病变部位在哪里,了解病变组织全貌。然后,将病变部位调到视野中央,换高倍镜观察,为了比较病变部位与非病变部位的结构特点,可将低倍镜和高倍镜交替使用,并对各种病变进行定位、定量和定性观察。

(4)病理组织切片的绘图,要求绘图清楚、准确,做到如实记录病变。

五、作业与思考题

1.肝脏的脂肪变性和水泡变性在镜下如何区别?

2.细胞坏死的特征性病理变化有哪些？

3.如何在显微镜下区别颗粒变性、玻璃样变性和淀粉样变性？

4.任选2张切片绘图。

实验四十　适应与修复

一、实验目的与要求

(1)掌握肉芽组织、机化、钙化、化生等的形态学特征。
(2)熟悉常见适应与修复的表现形式。
(3)了解常见适应与修复对机体的影响。

二、实验器材

(1)器械　数码生物显微镜、数码体视显微影像系统、显微数码互动设备。
(2)材料　大体标本:肾脏疤痕、包囊形成;病理组织切片:肉芽组织、慢性宫颈鳞状上皮细胞化生。

三、实验内容与方法

1.大体标本观察
(1)肾脏疤痕　肾表面有一处低陷呈凹凸不平、质地硬的区域,即结缔组织瘢。
(2)包囊形成　新生肉芽组织包囊形成,中央坏死物逐渐干燥进一步发生钙化。
2.病理组织切片观察
(1)肉芽组织
低倍镜观察(10×10):肉芽组织表层见多量崩解、坏死的中性白细胞;中层有多量梭形、圆形的成纤维细胞,其间有多量毛细血管及其他游走细胞;下层为接近成熟的结缔组织,其细胞成分少而胶原纤维多,排列方向与表面平行。
高倍镜观察(40×10):表层成纤维细胞为梭形、圆形、星形、长条形;新生毛细血管多由一层内皮构成,有的呈实心状,少数未形成管腔;有的内皮细胞肿胀,部分管壁增厚(已向动脉或小静脉分化);在上述细胞之间见有单核细胞、淋巴细胞等,并散有少量红细胞。下层的肉芽组织趋于成熟,故见有体积缩小呈长梭形的纤维细胞,胞核淡染,在细胞间有排列紧密粉红染色的胶原纤维,而细胞成分和毛细血管数量减少。
(2)慢性宫颈鳞状上皮化生
低倍镜观察(10×10):正常子宫颈壁有肥厚而富有弹性纤维的肌层,子宫颈内膜上皮为单层柱状上皮,固有膜是由致密结缔组织构成。而该切片可见间质中有大量纤维结缔组织增生,其中有多量淋巴细胞和浆细胞浸润现象。
高倍镜观察(40×10):可见子宫颈内膜有部分的单层柱状上皮细胞变矮,变成多层的鳞状上皮样,这病理变化即为化生。

四、作业与思考题

1. 肉芽组织的主要组成成分是什么？其功能如何？
2. 慢性宫颈鳞状上皮细胞化生有哪些病理特征？
3. 绘肉芽组织及慢性宫颈鳞状上皮化生切片图。

实验四十一　局部血液循环障碍

一、实验目的与要求

(1)掌握充血、瘀血、出血、血栓、梗死的形态学特征。

(2)了解上述病理现象对机体的影响。

(3)熟悉瘀血、出血及梗死的发生原因和机理。

二、实验器材

(1)器械　数码生物显微镜、数码体视显微影像系统、显微数码互动设备。

(2)材料　大体标本:肝瘀血、肺瘀血、肾出血、疣状心内膜炎、脾出血性梗死、肾贫血性梗死;病理组织切片:肝瘀血、肺瘀血、静脉血栓、脾贫血性梗死、肾出血性梗死。

三、实验内容与方法

1. 大体标本观察

(1)肝瘀血　肝脏体积增大,被膜紧张,表面光滑,呈暗红色。新鲜标本(或原色标本)切面有油腻感,呈红黄相间的花纹状外观,似中药槟榔,故称"槟榔肝";其中的暗红色斑纹是肝小叶中央静脉及其周围肝血窦扩张瘀血,黄褐色条纹是肝小叶周边肝细胞发生脂肪变性的结果。

(2)肺瘀血　肺实质饱满,被膜光滑紧张,表面呈暗红色,切面见暗红色液体流出。标本如果经甲醛固定后,其表面呈灰白色。

(3)肾出血　肾脏被膜下皮质部有散在或数个相连的针尖大至粟粒大的紫红色出血小点或斑块。

(4)猪心脏疣状心内膜炎　左心纵切,可见左心房室瓣的心房面有一灰白色的花椰菜样疣状赘生物(疣状赘生物由纤维素、白细胞和血小板构成)。

(5)脾出血性梗死　脾边缘有几处大小不等稍向表面隆起的暗褐色病灶。有的部位数个小病灶连在一起,成为边缘不整的长条形。纵切可见病灶多呈楔形,暗红色,干燥,组织结构不清晰。

(6)肾贫血性梗死　肾表面可见稍隆起的黄白色病灶,其周围有暗褐色带。纵切见病灶位于皮质部,略呈三角形。

2. 手指动脉性充血、瘀血及贫血实验

(1)用一橡皮筋先套紧食指尖端向后推送至第一指骨关节处,停约 2 min,手指即出现贫血状态。然后迅速去掉橡皮筋手指即发生减压后充血(贫血性充血)。

(2)先让双手自然下垂并前后甩动 3 min,然后用橡皮筋套在食指第一指骨关节处(勿过紧),约 2 min 后即出现瘀血。

3. 病理组织切片观察

(1)肝瘀血

低倍镜观察(10×10):可见肝小叶中央静脉及肝血窦扩张,充满大量红细胞;中央静脉周围肝细胞索排列紊乱，细胞萎缩，甚至完全消失。

高倍镜观察(40×10)：可见肝小叶中央静脉及肝血窦内充满红细胞，肝细胞体积肿大，其胞浆内见有大小不等、轮廓清楚的空泡，这是肝细胞的脂肪变性。

(2)肺瘀血

低倍镜观察(10×10)：肺泡壁毛细血管和小静脉高度扩张，充满红细胞，肺泡壁变厚。慢性缺氧还伴有间质的结缔组织增生。有的肺泡腔内见有被伊红淡染的浆液，也可见到数量不等的红细胞和心力衰竭细胞。

高倍镜观察(40×10)：肺泡壁小静脉及毛细血管均扩张瘀血，部分肺泡腔内有渗出的红细胞和脱落的上皮细胞，在肺泡腔的渗出液中可见有吞噬红细胞或沉积黄褐色含铁血黄素颗粒的巨噬细胞，此细胞在心力衰竭时多见，故称此细胞为“心力衰竭细胞”(简称心衰细胞)。支气管部分上皮细胞脱落，管壁充血，有的管腔内也有心衰细胞。

(3)静脉血栓

肉眼及低倍镜观察(4×10)：切片上有一个或两个红色的横断面为血栓，周围网状结构为肺组织。

低倍镜观察(10×10)：可见血管被血栓所充塞，其中含有团块或条索状血小板瘀积物(呈淡粉红色云雾状)与血管壁相连并呈分枝状，周围及瘀积物内散布着白细胞(呈蓝紫色颗粒状)。在血小板瘀积物之间纤维素构成网状，其中网罗了大量红细胞、含铁血黄素(呈棕褐色)和少量白细胞。

高倍镜观察(40×10)：血小板瘀积块周围及其内散布的白细胞，红细胞结构不完整，或崩解而呈大小不等的棕色颗粒——即含铁血黄素。

(4)脾贫血性梗死

肉眼及低倍镜观察(4×10)：染色较淡呈倒三角形为梗死区，染色较深的为正常脾组织。

低倍镜观察(10×10)：可见梗死区脾组织的轮廓尚保存，勉强可看见脾小梁和网状组织；梗死区边缘有反应性充血和出血；非梗死区内可清晰地看到脾小梁，白髓和红髓。

高倍镜观察(40×10)：梗死区可辨认出脾小梁、白髓和红髓的隐约结构轮廓，脾内淋巴细胞坏死(细胞核浓缩、碎裂或溶解)，移动视野可区分出梗死区与非梗死区。

(5)肾出血性梗死

肉眼及低倍镜观察(4×10)：切片呈半圆形，其中有一块深红色三角形为梗死区。

低倍镜观察(10×10)：肾皮质部中间有一块三角形(尖端向髓质底部与脾脏表面平行)的红染区，与周围肾组织的分界不清。梗死区内肾小球和肾小管已辨认不清，有明显的出血。在非梗死区内尚可看到肾小球和肾小管的清晰结构。

高倍镜观察(40×10)：梗死灶的肾小球和肾小管结构崩解，仅有一些残留的肾小管上皮细胞可见，该区全部被大量红细胞所填充。

四、作业与思考题

1. 在显微镜下如何区别出血和充血？
2. 脾、肾梗死灶常呈三角形，应作何解释？
3. 任选 2 张切片绘图。

实验四十二　兔实验性酸碱平衡紊乱

一、实验目的与要求

(1)复制实验性酸碱平衡紊乱的动物模型。

(2)测定和观察动物的血液 PO_2、pH、PCO_2,尿液 pH 以及呼吸变化。

(3)了解酸碱平衡紊乱的发生机理及对机体的影响。

二、实验器材

(1)器械　兔保定台、手术器械、呼吸描记装置、体温表、球胆、细塑料插管、眼科剪、10 mL 注射器、2 mL 注射器、7 号针头、6 号针头、橡皮头、血气酸碱分析仪、精密 pH 试纸。

(2)材料　健康家兔;试剂:0.6%普鲁卡因溶液、0.2%肝素溶液、5%乳酸溶液、5%碳酸氢钠溶液、生理盐水。

三、实验原理

机体的体液环境必须具有适宜的酸碱度才能维持正常的代谢和生理功能。在生理条件下,机体主要通过血液缓冲系统,肺脏、肾脏以及细胞内外离子的调节作用,使血液酸碱度保持相对稳定。如果机体摄入、自身生成、丧失过多酸性或碱性物质,破坏了这种稳定性,就可能引起酸碱平衡紊乱。直接测定血液 PO_2、pH、PCO_2,并计算得知血液 pH 等指标,对酸碱平衡紊乱变化现象进行观察。

四、实验内容与方法

1. 动物保定

将家兔称重,测肛温后,仰卧保定在兔台上并进行术前麻醉。

2. 实验前手术

(1)输尿管插管　下腹部剪毛,消毒,手术切开,暴露出膀胱,找到一侧输尿管,向肾方向分离一段。在输尿管下方穿一细线,用眼科剪剪一斜口,向肾方向插入塑料插管,用线固定,将塑料管的另一端引出腹腔,关闭腹腔后,盖上生理盐水浸泡后的纱布。

(2)股动脉插管　找出股动脉,在其下方穿一细线,在向心端夹上动脉夹,用眼科剪在动脉下方较远处股动脉上剪一斜口,插入已灌满 1%肝素的末端用大头针插紧的细塑料插管,用线固定,切口盖上生理盐水纱布。

(3)气管插管　手术找出气管并分离一段,在气管下方穿一细线,用眼科剪做“T”形切口,向肺方向插入气管导管,用线固定,气管导管的一端连接到呼吸描记装置。

(4)颈静脉插管　手术找出颈静脉,在颈静脉下方穿两根细线,离心端用线结扎,在结扎下方用眼科剪剪一斜口，向心端插入已灌满1%肝素的末端用大头针插紧的细塑料插管，接上输液装置，并以35～40滴/min的速度缓慢滴注生理盐水。

3.测定实验前各项指标

手术完毕后，描记一段正常呼吸曲线，用精密pH试纸测定尿液pH，用预先抽吸过0.2%肝素的2 mL注射器从股动脉采血1 mL，立即用橡皮塞堵住针头，避免血样与空气接触。然后测定股动脉血PO_2、pH和PCO_2。

4.复制呼吸性酸中毒

在橡皮塞的另一端接上充有少量氧气的球胆，可见家兔呼吸逐渐加深加快，至呼吸明显加深加快时，立即从股动脉采血1 mL进行血液PO_2、pH和PCO_2测定，同时测定尿液pH。采血完毕后，立即去掉球胆，待家兔呼吸基本正常时，再测一次上述指标。

5.复制代谢性酸中毒

将5%乳酸缓慢地注入颈静脉(30滴/min)，剂量为10 mL/kg体重。滴注完毕后立即从股动脉采血1 mL，测定血液及尿液PO_2、pH和PCO_2值，描绘呼吸曲线。将5%碳酸氢钠溶液按8 mL/kg体重剂量缓慢滴注入颈静脉(30滴/min)。滴注完毕后立即复测一次上述指标。

6.复制代谢性碱中毒

将5%碳酸氢钠溶液缓缓慢滴注入颈静脉(30滴/min)，剂量为8 mL/kg体重，注意观察动物有无抽搐等症状以及呼吸曲线的变化，注射完毕后测定血液PO_2、pH和PCO_2测定，同时测定尿液pH。一般代谢性碱中毒可静脉注射生理盐水扩容并补充Cl^-以促进肾脏排泄。本实验用0.1 mol/LHCl滴注入颈静脉(10滴/min)，剂量为3 mL/kg体重。滴注完毕后立即复测一次上述指标。

7.复制混合性酸中毒

用止血钳将气管插管的另一端夹住，直至动物临近死亡时，立即复测各项指标。

8.动物尸检

动物死亡后进行尸检，重点观察肺脏的病理变化。注意：进行上述实验时，要观察动物的各种症状，滴注要缓慢，剂量要控制，以防过早死亡使实验中断。

五、作业与思考题

1.将观察结果记入表6-1内。

表6-1　兔实验性酸碱平衡紊乱实验结果

兔号：　　体重(kg)：　　性别：　　毛色：　　肛温：

实验项目	血气分析				尿液pH	呼吸变化	其他
	PO_2	pH	PCO_2	HC			
实验前							
呼吸性酸中毒							
代谢性酸中毒							
代谢性碱中毒							
混合性酸中毒							

2. 绘制本实验血液 PO_2、pH、PCO_2，尿液 pH 以及呼吸的变化曲线。

3. 在复制呼吸性酸中毒、代谢性酸中毒、代谢性碱中毒以及混合性酸中毒时，动物的血气、尿液 pH 和呼吸等有何变化，试说明其原因。

实验四十三　缺　氧

一、实验目的与要求

(1)复制外呼吸型缺氧、血液型缺氧的动物模型。

(2)了解各型缺氧的发病原因、发生机理和主要病理表现。

二、实验原理

利用钠石灰吸收小白鼠在呼吸中产生的二氧化碳和水蒸气，造成局部空间的缺氧状况，构建小白鼠外呼吸型缺氧模型；利用一定剂量亚硝酸钠溶液可将血红蛋白的二价铁氧化为三价铁，失去携氧能力，从而构建小白鼠血液型缺氧模型。

三、实验器材

(1)器械　带橡皮塞的 250 mL 广口瓶 1 只，搪瓷盘 6 个，1 L 烧杯 6 个，镊子、手术剪和手术刀各 3 把，1 mL 注射器 6 支，电子秤 1 台。

(2)材料　小白鼠、钠石灰(NaOH・CaO)10 g、凡士林 1 瓶、2%亚硝酸钠溶液 10 mL。

四、实验内容与方法

1. 外呼吸型缺氧

(1)取 5 g 钠石灰放入广口瓶内，将 3 只小白鼠称重后放入广口瓶中。观察并记录小白鼠一般状况，如呼吸频率、呼吸状态、皮肤、黏膜色彩、精神状态等(后续实验同)。

(2)旋紧瓶塞，用弹簧夹夹闭通气胶管，防止漏气。记录时间，观察上述各项指标的变化，直至小白鼠死亡。对小白鼠进行剖检，观察各脏器病理变化及血液颜色并记录。

2. 血液型缺氧

(1)取小白鼠 3 只称重后放入 1 L 烧杯内，观察上述各项指标。

(2)用 2%亚硝酸钠溶液，按照 0.35 mL/10 g 体重剂量对小白鼠进行腹腔注射，观察上述各项指标，小白鼠死亡后进行剖检观察并记录。

3. 对照组

(1)取小白鼠 1 只称重后作为对照组，按照上述实验的观察指标观察并记录结果。

(2)上述实验结束后处死对照组小白鼠，并剖检，比较尸检结果。

五、实验注意事项

(1)缺氧瓶一定要密闭。

(2)亚硝酸钠溶液有毒,勿沾染皮肤、黏膜,特别是有皮肤损伤处,实验后务必将器具洗干净。

(3)应该稍微靠小白鼠左下腹进行腹腔注射,勿损伤肝脏,并避免将药物注入肠腔或膀胱。

六、作业与思考题

1.将实验中观测到的各种变化记入表6-2内。

表6-2 缺氧实验结果

类型	体重(g)	呼吸频率(次/min)	呼吸状态	皮肤、黏膜色彩	尸体剖检	
					血液颜色	其他变化
外呼吸型缺氧						
血液型缺氧						
对照组						

2.联系实验结果,分析外呼吸型缺氧、血液型缺氧发生的原因、机理和对机体的影响。

实验四十四　发　热

一、实验目的与要求

(1)复制内生性致热原(EP)引起发热的动物模型。

(2)观察动物发热时体温变化规律,加深对发热发生机理的理解。

二、实验原理

动物体在多种因素的作用下(如细菌、病毒的感染,肿瘤等),能产生并释放内生性致热源。后者作用于下丘脑下部体温调节中枢,使调定点上移,从而引起一系列神经-体液反应,使体温升高。本试验通过注射细菌内毒素所引起的发热和单纯由于散热障碍所引起的体温升高,观察它们的体温等变化规律,比较它们的异同。

三、实验器材

(1)器械　常速离心机 1 台,台秤 1 台,肛温计 9 支,10 mL 注射器 10 支,恒温水浴锅 1 台。

(2)材料　健康家兔。液状石蜡 5 mL,生理盐水 30 mL,肝素 1 g,大肠杆菌内毒素 1 g。

(3)EP 生理盐水的制备

①取健康家兔 12 只称重,由耳缘静脉按 1 mL/kg 体重的量无菌注入 1%肝素生理盐水溶液,心脏采集全血。

②准确配制 100 μg 大肠杆菌内毒素生理盐水溶液。按照 1 μg 内毒素/30 mL 血液的剂量向收集的兔全血内加入内毒素。

③将血瓶置 38℃水浴振荡器中培育 1 h,400*g* 离心 20 min,弃去血浆。加入等量生理盐水,再置 38℃水浴振荡器中培育 5 h。

④将血瓶以 400*g* 离心 20 min,取上清液置 4℃冰箱内备用,即为本实验所用 EP 生理盐水。

四、实验内容与方法

1. 实验分组

取体重相近的家兔 12 只称重后,分别测量肛温;然后随机分为 4 组,每组 3 只,即甲、乙、丙和丁组。

2. 实验处理

4 组学生同时分别对实验兔进行如下处理:

(1)甲组　兔(3 只)以 5 mL/kg 体重剂量经耳缘静脉注入 38℃水浴预保温 30 min 的 EP 生理盐水溶液。

(2)乙组　兔(3 只)以 5 mL/kg 体重剂量经耳缘静脉注入经 90℃水浴 30 min 预处理,再经38℃水浴30 min保温的EP生理盐水溶液。

(3)丙组　兔(3只)以5 mL/kg体重剂量经耳缘静脉注入经38℃水浴预先保温30 min的生理盐水作为对照。

(4)丁组　将兔(3只)固定在40℃的恒温兔台上,盖上棉垫(将头露出)。每隔15 min测肛温一次,并观察耳血管、呼吸等状态,持续2 h。揭去棉垫,停止加热,并将兔放开。

3. 实验记录

注射完毕,每只兔每隔10 min测量肛温一次,共测6次。做好记录。

4. 绘制体温曲线

以兔的初始平均肛温为基准,时间横坐标,每组平均体温数值为纵坐标描绘体温曲线。

五、实验注意事项

(1)测温前,温度计应涂以少许液状石蜡,以防损伤直肠黏膜。

(2)温度计每次插入深度一般以5 cm为宜,时间至少3 min。

(3)测温时,最好使用统一的固定装置,使动物始终保持安静舒适,不受惊恐等干扰。

六、作业与思考题

1. 将观察结果记入表6-3中。

表6-3　发热实验结果

组别		初始温度(℃)	体温变化(℃)					
			第1次	第2次	第3次	第4次	第5次	第6次
甲组	兔1							
	兔2							
	兔3							
	平均值							
乙组	兔1							
	兔2							
	兔3							
	平均值							
丙组	兔1							
	兔2							
	兔3							
	平均值							
丁组	兔1							
	兔2							
	兔3							
	平均值							

2. 绘制体温变化曲线。

3. 联系实验结果分析讨论EP引起动物发热的机理。

实验四十五　应　激

一、实验目的与要求

(1)以饥饿、低温为应激原,诱发小鼠应激性胃溃疡。

(2)观察应激性胃溃疡的病理变化。

(3)了解应激反应的发生机理及其对机体的影响。

二、实验原理

动物机体在饥饿、低温的刺激下,机体会处于应激状态,诱发动物发生应激性胃溃疡。应激引起胃溃疡的机理如下:

1. 胃酸分泌增加

应激引起的神经内分泌失调、颅内高压刺激迷走神经兴奋,继而引起胃壁细胞和G细胞释放胃泌素产生大量胃酸,导致胃溃疡。

2. 胃黏膜屏障破坏

主要有以下因素:

(1)胃黏膜血流改变　应激状态时,交感—肾上腺系统兴奋,儿茶酚胺分泌增加,使胃黏膜血管痉挛,并可使黏膜下层动静脉短路,流经黏膜表面的血液减少。胃黏膜缺血可造成黏膜坏死,黏膜损害程度与缺血程度有很大关系。

(2)黏液与碳酸氢盐减少　应激状态时,交感神经兴奋,胃运动减弱,幽门功能紊乱,胆汁反流入胃。胆盐有抑制碳酸氢盐分泌作用,并能溶解胃黏液,还间接抑制黏液合成。

(3)前列腺素水平降低　前列腺素可促进胃黏液和碳酸氢盐的分泌,还能增加胃黏膜血流量,抑制胃酸分泌及促进上皮细胞更新。

(4)超氧离子的作用　应激状态时可产生大量超氧离子,会破坏细胞完整性,损伤胃黏膜。

(5)胃黏膜上皮细胞更新减慢　应激因素可通过多种途径使胃黏膜上皮细胞增生减慢,削弱黏膜的屏障作用。

三、实验器材

(1)器械　鼠笼2只,天平1台,鼠固定板6个,手术剪,眼科剪,手术刀,有齿镊、无齿镊各一把,10 mL注射器。

(2)材料　雄性大鼠7只,福尔马林溶液。

四、实验内容与方法

取实验用大鼠称重,其中6只禁食1 d,然后捆缚于固定板上(图6-1),置4℃冰箱内5 h。

剩下的1只正常饲养作为对照。

从冰箱中取出动物立即脱臼处死并剖解，用线结扎胃的贲门部及幽门部后，将胃取出并向内注入福尔马林8 mL。然后再将胃置于福尔马林溶液中固定10 min。固定后的胃沿着大弯部剪开，去除胃内容物把胃黏膜洗净后展平于平板上。观察胃黏膜的变化，取病理变化明显的区域制成组织学切片，观察显微病变。正常对照鼠断颈处死后同上述处理。

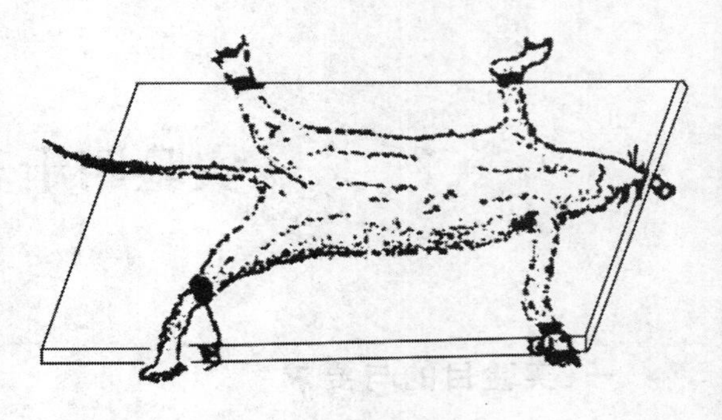

图6-1　大鼠捆缚于固定板上

五、作业与思考题

1. 将观察结果记入表6-4中。

表6-4　应激实验结果

动物状态	观察项目	
	体重(g)	尸体剖检变化
正常大鼠		
应激大鼠		

2. 联系实验结果分析讨论应激性大鼠胃溃疡的发生机理。

实验四十六　炎　症

一、实验目的与要求

（1）掌握常见炎症的形态学表现。

（2）熟悉炎症的基本过程。

二、实验器材

（1）器械　数码生物显微镜、数码体视显微影像系统、显微数码互动设备。

（2）材料　大体标本：纤维素性肺炎、化脓性肺脓肿、肺结核增生性炎；病理组织切片：化脓性肾炎、淋巴结结核、病毒性肝炎、间质性肾炎。

三、实验内容与方法

1.大体标本观察

（1）纤维素性炎（纤维素性肺炎）　外观呈大理石样变，切面可见肺实质质地变硬、间质增宽，呈大理石样，淋巴管扩张呈多孔状，俗称肺肉变。

（2）化脓性炎（肺脓肿）　肺腔内充满黄白色脓汁，脓腔周围有纤维结缔组织包裹。

（3）增生性炎（结核性肺炎）　可见肺部尖叶、膈叶肿大变实，表面粗糙，散布结节状干酪样坏死灶，但不波及整个尖叶、膈叶。切面上组织结构消失。

2.病理组织切片观察

（1）化脓性肾炎

低倍镜观察（10×10）：皮质部可看到多个区域有核呈蓝紫色的大量细胞集聚的炎灶，该部位的肾组织结构不清。

高倍镜观察（40×10）：炎灶局部有多量中性粒细胞浸润，并有多个粒细胞已崩解为脓细胞，其胞核已破碎。肾组织的结构已不清，炎灶周围肾小管上皮细胞变性、坏死，毛细血管扩张充血。

（2）淋巴结结核

低倍镜观察（10×10）：移动视野，选择一个淡红染的结核结节，可以看到3层结构，其中心为淡红染的呈颗粒状的干酪样坏死灶，外有几个朗罕氏多核巨细胞（简称朗罕氏细胞）和数量不等的上皮样细胞包绕，最外层有淋巴细胞和成纤维细胞组成的肉芽组织。有的结节坏死区结构已不明显，被大量上皮样细胞和数量不等的朗罕氏细胞所取代。

高倍镜观察（40×10）：结核结节中心已坏死，看不到原来的结构，完全由无结构、淡红色的颗粒物充满，坏死区边缘的朗罕氏细胞体积较大，富有胞浆，细胞核的数量几个至几十个，呈不同形状排列（环形、马蹄形或聚集一端）。上皮样细胞为梭形或多角形，胞浆丰富，细胞界限不清;核呈圆形、卵圆形或两端粗细不均匀的杆状,核淡染。最外层被核深蓝染的淋巴细胞和梭形的纤维母细胞所包绕。

(3)病毒性肝炎

低倍镜观察(10×10):肝细胞大面积坏死,肝小叶中心尤其严重,坏死区有大量炎性细胞浸润,并有多量增生的胆小管。坏死区周边残存的肝细胞发生变性。

高倍镜观察:病变部肝窦扩张充血甚至出血,并有多量含铁血黄素(棕褐色或棕黄色)沉积,小叶内及汇管区有多量炎性细胞浸润,其中以淋巴细胞、巨噬细胞及中性粒细胞为主。

(4)间质性肾炎　见肾皮质结缔组织大量增生,以成纤维细胞增生为主,间有淋巴细胞及浆细胞。肾小球有的肥大,有的萎缩,有的机化;肾小管则有的呈退行性变化,有的管腔扩张并呈透明样变性。

四、作业与思考题

1. 炎症的基本病理变化有哪些?
2. 炎性细胞的种类及功能是什么?
3. 脓细胞的本质是什么?
4. 如何确定一张病理组织学切片是炎症?是什么样的炎症?处于发生发展的什么阶段?
5. 绘切片图2张。

实验四十七　实验性自身免疫病

一、实验目的与要求

掌握家兔血清中抗精子抗体的检测方法，加深对动物自身免疫性疾病发病机理的理解，并为此类疾病的实验研究和诊断打下基础。

二、实验原理

机体睾丸损伤，输精管基底膜屏障遭到破坏，精子与免疫活性细胞接触，产生自身抗精子抗体——精子凝集素和沉淀素，从而引起精子溶解和自身免疫性睾丸炎，引发自身免疫病。

三、实验器材

(1)器械　5 mL 玻璃匀浆器，血细胞计数器，显微镜，10 mL、2 mL 一次性注射器各一个，紫外分光光度计，微型振荡器，间接血凝微量反应板，25 μL 微量移液器，稀释棒，平皿，载玻片，小试管，打孔器，离心机。

(2)材料　大鼠 7 只，家兔 1 只。戊二醛、鞣酸、优质琼脂粉、硫柳汞、生理盐水、0.01 mol/L pH 7.4 磷酸缓冲盐水(PBS)、0.15 mol/L pH 6.4 PBS、0.15 mol/L pH 7.2 PBS。

四、实验内容与方法

1. 采集免附睾精子抗原

正式实验前先制备附睾精子抗原和兔抗附睾精子阳性血清。无菌取出健康大鼠的附睾，于附睾尾部剪口，用注射器经输精管注入灭菌生理盐水 2～4 mL 冲洗附睾，在载玻片上滴加 3～4 滴生理盐水，用附睾尾部断端向载玻片上挤压涂抹亦可收集一定数量的附睾精子。收集的部分附睾精子 2 000 r/min 离心 10 min，弃上清加 4 mL 生理盐水后，用玻璃匀浆器制成匀浆，再经 4℃、10 000 r/min 离心 15 min，取上清液即为附睾精子抗原提取液，用紫外分光光度计测定提取液的蛋白含量，以备作琼脂扩散和间接血凝实验之用。

2. 获得抗免附睾精子阳性血清

取健康家兔，用密度为 1×10^9 个/mL 的附睾精子为抗原首次与等量弗氏完全佐剂（含石蜡油、羊毛脂、卡介苗）制成乳剂，以后与弗氏不完全佐剂(含石蜡油、羊毛脂)制成乳剂，于兔背部皮下分 5 点注射，每点注 0.3 mL，每周免疫注射 1 次，一般免疫 4 周后即可获得满意的阳性血清。

3. 琼脂扩散法检测

用 0.01 mol/L pH 7.4 PBS 制备 1%的琼脂，每 100 mL 琼脂中加入 1%硫柳汞 1 mL。

每个平皿内倒入加热熔化的琼脂 15 mL 左右,厚度为 2～3 mm。用打孔器(孔径 4 mm)打孔。中央孔加附睾精子抗原提取液(1～2 mg/mL),四周孔加不同稀释倍数的阳性血清和阴性血清。孔间距 5 mm。置湿盒内在室温条件下连续观察 1～3 d,注意阳性血清孔与抗原孔之间是否有白色沉淀线出现。

4. 间接血凝法检测

取 0.6 mg/mL 抗原液 1 份,0.15 mol/L PBS(pH 6.44)份,2.5%醛化鞣酸化红细胞 1 份混匀。置 37℃水浴搅拌作用 30 min。离心弃上清,用 0.15 mol/L PBS(pH 7.2)洗涤 3 次,最后用 2%兔血清盐水配成 1%细胞悬液,即为本实验所用的诊断液。于微量反应板每孔加稀释液(生理盐水),分别取 25 μL 阳性血清、阴性血清加入每排第 1 孔,混匀,用稀释棒逐孔向后做倍比稀释,最后 1 孔为稀释液对照。每孔都加入诊断液 25 μL,置振荡器上中速震动 1～2 min 使红细胞分散均匀。然后将反应板放入湿盒内,置 37℃温箱 1～2 h 后观察结果。适当稀释的阳性血清与诊断液作用可形成清晰的血液凝集图像。

五、作业与思考题

1. 将观察结果记入表 6-5 中。

表 6-5　实验性自身免疫病实验结果

血清类型	检测方法	
	琼脂扩散	间接血凝
阳　性		
阴　性		

2. 依据实验结果分析讨论自身免疫病的发病机理和自身抗体检测的方法。

实验四十八　肿　瘤

一、实验目的与要求

掌握常见肿瘤的大体和显微病变特征。

二、实验器材

(1)器械　数码生物显微镜、数码体视显微影像系统、显微数码互动设备。

(2)材料　大体标本:子宫平滑肌瘤、皮肤纤维瘤、禽趾瘤、牛恶性膀胱淋巴管内皮细胞瘤、黑色素瘤、猪肝癌、鸡马立克氏病、禽白血病、肾母细胞瘤、淋巴肉瘤;病理组织切片:纤维瘤、纤维肉瘤、黑色素瘤、肝细胞癌、肾母细胞瘤、鸡白血病。

三、实验内容与方法

1. 大体标本观察

(1)子宫平滑肌瘤　大肿块为肿瘤,由平滑肌分化而来,其边缘小片区域为正常的子宫,分界明显。

(2)皮肤纤维瘤　皮肤上一个肿物较硬,灰白色,由纤维细胞分化而来,有包膜。

(3)禽趾瘤　呈结节状肿块,中央有一坏死灶。

(4)牛恶性膀胱淋巴管内皮细胞瘤　整个标本为一肿瘤,由间胚组织淋巴管形成,其表面呈乳头状结构。

(5)黑色素瘤　肝、脾、肾、淋巴结、心肌等均为转移灶肿瘤,呈结节形,黑色或棕黑色。

(6)猪肝癌　为弥漫型,肝表面和切面可见到许多不规则的灰白色或灰黄色的特殊斑点或斑块,有的有水泡形成。

(7)鸡马立克氏病　卵巢脑髓样变,其上有许多小的肿瘤块,咖啡色,质地致密。

(8)禽白血病　肝脏肿大数倍。在肝表面形成呈结节状的弥漫性肿瘤,灰白色或灰黄色,大小不一。

(9)肾母细胞瘤　是一种胚胎性恶性肿瘤,肿瘤是一个大结节状,灰白色,其外有包膜。

(10)淋巴肉瘤　切面状似鱼肉样,是一种恶性肿瘤。

2. 病理组织切片观察

(1)纤维瘤　来源于纤维组织的良性肿瘤,肿瘤细胞为分化成熟的纤维细胞,是常见的肿瘤之一,可发生在身体的任何部位。

低倍镜观察(10×10):可见瘤细胞分化成熟,形态与正常纤维细胞相似,多呈梭形;但瘤细胞排列则与正常的纤维组织排列不同,呈现粗细不等的束带状,纵横交错排列紊乱,细胞核淡染。

高倍镜观察(40×10):可见瘤细胞由纤维细胞分化而来,瘤细胞呈梭形,胞浆较少、胞核呈椭圆形或梭形,核分裂相不明显,核膜扭曲不整。瘤细胞排列交错,有丰富的胶原纤维。

(2)纤维肉瘤　纤维肉瘤来源于纤维组织的恶性肿瘤,体内任何部位均可发生。

低倍镜观察(10×10):瘤细胞分化不成熟,大小及形态不一致,梭形、圆形、卵圆形或不规则形,细胞排列紊乱呈涡流状,纵横交错不易辨认,核深染,胶原纤维的含量较少,毛细血管丰富。

高倍镜观察(40×10):瘤细胞核分裂相明显,核形多样,体积较大,核染色质较多且深染,并可见瘤巨细胞,毛细血管多且管壁极薄。

(3)黑色素瘤

低倍镜观察(10×10):移动视野可见原组织结构基本消失,瘤细胞呈散在排列,呈索状或巢状,瘤细胞呈圆形、卵圆形、肾形或多角形,胞浆内有棕黑色细颗粒黑色素。

高倍镜观察(40×10):瘤细胞呈圆形、卵圆形或肾形。胞浆常较透明,瘤细胞胞浆内含有棕黑色细颗粒,无折光,量多时细胞结构辨认不清,瘤细胞核较大、核膜清楚。

(4)肝细胞癌

肉眼及低倍镜(4×10)观察:可见一个方形切面,大部分被一豆状结节占据,置低倍镜下观察,此结节呈红、蓝间染的巢状结构。

低倍镜观察(10×10):可见切片部分残存的肝组织,肝窦内有许多细胞状聚集区,大部分是由结缔组织所分隔的大小不一的癌巢,癌细胞多呈索状或团块状排列,中心多为红染模糊的坏死区,亦可见有扩大的血窦。

高倍镜观察(40×10):癌细胞呈多角形,大小不一,胞浆较丰富,核染色深、形态不一,可见核分裂相,且有癌巨细胞,排列成不规则的肝索样结构。

(5)肾母细胞瘤

低倍镜观察(10×10):瘤细胞主要有两种形态,一种为界限不清的圆形小细胞,胞浆很少,略嗜碱,核大,圆形或长圆形,染色深。另一种瘤细胞呈弥漫片状或团块状排列,其中可见排列成管状并有形成肾小球的倾向。

高倍镜观察(40×10):肾小管仅为1～3层、中等大小、胞浆粉染的立方或柱状细胞所组成;而形成的原始肾小球仅为一团圆形细胞集聚,也可分化为接近正常的肾小球。另外亦可见不同程度及发育时期的梭形细胞、脂肪细胞、纤维细胞、黏液细胞、横纹肌细胞,平滑肌细胞、软骨等组织。

(6)鸡白血病

低倍镜观察(10×10):移动视野可见瘤细胞呈圆形,核大,颇似原淋巴细胞,呈灶状浸润,也有弥漫于肝窦内,此标本占大部分面积。染成粉红色条状的为残存的肝细胞,灰色核椭圆的为红细胞。

高倍镜观察(40×10):呈灶状浸润的瘤细胞,主要是淋巴样瘤细胞;肝细胞不成束,数量很少,排列分散。

四、作业与思考题

1. 怎样区别良性肿瘤和恶性肿瘤?
2. 何谓核分裂相?
3. 肿瘤的命名原则有哪些?
4. 任选2张切片绘图。

实验四十九　弥散性血管内凝血

一、实验目的与要求

通过弥散性血管内凝血(DIC)动物模型的复制,观察急性DIC各期血液凝固性的变化,并讨论这些变化的原因,初步了解DIC的有关实验室检查。

二、实验原理

在凝血活酶、钙等因子的作用下,凝血酶原转变为凝血酶。当凝血酶大量生成时,血液便处于高凝状态,出现弥漫性血管内凝血(DIC)。由于大量的凝血酶原被消耗,血液又处于低凝状态,并产生继发性纤溶,从而出现弥漫性出血。这即是DIC从高凝—低凝—出血的不同发展阶段。本实验用组织凝血活酶代替血液凝血活酶,观察DIC不同时期的血液凝固性变化。

三、实验器材

(1)器械　显微镜、离心机、光电比色计、恒温水浴箱、秒表、血细胞计数板、100 μL微量加样器、动脉夹、注射器、血红蛋白吸管、小试管、试管架。

(2)材料　2 kg以上家兔。1%普鲁卡因溶液、3.8%枸橼酸钠溶液、1%硫酸鱼精蛋白、肝素、兔脑凝血活酸浸液(P试液),血小板稀释液(草酸铵稀释液)等。

血小板稀释液(草酸铵稀释液):草酸铵1.0 g,加蒸馏水至100 mL,再加EDTA 14 mg,0.1 mL 40%甲醛过滤后使用。

P试液:200 mg兔脑粉,加入5 mL生理盐水,充分混匀后放入37℃恒温水浴内孵育15 min,再加入等量的0.025 mol/L $CaCl_2$溶液,用前摇匀;12.5%亚硫酸钠溶液,双缩脲试剂(酒石酸钠10 g,氢氧化钠35 g,硫酸铜2.5 g,蒸馏水加至1 000 mL),蛋白标准液(1 mL=0.006 g)。

四、实验内容与方法

1. 实验准备

取肝素抗凝管和3.8%枸橼酸钠抗凝管各4支,分别编号。将实验家兔称好体重后,固定于兔台,颈部剪毛消毒。

2. 实验动物手术

用1%普鲁卡因溶液局部麻醉作颈部手术。分离颈总动脉及颈外静脉,分别在颈总动脉及颈外静脉插管,用线固定塑料插管。颈总动脉插管用以采集血液样本,颈外静脉插管用以滴注兔脑凝血活酶浸液。

3. 实验处理

从颈动脉插管放血，在肝素抗凝管内放入血液1.5 mL，在枸橼酸钠抗凝管内放入血液3 mL，然后将2支试管上下颠倒混匀，注意不要振荡。以3 000 r/min的速度离心10 min，分离血浆并将血浆分别吸到已编号的另一试管内。肝素抗凝管内血浆用以测定纤维蛋白原；枸橼酸钠抗凝血浆用以测定凝血酶原时间(PT)、凝血酶时间(TT)，以及血浆鱼精蛋白副凝试验(3P试验)。在上述取血的同时，采兔血用作血小板计数。

将已在37℃水浴中预热过的兔脑凝血活酶浸液，按8～10 mL/kg体重(浓度20 g/mL)，从颈外静脉插管内缓慢滴入，要求在1 h内滴完，前0.5 h较均匀地滴注总量的2/5，后0.5 h滴注总量的3/5。分别在滴注兔脑凝血活酶浸液开始后30 min、60 min和120 min时从颈动脉插管放血采集血样。

4. 实验记录

按下列方法进行血小板计数，凝血酶原时间、凝血酶时间、纤维蛋白原含量及血浆鱼精蛋白副凝血测定。

(1)血小板计数(BPC)　试管中加0.38 mL血小板稀释液，取血20 mL，轻轻吹入上述试管底部，混匀。静置3～5 min，待红细胞溶液稀释后再摇匀，然后滴入计数盘中。将计数盘置于湿润的平皿内(以免蒸发干燥)15 min左右，待血小板沉下后进行计数，计数5个中方格(共80个小方格)内的血小板数。一般取四角及中间的中方格。计数应按小方格顺序进行。将结果乘以1 000，即得每毫升血中血小板数。

(2)凝血酶原时间(PT)　取被检血浆0.1 mL，置于小试管内，放入37℃水浴锅中。吹入0.2 mL P试液5 s后，从水浴锅中取出小试管轻轻地晃动，直到液体停止流动或出现粗颗粒时，即为凝固终止。被检血浆(0.1 mL)+P试液(0.2 mL)→记录凝固时间。

(3)凝血酶时间(TT)　取被检血浆0.2 mL，放置小试管内，放入37℃水浴锅中。吹入粗制凝血酶悬液0.2 mL，记录凝固时间。被检血浆(0.2 mL)+凝血酶悬液(0.2 mL)→记录凝固时间，重复3次，取平均值。

(4)血浆鱼精蛋白副凝血试验(3P试验)　取血浆0.5 mL放入小试管内，37℃温浴3 min后，加入1%鱼精蛋白液0.05 mL充分混匀，再于37℃温浴15 min。取出试管，轻轻倾斜，在强度适宜的光照下，观察有无不溶物质。

结果判断如下：

强阳性(++)出现纤维蛋白丝，纤维蛋白网或有胶冻物形成。

阳性(+)出现粗的颗粒状沉淀。

可疑阳性(±)出现细的颗粒状沉淀。

阴性(—)无不溶物质，标本清亮。

(5)纤维蛋白原测定(亚硫酸钠沉淀法)　取离心管1支，加入被测血浆0.5 mL及12.5%亚硫酸钠溶液9.5 mL，边加边摇匀，然后置于37℃水浴锅中10 min，离心沉淀10 min，倾去上清液(小心勿使管底纤维蛋白沉淀散失)，再以12.5%亚硫酸钠溶液10 mL洗涤一次。洗涤时用玻棒将沉淀搅起，然后再离心10 min，倾去上清液(小心勿使沉淀散失)。将离心管倒立于滤纸上，使管内液体流尽，此即测定管。再取两支试管，连同上述测定管，按表6-6步骤操作。

充分混匀，置37℃水浴中20 min，以空白管调“0”点，用波长520 nm滤光板比色，读取各管光密度。

计算：

纤维蛋白原含量＝测定管光密度/标准管光密度×0.3

表 6-6　血浆纤维蛋白原测定步骤

步骤	测定管	标准管	空白管
蛋白标准液	—	0.25	—
12.5%亚硫酸钠溶液	1.0	0.75	1.0
双缩脲试剂	4.0	4.0	4.0

(6)解剖实验完后，将动物处死。观察血液凝固性的变化，血液是否不易凝固？有无出血？

五、实验注意事项

(1)所用器皿必须干净。摇动试管要轻，以减少血小板的破坏；计数血小板时，显微镜的聚光镜光圈要缩小，使视野略暗，以便看清血小板的折光。

(2)在作颈动脉和颈外静脉插管时，必须先用生理盐水充满塑料管后再插入，以避免空气进入动物体内。

(3)每次采血样前，应先放掉塑料管中的生理盐水和最初的 1～2 滴血。采血样后，也要用生理盐水冲洗塑料管，以防管内血栓形成，但此时不要使用抗凝剂，以免影响其试验数据。

(4)兔脑浸出液滴注速度与实验成败关系极大。原则是“先慢后快”，切忌滴注过快。

(5)暂不用的实验用血浆，可置 4℃冰箱中保存，但时间不宜过长，一般不长于 4 h。

六、作业与思考题

对实验中不同时期所采血样的测试结果进行比较，并分析该变化发生的原因。

实验五十　实验性休克

一、实验目的与要求

(1)复制失血性休克和闭塞性休克的动物模型,并根据休克时动脉压、中心静脉压、呼吸、尿量、皮温等变化来了解休克的发生机理。

(2)了解抢救休克时扩容及应用血管活性药物的意义。

二、实验器材

(1)器械　剪毛剪、手术剪、眼科剪、手术刀、止血钳、有齿镊、无齿镊、血压描计装置、呼吸描计装置、半导体温度计、导尿管、量筒、注射器、纱布、棉花、乳胶管、烧杯、输液装置、离心管、试管等。

(2)材料　2 kg以上家兔。1%普鲁卡因溶液、1%肝素溶液、生理盐水、20%乌拉坦溶液、去甲肾上腺素、右旋糖酐、3.8%枸橼酸钠溶液等。

三、实验原理

目前公认微循环障碍是休克发生发展的基本环节。根据休克过程中微循环的改变,把休克分为3期:休克早期(微循环缺血期、缺血性缺氧期);休克期(微循环瘀血期、瘀血性缺氧期);休克晚期(微循环凝血期并出现DIC或多器官功能衰竭)。不管是哪一种类型的休克,到了休克期,都存在有效循环血容量的严重不足和微循环功能的障碍,而且这两者可以相互促进,形成恶性循环。所以在抢救休克时,首先要扩充血容量,在此基础上改善微循环的状态。

机体因急性大量失血、创伤、感染、过敏等各种因素,使循环血量绝对或相对减少。初期可发生一系列代偿活动,但当各系统的代偿活动仍不足以维持有效循环血量时,由于急性循环障碍使组织灌流量严重不足,以致发生全身性机能代谢障碍,出现一系列临床症状。本实验用快速放血的方法,造成家兔的失血性休克;通过夹闭肠系膜动脉的方法,造成家兔的闭塞性休克。

四、实验内容与方法

1. 失血性休克

(1)家兔称重后仰卧固定于手术台上,由耳静脉缓慢注射20%乌拉坦溶液(6 mL/kg体重),待麻醉后,于颈部、腹股沟和下腹部剪毛,消毒。从耳静脉注射1%肝素溶液(1 mL/kg体重)。

(2)分离血管。

①颈总动脉——监测血压:颈部做长4～6 cm的皮肤切口,逐层钝性分离皮下组织,暴露出气管,分离气管,翻开肌肉层,就可以看到颈总动脉,它被包在血管神经鞘里,颈总动脉的特点是搏动明显、粉红色、壁韧,很容易分辨。把颈总动脉小心分离出来,尽量游离得长一些,下

面穿两根线备用。

②股动脉——放血后复制休克模型：沿股动脉走行的方向做 3～4 cm 长的皮肤切口，钝性分离皮下组织，可以看到由外而内依次是股神经、股动脉和股静脉，股动脉常常被股神经和股静脉遮住。把股动脉同股神经、股静脉分离开，尽量游离得长一些，下面穿两根线备用。

③颈外静脉——输血输液，作为抢救的通路：颈外静脉位于颈部两侧皮下，很容易分辨。它的特点是壁薄，粗大，色暗，没有明显的搏动，钝性分离，尽量游离得长一些，下面穿两根线备用。

(3)肝素化。从耳缘静脉注射肝素溶液 2.5 mL/kg 体重。

(4)插管。

①动脉插管：插管的时候三通管要关闭，颈总动脉插管提前用生理盐水充满。注意一定只有在形成动脉盲管以后才能进行动脉插管。结扎远心端，动脉夹夹闭近心端，用眼科剪在靠近远心端处剪开一个“V”形斜口，动脉插管用生理盐水润滑一下，插入动脉插管。动脉结扎线提前要湿润一下，结扎一定要牢固。

②静脉插管：做颈外静脉插管是为了输血输液，所以一定要避免进气泡，防止发生气栓，静脉插管要事先通满生理盐水，排净里面的气泡。先夹闭近心端，再结扎远心端。在靠近远心端剪口，插入静脉插管以后，可以松开动脉夹，向静脉内送入一段，然后结扎。

插管完成以后，为了防止插管滑脱，可以把结扎线顺着插管的方向捋直，用胶布把它们固定在一起，再把插管固定在兔头固定器上。

(5)描绘一段正常的血压，呼吸及中心静脉压曲线。观察记录家兔心率、皮温等。

(6)于下腹部正中作纵行皮肤切口约 4 cm，分离腹部肌肉与腹膜找到膀胱后，将其轻轻提起，找到输尿管并分离。用细塑料管作双侧输尿管插管，连到计滴装置上，记录尿滴(或记录 10 min 尿量)。

(7)按“1 000(mL)×体重(kg)×6%”来估计家兔的总血量，然后切开腹股沟部暴露股动脉分离，下引两条线结扎远心端，近心端先用动脉夹夹住，在中间剪一小口，将充有 3.8%枸橼酸钠溶液的细塑料管向心插入并固定。打开股动脉夹，按总量的 10%快速将血放到注射器内，放血后观察动脉血压、呼吸、中心静脉压、尿量、心率以及皮温等变化。间隔 10 min 重复观察一次。如动脉压仍高于 30 mmHg，可再放血 10%进行观察，使血压维持在 30 mmHg 水平。

(8)30 min 后，经静脉注入 0.02%去甲肾上腺素溶液 10 mL，立即观察上述变化。然后将放出的血液全部从颈静脉快速输入，加输低分子右旋糖酐溶液 30 mL，观察并记录输液过程中血压、呼吸、尿量、心率和皮温等变化。

2. 闭塞性休克

(1)家兔称重后放在兔手术台上，在颈部和腹部剪毛。用 1%普鲁卡因作局部麻醉，切开颈部皮肤，分离一侧颈总动脉，穿线备用。

(2)麻醉后，沿腹中线自剑突下 1.5 cm 处，切开皮肤 5 cm，打开腹腔，用温生理盐水纱布将内脏轻轻推向右前方，在左侧肾小腺右上方找出肠系膜上的动脉，分离周围组织，穿线备用。

(3)自耳静脉注射 1%肝素溶液(1 mL/kg 体重)，然后作颈总动脉插管，并与描述血压装置相连，记录正常血压曲线。

(4)轻轻提起肠系膜上动脉穿线，用尖端包有胶布的止血钳夹闭肠系膜上动脉，同时观察血压的变化。

(5)夹闭1 h后,松开止血钳,观察血压变化,待休克出现后再观察1 h血压等变化。然后检查腹腔有无渗出液,并观察肠襻的形态学变化。

五、实验注意事项

(1)手术过程中应尽量避免出血。
(2)盛血的注射器,应预先放一些抗凝剂。

六、作业与思考题

1.将观察结果记入表6-7内。

表6-7　实验性休克

动物:　　性别:　　体重:　　放血量(占总血量%):第一次　　第二次

时间	观察指标						
	心率(次/min)	呼吸(次/min)	血压(mmHg)	中心静脉压(cmH_2O)	尿量(滴/min)	皮温(℃)	其他
放血前							
第一次放血后							
第二次放血后							
注射肾上腺素后							
输血后							

2.放血后观察的各种指标变化有何不同?为什么?
3.根据实验结果你认为应该怎样判断和处理休克病畜。

实验五十一　急性心机能不全

一、实验目的与要求

复制急性心机能不全动物模型。了解心机能不全的发病机理，观察心机能不全时血流动力学的主要变化。

二、实验原理

右心室的前负荷或后负荷过度增加，都会发生右心衰竭。本实验用注射过量生理盐水和注射栓塞剂的方法，造成家兔的急性右心室前、后负荷增加，从而发生急性右心衰竭。通过测定其在心衰过程中血流动力学的变化，进一步理解心机能不全的发生及发展。

三、实验器材

（1）器械　小动物手术器械、二道生理记录仪、血气酸碱分析仪、中心静脉压测定装置、输液装置、秤等。

（2）材料　2 kg 以上家兔，1%普鲁卡因溶液、1%肝素生理盐水、生理盐水、液状石蜡等。

四、实验内容与方法

1. 动物准备

将家兔称重后，仰卧固定于兔台上。颈动脉插管：颈部剪毛、消毒，从正中皮下注射 1%普鲁卡因溶液作浸润麻醉后，颈部正中切口，逐层钝性分离，游离左侧颈总动脉 2～3 cm，其下穿入 2 根丝线，结扎近头端，近心端以动脉夹夹闭。在结扎端稍下方用眼科剪将动脉壁剪一小斜口，插入动脉导管，用线结扎固定，然后连于血压描记装置。

2. 颈静脉插管

分离一侧颈外静脉，其下穿入丝线 2 根，结扎近头端，在其稍下方剪一小斜口，插入充满生理盐水的塑料导管 5～6 cm，结扎固定并连于中心静脉压测定装置。观察测定管液面有无波动。如无波动，表明导管不通，可用少许生理盐水冲洗或将导管稍加旋转，进退直至液面出现波动为止。分离另一侧颈外静脉，同样作静脉插管并连以输液装置。

3. 气管插管

分离气管，其下穿 1 根线，用眼科剪在气管上做“T”形切口，插入气管套管，并用线结扎固定，连接呼吸描记装置（详见第三章第一节图 3-19）。

4. 实验记录

观察并记录实验前各项指标。描记血压、呼吸曲线，测定中心静脉压，从耳中动脉隔绝空气抗凝采血 1 mL，作血气和酸碱指标测定。

5. 栓塞模型构建

用已预热至38℃的液状石蜡，按0.5 mL/kg体重的量，从耳缘静脉缓慢注入。注射时，注意观察呼吸、中心静脉压和血压的变化，当中心静脉压开始上升或/和血压开始下降时，即停止注射。观察5～10 min，如仍恢复正常水平可再缓缓注入少量液状石蜡，直至血压有轻度下降或/和中心静脉压有轻度升高为止(一般液状石蜡用量不超过0.5 mL/kg体重)。注射栓塞剂后5 min，再测各项指标一次。以约10 mL/min的速度输入生理盐水。输液量每增加50 mL，测各项指标一次。直至动物死亡。

6. 实验观察记录

动物死亡后，挤压胸壁，观察气管内有无分泌物溢出。剖开胸、腹腔(注意勿损伤血管和脏器)，观察胸、腹腔有无积水，脏器有无瘀血水肿，观察心脏大小。最后剪开心腔，观察心脏各腔体积，切开肺脏并挤压，观察有无水分挤出。

五、实验注意事项

(1)用液状石蜡作栓塞剂时，注射速度一定要慢，控制在0.1～0.2 mL/min，且一定要事先给液状石蜡和注射器加热，以降低液状石蜡黏稠度，使其在进入血液后易形成小栓子。

(2)若输液量已超过200 mL/kg体重，而动物各项指标变化仍不显著时，可再补充注入栓塞剂。

六、作业与思考题

1. 将观察结果记入表6-8内。

表6-8 急性心机能不全

实验阶段	观察指标			血气分析			
	血压(mmHg)	呼吸(次/min)	中心静压(mmHg)	PO_2(kPa)	pH	PCO_2(kPa)	[HC](mmol/L)
正常							
注蜡后							
输液后							
剖检所见							

2. 试述本实验家兔发生心机能不全的原因及机理。

3. 实验中观察到的哪些变化是由心机能不全引起的？其机理是什么？

实验五十二　急性肺水肿

一、实验目的与要求

(1)复制家兔实验性肺水肿模型。

(2)了解急性肺水肿临床表现及其发生机理。

(3)了解急性肺水肿诱发呼吸功能障碍的病理过程。

二、实验原理

肺水肿是由于液体从毛细血管渗透至肺间质或肺泡所造成的。临床上常见的肺水肿是心源性肺水肿和肾性肺水肿。肺水肿发生机制为:①肺毛细血管静水压升高;②血浆蛋白渗透压降低;③肺毛细血管通透性增加;④肺淋巴回流受阻;⑤间质负压增加;⑥其他,如神经源性肺水肿、高原性肺水肿。本实验先用生理盐水扩充血容量,再静注大剂量肾上腺素复制家兔肺水肿模型,其原理为中毒剂量的肾上腺素使心动速度加快,左心室不能把注入的血液充分排出,左心室舒张期末压力递增,可引起左心房的压力增高,从而使肺静脉发生瘀血,肺毛细血管液体静压随之升高,一旦超过血浆胶体渗透压,使组织液形成增多,淋巴不能充分回流,即可形成肺水肿。

呼吸衰竭是各种原因引起的肺通气和换气功能严重障碍以致不能进行有效的气体交换,导致缺氧和二氧化碳潴留,从而引起一系列生理功能和代谢紊乱的临床综合征。

三、实验器材

(1)器械　动脉插管、气管插管、静脉导管及静脉输液装置、一次性注射器、手术器械、烧杯、纱布、棉线、胶布、兔手术台、血气分析仪、四道生理记录仪、秤。

(2)材料　健康家兔,生理盐水、乌拉坦(20%)、肾上腺素(0.1%)、肝素(3 g/L)、盐酸(10 g/L)、呋塞米(即速尿,0.1%)。

四、实验内容与方法

1. 实验准备

分3个小组,各取家兔2只,称重后分为[1]实验组,[2]速尿治疗组,[3]对照组。用20%乌拉坦溶液以5 mL/kg体重耳缘静脉注射麻醉,固定于兔台上。

2. 实验动物手术

对实验兔进行颈部手术,分离气管、一侧颈总动脉、一侧颈外静脉,作气管插管。肝素化后,作动脉插管和静脉插管,静脉管连于输液装置。进行腹股沟手术随后股动脉插管。

3.实验观察记录

各组家兔分别描记正常呼吸和血压曲线,股动脉取血,进行血气分析。输入生理盐水(输入总量按100 mL/kg体重,输速150～200滴/min),待滴注接近完毕时立即向输液瓶中加入肾上腺素(0.5 mL/kg体重)继续输液(对照组不加肾上腺素)。输液完毕,立即股动脉取血,进行血气分析。

4.治疗记录结果

取血完毕后速尿治疗组耳缘静脉注射速尿溶液(1 mL/kg体重),观察疗效。密切观察呼吸改变和气管插管内是否有粉红色泡沫液体流出,记录死亡时间,存活动物造病后30 min则夹住气管,放血处死。所有动物均打开胸腔,用线在气管分叉处结扎以防止肺水肿液渗出,在结扎处以上切断气管,把肺取出,用滤纸吸去肺表面的水分后称重,根据“肺系数＝肺重量(g)/体重(kg)”的公式计算系数,然后肉眼观察肺大体改变,并切开肺,观察切面的改变。

五、作业与思考题

1.记录实验结果(表6-9),并书写实验报告。

表6-9　急性肺水肿

		实验组	速尿治疗组	对照组
呼吸改变	实验前			
	注射NS			
	注射Adr			
	治疗			
血气分析	pH			
	PCO_2			
	PO_2			
	HC			
	BE			
粉红色泡沫液				
肺表面状况				
肺重量(g)				
兔体重(kg)				
肺切面				
肺系数				

2.讨论抢救呼吸衰竭的治疗机理。

实验五十三　实验性肾功能衰竭

一、实验目的与要求

(1)复制急性肾功能衰竭的动物模型。

(2)观察急性肾功能衰竭时血尿素氮、酚红排泄率、尿蛋白性质及肾脏形态学变化。

二、实验原理

各种原因引起的肾泌尿功能严重障碍时，其体内代谢产物和毒性物质不能排出体外，以致产生水、电解质和酸碱平衡紊乱，以及肾脏内分泌功能障碍引起的一系列病理生理学紊乱，这一病理过程就叫肾功能不全(renalinsufficiency)或肾功能衰竭(renalfailure)。根据肾功能衰竭发病的急缓和病程的长短，将其分为急性肾功能衰竭和慢性肾功能衰竭，急慢性肾功能衰竭发展到严重阶段，都可出现尿毒症。尿毒症是肾功能衰竭的终末阶段。

三、实验器材

(1)器械　分光光度计、离心机、恒温水浴锅、10 mL 离心管、试管、5 mL 刻度吸管、0.5 mL 刻度吸管。

(2)材料　健康家兔，10 g/L $HgCl_2$ 溶液、10 g/L 普鲁卡因、100 g/L NaOH、2 g/L 肝素溶液、标准尿素氮溶液、二乙酰-肟液、酸性尿素氮显色剂、磺基水杨酸液、酚红(6 mg/mL)。

20 g/L 二乙酰-肟液配制：称取二乙酰-肟 20 g，加入蒸馏水约 900 mL，溶解后再用蒸馏水稀释至 1 L。贮于棕色瓶中，放冰箱内 4℃保存。

0.2 mg/mL 标准尿素氮溶液配制：精确称取干燥纯尿素 428 g，加蒸馏水溶解后转移入 100 mL 容量瓶中，用蒸馏水稀释至 100 mL，加氯仿 6 滴作防腐剂，贮存于 4℃冰箱中。

四、实验内容与方法

1. 复制模型(实验前 1 d 进行)

取 6 只家兔，称重后 4 只皮下注射 10 g/L $HgCl_2$，造成急性肾功能衰竭，其中 2 只已造成急性肾衰的家兔，肌肉注射布美他尼(bumetanide)0.5～1.0 mg/次，2 只则在相同部位注射等量的生理盐水作为正常对照。

2. 实验处理

取上述 6 只兔分别称重固定于兔台上，从耳缘静脉注射 50 g/L 葡萄糖溶液 15 mL/kg 体重(5 min 内注完)，以保证有足够的尿量。

3. 血尿素氮(BUN)测定

(1)颈动脉放血 2 mL，待凝固后以 2 000 r/min 离心 5 min。分离血清，将血清移入干燥小试管中备用。

(2)血尿素氮(BUN)测定方法(表6-10):

表6-10　血尿素氮测定

项目	测定管	标准管	空白管
血清	0.02	—	—
BUN标准液(0.2 mg/mL)	—	0.02	—
蒸馏水	—	—	0.02
二乙酰-肟液	0.5	0.5	0.5
酸性尿素氮显色剂	5	5	5

将上述试管混匀后置沸水浴中煮沸10～12 min,流水中冷却3 min后,用540 nm波长滤光片比色,以空白管调零(或用蒸馏水作空白调零)。

计算:

BUN含量=测定值×0.2(mg/mL)

BUN的浓度(以mmol/L为单位)=BUN的质量浓度(以mg/mL为单位)×0.357

4.酚红(PSP)排泄试验

(1)从颈外静脉插管,快速准确注入酚红溶液(6 mg/mL)后,立即滴入生理盐水数滴冲洗并开始计时。

(2)将15 mL尿液置于250 mL量筒内,加入2.5 mL 100 g/LNaOH,使之显示红色,加水至250 mL。

(3)吸出若干毫升,移入与标准管口径相同的试管内,与标准管比色,求出尿液中的酚红排泄率。

5.尿蛋白定性试验

取膀胱尿5 mL,加入磺基水杨酸溶液1 mL,3～5 min后观察结果:

无混浊(－);轻微混浊(±);白色混浊(＋);乳样混浊(＋＋);絮状混浊(＋＋＋);凝聚成块(＋＋＋＋)。

6.形态学观察

处死动物,取出两侧肾脏,沿肾脏之凸面中部作一水平切口深达肾盂,注意肾包膜情况、切面的色泽、皮质与髓质分界是否清楚等,取病理变化明显区域制作组织学切片,并与对照组兔肾作比较。

五、实验注意事项

(1)血清、标准液及试剂的取量应准确。

(2)煮沸及冷却时间应准确,否则颜色反应消退。

(3)正常家兔血清尿素氮0.14～0.2 mg/mL,急性升汞中毒性肾病家兔血清尿素氮为正常值的1～2倍。

六、作业与思考题

1. 记录实验结果，并书写实验报告。

2. 家兔肾功能衰竭时，血尿素氮含量、酚红排泄率、蛋白性质都发生相应变化，该变化的发病机理是什么？

3. 家兔发生肾功能衰竭时，肾脏在镜下组织学观察有何特点？

（涂健）

第七章 兽医药理学实验

实验五十四 药物的配伍禁忌

一、实验目的与要求

(1)了解药物的理化性质,掌握药物间的配伍禁忌。

(2)学习和掌握药物制剂与剂型知识。

二、实验原理

在临床用药时,为了达到良好的治疗效果,常用两种或两种以上的药物进行配合使用。在药物配合使用的过程中就会有药物之间的相互作用,药物之间的体内药效学相互作用的方式有:协同作用,相加作用,拮抗作用。如青霉素与链霉素的合用表现出来的协同作用,青霉素破坏了细菌的细胞壁,使得链霉素更容易进入细胞内抑制细菌蛋白质的合成。体外的相互作用方式则是配伍与禁忌,它是两种或两种以上药物配合应用时可能会发生物理或化学变化使药物的药理作用减弱、抵消或毒性增加等现象,如青霉素与盐酸四环素注射液,由于二者化学反应生成乳白色的沉淀,使得有效成分丧失。

三、实验器材

(1)器械 试管、研钵、玻棒、烧杯、滴管等。

(2)材料 樟脑酯、樟脑粉、氯霉素注射液、葡萄糖注射液、肾上腺素、$NaNO_2$、鞣酸、$FeCl_3$、淀粉、$KMnO_4$、甘油、水合氯醛、碘酊、植物油等。

四、实验内容与方法

1. 物理性配伍禁忌

(1)分层 油类/液状石蜡+水:取1支试管,分别加入2 mL的水和植物油,进行振荡,静置，观察结果。

(2)析出　10%樟脑酯+水数滴→樟脑析出：取一支试管，先加入 2 mL 的水，再滴入几滴 10%樟脑酯，观察结果。

(3)结晶　12.5%氯霉素注射液 2 mL+5%葡萄糖注射液 2 mL→氯霉素结晶（时间越久结晶越多）：取 1 支试管，分别加入 2 mL 的 12.5%氯霉素注射液和 5%葡萄糖注射液，进行振荡，静置，观察结果。

(4)液化　取 1 个带有研柄的研砵，分别称取 2 g 水合氯醛和 2 g 樟脑粉放入研砵进行共研，边研边观察结果。

水合氯醛（57℃）2 g+樟脑粉（171～176℃）2 g→液化（混合研磨形成低熔点混合物，熔点下降由固态变成液态）。

2. 化学性配伍禁忌

(1)中和、产气

$$NaHCO_3 + HCl \rightarrow NaCl + H_2O + CO_2 \uparrow$$

取 1 支试管，往试管中加入少量稀盐酸，再加少量的 $NaHCO_3$，观察结果。

(2)变色

$$\text{肾上腺素} + NaNO_2 \rightarrow \text{红色}$$

取 1 支试管，往试管中加入少量的 $NaNO_2$，滴加 2 mL 左右的肾上腺素，振荡，静置，待过夜后观察结果。

$$5\%\text{鞣酸} + 10\%\ FeCl_3 \rightarrow \text{蓝色}$$

取 1 支试管，往试管中加入 5%鞣酸 2 滴和 10% $FeCl_3$ 2 滴，振荡，静置，观察结果。

$$5\%\text{碘酊} + \text{淀粉} \rightarrow \text{紫色}$$

取 1 支试管，往试管中加入少量的淀粉，滴加 2 mL 左右的 5%碘酊，振荡，静置，观察结果。

(3)爆炸或燃烧

$$KMnO_4\ 1.5 \sim 2\ g(\text{氧化剂}) + \text{甘油数滴}(\text{还原剂}) \rightarrow \text{燃烧}$$

取一坩埚，称取 1.5～2 g $KMnO_4$ 放入坩埚内，往坩埚内的 $KMnO_4$ 上滴加甘油数滴，观察结果。

五、作业与思考题

1. 在中和、产气实验中，为什么先加盐酸？相比较先加碳酸氢钠哪个更容易看到现象？
2. 本次实验各个现象产生的原因是什么？
3. 什么是剂型？什么为制剂？
4. 依据实验结果说明药物配伍禁忌的临床意义？
5. 临床上为什么要进行药物配伍使用？

实验五十五　不同给药途径对药物作用的影响

一、实验目的与要求

(1)观察动物机体对同一种药物不同给药方法的不同反应。

(2)学习掌握硫酸镁、异戊巴比妥钠的药理作用。

(3)掌握小白鼠的捉拿以及灌胃、皮下、肌肉、腹腔的给药方法。

二、实验原理

在不同给药途径的条件下,动物机体对同样的药物可产生不同的反应。通过硫酸镁与异戊巴比妥钠采用不同的给药方式来观察小鼠不同的反应。

三、实验器材

(1)器械　鼠笼、注射器(1 mL)、针头(5 号)、小白鼠灌胃针头、玻璃钟罩、电子秤、镊子。

(2)材料　小白鼠 5 只、10％硫酸镁注射液、0.3％戊巴比妥钠溶液。

四、实验内容与方法

(1)取体重相似的小白鼠 2 只,1 只以 4％硫酸镁按 0.2 mL/10 g 肌肉注射,另 1 只以同样剂量灌胃(平针头),观察 2 只小鼠给药后的反应。

(2)取体重相似的小白鼠 3 只,用 0.4％异戊巴比妥钠采用不同途径给药,甲、乙、丙鼠分别按 0.1 mL/10 g 灌胃、肌肉注射和腹腔注射,记录麻醉开始时间、维持时间和麻醉深度,观察其有何不同。

五、作业与思考题

1.依据实验结果说明不同给药途径对药物作用的影响。

2.试述硫酸镁的药理作用及临床应用。

3.试述异戊巴比妥钠的药理作用及临床应用。

4.小白鼠灌服、皮下、肌肉、腹腔给药的技术要领是什么?需要注意什么?

5.临床上的不同给药途径所产生的不同药理作用的例子很多,试举一例并说明。

实验五十六　药物的理化性质对药物作用的影响

一、实验目的与要求

(1)观察了解不同钡盐的溶解度与药理作用的关系。
(2)掌握钡离子的药理作用。

二、实验原理

影响药物作用的因素很多，其中来自药物方面的因素包括药物的剂量、剂型、给药方案、药物的配合使用等。硫酸钡与氯化钡虽然都是钡盐，但因其理化性质不同而导致其自身的药理作用也不同。硫酸钡性质稳定，不溶于水，进入机体后不易被吸收。氯化钡易溶于水，进入机体后，钡离子被吸收，钡离子对中枢有抑制作用，导致机体的活动减少；对平滑肌有兴奋作用，引起小鼠的大小便失禁。

三、实验器材

(1)器械　普通天平、注射器、注射针头、鼠笼、烧杯。
(2)材料　小白鼠、2%硫酸钡、2%氯化钡。

四、实验内容与方法

(1)取大小相近的小白鼠2只，称其体重。观察其正常的活动以及肛门、大小便及尾静脉血管平滑肌等状况。

(2)分别以2%硫酸钡及2%氯化钡各按0.2 mL/10 g作腹腔注射，置于鼠笼内，观察两实验鼠有何不同反应。

结果记录填入表7-1中。实验结束后，将所有的小鼠处死，收集后集中处理。

表7-1　药物的理化性质对药物的作用的影响

鼠号	体重	药品及剂量	用药后症状			
			活动状况	肛门大小	小便有无	尾静脉血管状况

五、作业与思考题

1. 根据实验结果说明药物理化性质对药物作用影响。
2. 药物方面的因素对药物作用的影响有哪些？

实验五十七　药物的剂量与剂型对药物作用的影响

一、实验目的与要求

(1)观察不同剂量与剂型的士的宁对药物作用的影响。

(2)观察蟾蜍中毒的典型症状。

(3)掌握蟾蜍的捉拿与给药方法。

二、实验原理

药物的剂量与剂型是影响药物作用的重要因素。士的宁是属中枢神经系统兴奋药,能选择性的提高脊髓兴奋性。同时能兴奋延髓的呼吸中枢、血管运动中枢,对大脑皮层和视、听分析器也有一定的兴奋作用。中毒剂量时对中枢神经系统的所有部位皆产生兴奋作用,可使全身骨骼肌同时痉挛,发生强直性收缩。阿拉伯胶作为佐剂与药物一同使用,可以减缓药物的释放,起到延长药物的作用时间。

三、实验器材

(1)器械　注射器(1 mL)3 支、6 号针头 2 个 、8 号针头 1 个 、天平等。

(2)材料　蟾蜍 3 只,0.01%士的宁水溶液、0.02%士的宁的水溶液、用 3%阿拉伯胶稀释的 0.01%士的宁。

四、实验内容与方法

1.实验项目

(1)取体重相近的蟾蜍 3 只,称重并编为甲、乙、丙号,并观察直接刺激对蟾蜍的反应。

(2)将蟾蜍甲、乙、丙分别按 0.2 mL/10 g 剂量腹淋巴囊注射 0.01%士的宁水溶液、0.02%士的宁水溶液、用 3%阿拉伯胶稀释的 0.01%士的宁水溶液(注射用阿拉伯胶稀释的士的宁的针头要粗些,且注射后立即洗净以免堵塞针头)。记录注射时间,分别放入小白鼠笼内观察,每隔 30 s 或 1 min 用手指轻轻敲击蟾蜍,观察其反应情况,记录各蟾蜍惊厥发生的时间及其强度。

将以上记录的数据填入表 7-2 中。

表 7-2　药物的剂量与剂型

蟾蜍号	药物	给药时间	出现惊厥时间	强度
甲				
乙				
丙				

2.实验注意事项

(1)捉拿蟾蜍时,不要将其头部两侧的腺体对着别人或自己,更不能对着眼睛。其腺体分泌的浆液有刺激性,若有浆液接触到皮肤或眼睛,应立即用大量的清水冲洗。

(2)药物注射完了以后要用手按一下针孔,防止药液漏出。

(3)实验后收集蟾蜍,在老师的指导下统一放生。

(4)蟾蜍在不同季节的反应差异较大,夏季反应较强,冬季反应较弱,可视季节不同适当增减剂量。

五、作业与思考题

1.实验结果说明什么?

2.在临床上选择剂型、剂量有何实际意义?

3.蟾蜍士的宁中毒的主要症状是什么?

4.蟾蜍士的宁中毒出现典型症状后,是否需要用解毒药进行解毒?为什么?

5.士的宁中毒后,最佳解毒药是什么?

实验五十八　吸附药对有毒物质的吸附作用观察

一、实验目的与要求

(1)了解吸附药的吸附作用及其在毒物中毒时的解毒作用。

(2)熟悉掌握士的宁的药理作用。

二、实验原理

吸附药的特点是具有较多的疏孔结构,可以吸附体积较小的物质。活性炭是用动物的骨骼在密闭的条件下经过煅烧出来的。它具有疏孔结构,1 g 活性炭有 500～800 m^2 总表面积,因此吸附能力强,可以用于生物碱类药物(阿片、马钱子等)中毒的解救,也可用于治疗腹泻、肠炎等。在治疗腹泻和肠炎时要注意,活性炭进入肠管后因其对物质的吸收无选择性,对有毒物质吸收,对肠管内的营养物质也吸收,故不能反复使用,防止造成营养紊乱。另外,还可以对局部进行用药,作为局部创口保护剂。

三、实验器材

(1)器械　试管、注射器、针头、漏斗、滤纸。

(2)材料　蟾蜍,0.05%硝酸士的宁注射液、药用炭。

四、实验内容与方法

(1)取蟾蜍 1 只,胸淋巴囊注入 0.05%硝酸士的宁溶液 0.4 mL,观察结果。

(2)取药用炭 1 g 放入试管中,加入 0.05%硝酸士的宁溶液 5 mL,充分振摇 5 min,过滤,取滤液 0.4 mL 注入另一只蟾蜍的胸淋巴囊,观察结果,并与上项作比较。

将观察的结果记录填入表 7-3 中。

表 7-3　吸附药对有毒物质的吸附作用观察

硝酸士的宁溶液	蟾蜍反应
用药用炭处理过	
未处理过	

五、作业与思考题

1. 据实验结果说明药用炭在临床治疗中的意义。

2. 士的宁的药理作用是什么?

3.蟾蜍的捉拿应注意什么？

4.蟾蜍的胸淋巴囊给药应注意什么？

5.何谓刺激药和保护药？

6.临床上常用的刺激药和保护药有哪些？举例说明其临床上的应用。

实验五十九　药物的局部作用与吸收作用

一、实验目的与要求

(1)观察药物对动物机体的局部作用和吸收作用。

(2)掌握松节油、硝酸士的宁、麻醉乙醚和水合氯醛的药理作用。

(3)掌握兔士的宁中毒典型症状的判定。

(4)掌握兔士的宁中毒的抢救方法。

(5)熟练掌握兔的保定和给药方法。

二、实验原理

药物的局部作用是指从给药部位,未进入血液循环,只在给药部位发生药理作用。而吸收作用是指药物从给药部位进入机体内进行血液循环后发生的药理作用。

三、实验器材

(1)器械　注射器(2 mL、10 mL)、麻醉乙醚口罩、镊子。

(2)材料　家兔、松节油、硝酸士的宁、麻醉乙醚、5%水合氯醛(现配)。

四、实验内容与方法

1.实验项目

(1)取1只兔,称重,固定,背光观察两耳血管的粗细、颜色等,将一只耳朵的背面涂擦松节油,2 min后,对比两耳情况。

(2)观察这只兔子的正常活动情况,用镊子轻击四肢和背部看其反应。

(3)给兔颈部皮下注射0.1%硝酸士的宁注射液0.4 mL/kg,每隔1~2 min用镊子轻击四肢观察兔有何反应。

(4)待兔出现典型士的宁中毒症状(全身痉挛、角弓反张、呼吸暂停等),立即套上麻醉乙醚口罩(反复罩上、移去几次),同时按3 mL/kg的剂量进行耳静脉注射5%水合氯醛。

(5)注射完成后,将兔侧卧平躺在实验台上休息。等待兔正常站立后将兔送到兔笼中。

2.实验注意事项

(1)耳静脉注射的部位与原则:耳缘静脉,由远及近。

(2)中毒发生迅速,药物应事先吸好,等待中毒反应出现,节约抢救时间。

(3)乙醚的挥发性大,需要用滤纸将烧杯口盖紧,同时保持教室内通风良好。

(4)套上麻醉乙醚口罩的时间不能太长,以20~30 s为宜,也不能太短,防止兔吸不到乙醚。

五、作业与思考题

1. 什么是局部作用和吸收作用？
2. 据实验结果说明，哪些作用是局部作用？哪些作用是吸收作用？
3. 麻醉乙醚和水合氯醛各发挥什么作用？
4. 临床上还有哪些药物能起到抗惊厥作用？
5. 松节油使用时的注意事项是什么？

实验六十　钙、镁离子拮抗作用观察

一、实验目的与要求

观察镁离子中毒的临床表现，掌握中毒后的解救方法。

二、实验器材

(1)器械　10 mL 注射器、兔固定箱。

(2)材料　家兔、25%硫酸镁注射液、5%氯化钙注射液(或葡萄糖酸钙注射液)。

三、实验原理

镁离子是机体重要的离子之一，当血液中的镁离子浓度过高时，会引起中枢神经系统的抑制，同时引起对骨骼肌松弛作用，导致呼吸困难，对平滑肌也有松弛作用，致使血管扩张，血压下降。而钙离子与镁离子化学性质相似，两者可作用于同一种受体，从而发生竞争性的拮抗。

四、实验内容与方法

1. 实验项目

(1)取兔 1 只，称重，记录正常体态、肌肉紧张力、呼吸次数及深度、耳血管粗细及颜色等。

(2)然后肌肉注射 25%硫酸镁注射液 3 mL/kg，观察兔的反应。

(3)待作用显著时(呼吸高度困难、四肢无力等)，由耳静脉缓慢注入 5%氯化钙 4～5 mL/kg (剂量依症状改善程度而定)，观察有何变化。

将观察到的结果填入表 7-4 中。

表 7-4　钙、镁离子拮抗作用观察

项目	体态	肌肉紧张力	呼吸		耳血管	
			次数/min	深度	颜色	粗细
给药前						
给 $MgSO_4$ 后						
给 $CaCl_2$ 后						

2. 实验注意事项

(1)为使硫酸镁吸收良好，可分两侧臀部注射，注射后轻轻按摩注射部位，以促进药吸收。

(2)本实验要观察用药前后耳血管变化情况，故不要抓兔耳，以免影响结果。

五、作业与思考题

1. 硫酸镁药理作用及临床应用有哪些？
2. 氯化钙的药理作用及临床应用有哪些？
3. 氯化钙注射液静脉给药时应注意什么问题？
4. 钙、镁离子的拮抗属于什么类型的拮抗反应？

实验六十一　有机磷酸酯类药物的中毒与解救

一、实验目的与要求

（1）观察并分析有机磷酸酯类药物中毒的主要症状和机理。

（2）观察阿托品和碘磷定的解毒效果并分析其机理。

（3）学习家兔灌胃技术。

二、实验原理

有机磷类药物具有脂溶性高、易挥发的特点，可以通过皮肤、呼吸道吸收，在接触这类农药时，易造成人畜中毒。有机磷进入机体后，其亲电子性的磷与胆碱酯酶的5-羟色胺中的丝氨酸的羟基进行共价结合，形成磷酰化胆碱酯酶，使胆碱酯酶失活。不能水解乙酰胆碱，导致机体因乙酰胆碱蓄积而中毒。阿托品为M受体阻断剂。在解毒中作为生理拮抗剂，能迅速缓解中毒症状，可作为抢救过程中的对症治疗。临床治疗过程中要注意对症与对因治疗的先后关系，一般急则对因治疗，缓则对症治疗。由于胆碱酯酶的失活，乙酰胆碱的不能被水解，而胆碱酯酶复活剂是一类含有肟(═NOH)结构的化合物，能使失活的胆碱酯酶恢复活性。肟基结构与磷酰化胆碱酯酶的磷原子亲和力较强，与磷酰基团进行共价结合，将磷从磷酰化的胆碱酯酶复合物中游离出来，使酶恢复活性。

三、实验器材

（1）器械　注射器、针头、开口器、兔灌胃管、量瞳尺、烧杯、兔固定箱。

（2）材料　家兔、5%敌百虫溶液、0.5%硫酸阿托品注射液、4%碘磷定注射液。

四、实验内容与方法

1. 实验项目

（1）取兔1只，称重，观察一般生理状况（瞳孔大小、唾液分泌情况、呼吸频率、大小便情况、肌震颤等）。

（2）按10 mL/kg灌服5%敌百虫溶液，观察给药后上述指标的变化情况。

（3）待实验兔出现明显的中毒症状（唾液分泌增加、瞳孔缩小、全身肌肉震颤、四肢无力、排粪等）后，经耳缘静脉注射0.5%硫酸阿托品2 mL/kg，观察中毒症状解除情况。

（4）然后耳静脉注射4%碘磷定1 mL/kg，观察中毒症状减轻的情况。

（5）在灌服敌百虫前、中毒症状明显出现时及应用阿托品5 min和碘磷定15 min后，分别从耳静脉采血进行血中胆碱酯酶活性测定，并比较结果。

将实验结果填入表7-5中。

表 7-5　有机磷酸酯类药物的中毒与解救

项目	用药前	5%敌百虫中毒后	应用0.5%阿托品后(5 min)	应用4%碘磷定后(15 min)
临床表现				
胆碱酯酶活性				

2. 实验注意事项

(1)插胃管时,可将胃管外端置入盛有水的烧杯中,观察是否有气泡冒出,如有则拔出,再重新插入。防止插入呼吸道。

(2)灌药后,再注入适量清水或空气,应先拔出胃管,再取出开口器。

(3)本实验过程中如皮肤等接触到农药,应立即用自来水冲洗,不能用肥皂水冲洗。

五、作业与思考题

1. 有机磷类药物的中毒机制是什么?
2. 在进行敌百虫的灌胃时需要注意什么?
3. 分析阿托品和碘磷定的解毒机制有何不同?从临床症状上如何鉴别?
4. 本次实验有何临床意义?

实验六十二　亚硝酸盐的中毒与解救

一、实验目的与要求

(1)掌握动物亚硝酸盐中毒的临床表现及其中毒机理。
(2)掌握亚甲蓝的解毒原理。
(3)掌握亚硝酸盐中毒的抢救方法。

二、实验原理

亚硝酸盐被机体吸收后,其亚硝酸根离子具有氧化性,与血浆中的血红蛋白中的亚铁离子发生氧化还原反应,使亚铁离子氧化生成三价铁离子。血红蛋白中的亚铁离子具有携带氧的功能,一旦被氧化成三价铁离子,就失去了携带氧的功能,导致机体缺氧。

三、实验器材

(1)器械　胃导管、体温计、注射器。
(2)材料　家兔、10%亚硝酸钠、1%亚甲蓝。

四、实验内容与方法

(1)取兔 1 只,称重,记录呼吸、体温并观察眼结膜和耳血管的颜色。

(2)按 5 mL/kg 体重给兔灌服 10%亚硝酸钠溶液,记录时间并观察呼吸、眼结膜、耳血管的颜色变化,开始出现发绀现象时测量体温,出现典型中毒症状后即用 1%亚甲蓝每千克体重 0.3 mL 进行耳静脉注射,观察并记录解毒效果。

五、作业与思考题

1. 亚硝酸钠中毒的临床表现特点是什么?
2. 亚甲蓝为什么能解毒?
3. 兔灌胃过程中应注意什么?
4. 能否用大剂量的亚甲蓝进行抢救? 为什么?
5. 试述亚硝酸盐中毒与解救的临床意义。

实验六十三　病原菌对抗菌药物的敏感性试验（MIC 和 MBC 测定）

一、实验目的与要求

通过本实验了解体外抗菌试验操作技术，掌握抗菌药物的最小抑菌浓度（minimum inhibitory concentration，MIC）和最小杀菌浓度（minimum bactericidal concentration，MBC）的测定方法及其用途。

二、实验原理

在 96 孔板中将药物进行一系列稀释后再定量接种细菌，定量测定 MIC 和 MBC。

三、实验器材

（1）器械　分光光度计、分析天平、高压蒸汽灭菌器、恒温振荡培养箱、超净工作台、接种环、10 mL 容量瓶、平皿、96 孔板、移液枪等。

（2）材料　大肠杆菌、金黄色葡萄球菌、MH 肉汤、普通营养琼脂平板、麦康凯平板、95% 酒精、蒸馏水、抗生素（环丙沙星、庆大霉素）等。

四、实验内容与方法

1. 菌液的准备

在已经保菌的菌种平板上挑取单个典型菌落接种于 MH 肉汤中活化，大肠杆菌接种于麦康凯平板，金黄色葡萄球菌接种于普通营养琼脂平板，再挑取单个典型菌落接种于 MH 肉汤中，37℃振荡培养 12～14 h。实验时用 MH 肉汤将菌液浓度稀释至 10^7 cfu/mL。

2. 药物原液的配制

按照药物规格，称取药物用灭菌蒸馏水配制成 1 280 μg/mL 的药物原液。

3. MIC 的测定

取灭菌的 96 孔板一块，选取一排（共 12 个孔），在第 1 孔加入 MH 肉汤 160 μL，其余各孔均加 100 μL。在第 1 孔内加入药物原液 40 μL，混匀后吸取 100 μL 到第 2 孔，混匀，再吸取 100 μL 至第 3 孔，以此类推至第 10 孔，再从第 10 孔吸取 100 μL 弃去，此时，各孔抗菌药物的实际含量依次分别为 256 μg/mL、128 μg/mL、64 μg/mL、32 μg/mL、16 μg/mL、8 μg/mL、4 μg/mL、2 μg/mL、1 μg/mL、0.5 μg/mL，第 11、12 孔不加药物。随后分别移取 100 μL 稀释好的菌液加入除 11 孔外的各孔中，第 11 孔加 MH 肉汤 100 μL。第 11 孔和 12 孔分别做阴性和阳性对照。置 37℃培养箱培养 24 h。MIC 实验方案见表 7-6。

表 7-6　MIC 实验方案

项目	孔号								
	1	2	3	…	8	9	10	11	12
肉汤量(μL)	160	100	100	100	100	100	100	200	100
药液量(μL)	40						弃 100 μL	～	～
菌液量(μL)	100	100	100	100	100	100	100	0	100
药物浓度(μg/mL)	128	64	32	…	1	0.5	0.25	0	0

4. MIC 值的判定

在 96 孔板中，以肉眼观察无絮状物或沉淀生成的药物最低浓度孔中的药物浓度为该试验药物的 MIC。

5. MBC 的测定

从上述 MIC 测定中未见细菌生长的各孔肉汤中取 0.1 mL 接种于平板上，大肠杆菌接种于麦康凯平板，金黄色葡萄球菌接种于普通营养琼脂平板，做好标记，37 ℃培养 16～18 h，仍无菌生长的孔内最低药物浓度即为该药的 MBC。

6. 注意事项

(1)接种细菌的菌量、抗菌药物纸片的质量、温度、观察时间、操作的规范性等均能影响本试验的结果。

(2)为保证结果的可靠性，需同时采用相应标准菌株同时进行药敏试验作为质量控制。

五、作业与思考题

1. 测定 MIC 和 MBC 有什么意义？
2. 细菌耐药机理和杀菌机理有哪些？

实验六十四　巴比妥类药物的催眠和抗惊厥作用

一、实验目的与要求

观察苯妥英和苯巴比妥的抗电惊厥作用。

二、实验原理

巴比妥类药在非麻醉剂量时主要抑制多突触反应，减弱易化，增强抑制。它能增强 GABA(γ-氨基丁酸)介导的 Cl^- 内流，减弱谷氨酸介导的除极。通过延长氯通道开放时间而增加 Cl^- 内流，引起超极化。较高浓度时，则抑制 Ca^{2+} 依赖性动作电位，抑制 Ca^{2+} 依赖性递质释放，并且呈现拟 GABA 作用，即在无 GABA 时也能直接增加氯离子内流。

三、实验器材

(1)器械　药理生理多用仪、注射器、天平。

(2)材料　小鼠、1%苯巴比妥钠溶液、0.5%苯妥英钠溶液、生理盐水。

四、实验内容与方法

1. 筛选小鼠

药理生理多用仪设置(单次，电惊厥，8 Hz，80 V)，将生理盐水沾湿的鳄鱼夹一端夹住小鼠双耳间皮肤，另一端夹住下颌皮肤。开启后，当小鼠出现惊厥反应(前肢屈曲、后肢伸直)时，立即停止电刺激，记录电刺激参数及刺激时间。若未能产生强直惊厥，可将参数设置为 4 Hz，100 V。小鼠出现惊厥反应则视为合格，共筛选出 9 只小鼠。

2. 分组

先将小鼠逐一称重，再按照体重由小到大(或由大到小)排序。根据简化随机原则分为 3 组(甲、乙、丙)，每组 3 只。

3. 给药

小鼠腹腔注射(15 mL/kg) 甲组为 0.5%苯巴比妥钠溶液，乙组为 0.5%苯妥英钠溶液，丙组为生理盐水对照。记录给药时间。

4. 观察

给药后 30 min，观察动物活动情况，并使用给药前相同刺激参数，再次电刺激小鼠。记录电刺激参数及刺激时间。

5. 实验注意事项

(1)设定引起小鼠惊厥反应的刺激电流参数时，需要考虑到动物的个体差异性，以避免电刺激过大而造成动物死亡。

(2)小鼠发生惊厥反应后,应该立即停止电刺激,以防止小鼠因窒息死亡。

(3)治疗癫痫药物的筛选亦可使用药物诱发惊厥模型,例如使用戊四氮惊厥发作实验,可作为治疗癫痫小发作药物的筛选模型。

五、作业与思考题

1. 目前抗惊厥药物共有哪些种类?各种药物在临床应用上有何异同?

2. 比较氢化可的松和苯海拉明作用机制及其临床应用上的异同。

实验六十五 普鲁卡因与丁卡因表面麻醉作用的比较

一、实验目的与要求

比较普鲁卡因和丁卡因的表面麻醉作用强度。

二、实验原理

局麻作用是通过阻断 Na^+ 通道，减少 Na^+ 内流，从而影响动作电位的产生和传导呈现出麻醉作用，用药后痛觉、温觉、触觉、压觉依次消失，恢复时顺序相反。

三、实验器材

(1)器械　兔台 1 个(一台配备)、滴管 2 支。
(2)材料　家兔 1 只、1%盐酸普鲁卡因、1%盐酸丁卡因。

四、实验内容与方法

1. 实验项目

(1)取无眼疾家兔 1 只，由助手固定，剪去动物的睫毛。

(2)角膜刺激器(兔须代替)，轻触角膜之上、中、下、左、右 5 点，观察并记录正常眨眼反射。

(3)用拇指和食指将左侧下眼睑拉成杯状，滴入 1%丁卡因溶液 3 滴，使其存留 1 min，然后任其流溢。另于右眼内，滴入 1%普鲁卡因溶液 3 滴。

(4)滴药 5～10 min 后，记录眨眼反射，记录方法：测试次数为分母，眨眼次数为分子，如测试 5 次，若有 2 次眨眼，记录为 2/5，其余类推。

表 7-7　普鲁卡因与丁卡因表面麻醉作用的比较

动物	眼	药物	给药前眨眼反射	给药后眨眼反射比例					
				5	10	15	20	25	30
家兔	左	丁卡因							
	右	普鲁卡因							

2. 注意事项

(1)滴药时用中指压住鼻泪管，以防药液流入鼻泪管被吸收，而发生中毒。

(2)刺激角膜的兔须前、后应用同一根，刺激强度尽量一致。

(3)刺激角膜时不可触及眼睑，以免影响实验效果。

五、作业与思考题

1. 普鲁卡因和丁卡因的表面麻醉作用有什么区别?
2. 常用的表面麻醉药物有哪些?使用时有哪些注意事项?

实验六十六　尼可刹米对家兔呼吸抑制的解救作用

一、实验目的与要求

观察尼可刹米对家兔呼吸抑制的解救作用。

二、实验原理

苯巴比妥对呼吸的抑制作用是通过抑制延髓呼吸中枢。尼可刹米可直接兴奋呼吸中枢，它可提高呼吸中枢对CO_2的敏感性，也可刺激颈动脉体和主动脉体化学感受器，所以使呼吸加深加快，用于各种原因引起的呼吸抑制。

三、实验器材

(1)器械　注射器及针头、托盘天平、张力传感器、注射器、铁支架。

(2)材料　家兔、苯巴比妥注射液、25%尼可刹米。

四、实验内容与方法

1. 实验项目

取正常家兔2只，称重，待其安静后观察家兔正常的呼吸频率。然后由耳缘静脉快速注射苯巴比妥溶液(20 mg/kg)，注意观察动物的呼吸，当呼吸明显抑制时(呼吸频率减慢，呼吸加深)，再由耳缘静脉缓慢注入25%的尼可刹米，0.3～0.5 mL，边注射边观察动物的呼吸变化，记录实验结果。

2. 注意事项

(1)用完苯巴比妥后立即准备尼可刹米，当呼吸次数变为40～60次/min进行解救。

(2)尼可刹米注射不宜过快，否则易引起惊厥。

五、作业与思考题

各种中枢兴奋药兴奋呼吸的作用机理有什么不同？临床如何选择应用？

实验六十七　毛果芸香碱与阿托品的作用

一、实验目的与要求

了解毛果云香碱与阿托品对唾液分泌和肠蠕动的作用。

二、实验原理

毛果芸香碱是拟胆碱药，直接选择性的兴奋M型受体，对腺体和胃肠道平滑肌有强烈的兴奋作用，而对心血管系统和其他器官影响较小。它能引起腺体分泌功能的增强，尤其表现在唾液腺、泪腺和支气管腺。另外还对胃肠道平滑肌有强烈的兴奋作用，刺激肠蠕动增强。阿托品与M型受体的选择性极高，能与胆碱药或拟胆碱药竞争M型受体，临床上用作胆碱能受体的阻断剂。

三、实验器材

(1)器械　台秤、注射器、毛剪、手术剪、止血钳、纱布、烧杯。

(2)材料　家兔、3%异戊巴比妥钠溶液、1%毛果芸香碱注射液、1%硫酸阿托品注射液。

四、实验内容与方法

1. 实验项目

(1)取兔1只，称重，观察正常唾液分泌情况，按0.5 mL/kg肌肉注射1%毛果芸香碱注射液，给药后即观察唾液分泌。当唾液分泌显著增多时，按0.5 mL/kg耳静脉注射1%硫酸阿托品注射液，观察结果如何。

(2)取兔1只，称重，按2 ～2.5 mL/kg耳静脉注射3%苯巴比妥钠溶液，而后将兔固定，剪去腹部的被毛，进行皮肤消毒后，打开腹腔，观察小肠蠕动情况，由耳静脉注射1%毛果芸香碱注射液0.5 mL/kg，5 min后观察小肠蠕动情况，比较用药前后有何不同。再按0.5 mL/kg耳静脉注射1%硫酸阿托品注射液，结果又如何，并将实验记录填入到实验报告中。

(3)将兔子耳缘静脉注射8～10 mL空气处死。

2. 注意事项

实验过程中注意用量，以免用量过多引起中毒发生。

五、作业与思考题

1. 毛果芸香碱和阿托品的主要药理作用表现在哪些方面？

2. 根据实验结果，说明阿托品与毛果芸香碱的作用有何关系？临床上有何意义？

3. 拟胆碱药物有哪些？如何进行分类？

实验六十八　镇痛药的镇痛作用

一、实验目的与要求

学习镇痛实验化学刺激法，观察镇痛药的镇痛作用，并联系其临床用途。

二、实验原理

醋酸注入小鼠腹腔内，能引起小鼠持久大面积的疼痛刺激反应，导致小鼠产生"扭体"反应(腹部内凹、躯干与后腿伸张、臀部高起)。观察给予化学刺激药物 15 min 内发生"扭体"反应的小鼠或各小鼠发生的"扭体"次数，将给药组与对照组相比，若使扭体反应发生率减少 50%以上的，可认为有镇痛作用。此方法用作疼痛模型，可用来筛选镇痛药。

盐酸哌替啶作用于中枢神经系统的阿片受体而发挥作用，选择性地抑制某些兴奋性神经的冲动传递，发挥竞争性抑制作用，从而解除对疼痛的感受。

三、实验器材

(1)器械　拖盘天平、注射器、5 号针头、鼠笼、小鼠灌胃器。

(2)材料　小鼠、1%醋酸溶液、0.2%盐酸哌替啶溶液、生理盐水。

四、实验内容与方法

1. 实验项目

(1)取小鼠 2 只，称重，编号，置于鼠笼中观察小鼠正常活动。

(2)分别给予下列药物：对照组(甲组)生理盐水 0.1 mL/10 g 体重。实验组(乙组)0.2%盐酸哌替啶溶液 0.2 mL/10 g 体重。给药 30 min 后，每鼠再由腹腔注射 1%醋酸溶液 0.2 mL/10 g，观察 10 min 内各组出现扭体反应的小鼠数量。

将结果记录于表 7-8 中，综合全实验室数据，计算镇痛药的镇痛百分率，统计分析供试药是否具有镇痛作用。

表 7-8　镇痛药的镇痛作用

组别	药物	给药量(mL/10 g)	鼠数(只)	扭体反应鼠数(只)	扭体反应百分率(%)
甲	生理盐水	0.2	5		
乙	盐酸哌替啶溶液	0.2	5		

$$药物镇痛百分率 = \frac{实验组无扭体反应动物数 - 对照组无扭体反应动物数}{对照组扭体反应动物数} \times 100\%$$

2. 注意事项

(1)腹腔注射在小鼠下腹部,切勿进针过深损伤内脏,否则小鼠会因内脏出血而死,影响实验进行。

(2)统计全班结果,当给药组比对照组的扭体发生率减少50%以上时才能认为有镇痛效力。

(3)小鼠体重轻,扭体反应发生率低。

(4)扭体反应表现为小鼠腹部内凹,躯干与后腿伸张,臀部抬高。

五、作业与思考题

讨论镇痛药的作用机理及临床应用。

实验六十九　利多卡因对氯化钡诱发的家兔心律失常的作用

一、实验目的与要求

观察利多卡因对氯化钡诱发的心律失常的保护和对抗作用。

二、实验原理

药物诱导心律失常动物模型的主要机制是提高心肌细胞的自律性，形成一源性或多源性的异位节律，此类药物有氯仿、肾上腺、乌头碱、哇吧因、氯化钡、氯化钙等。氯化钡可以增加浦氏纤维钠离子内向电流，提高舒张期去极化的速率，从而诱发异位性节律。水合氯醛与氯化钡产生协同作用，诱发家兔出现室性双相性心律失常。

利多卡因在低剂量时，可促进心肌细胞内 K^+ 外流，降低心肌的自律性，使 4 相舒张除极化速度降低，因而降低心室异位节律点的自律性。此外，也可提高心室肌阈电位，提高它的致颤阈，而具有抗室性心律失常作用。

三、实验器材

(1)器械　生物信号采集处理系统、心电导线、银针、家兔手术台、绑扎线、注射器(5 mL)、手术剪、手术镊、棉球、针头(4 号，7 号)、头皮针(3 只)等。

(2)材料　家兔 3 只(体重 1～1.5 kg)、10%水合氯醛、1%氯化钡、0.5%利多卡因溶液、生理盐水等。

四、实验内容与方法

1. 实验准备

取家兔称重，标记分号，腹腔注射 10%水合氯醛 1.5 mL/kg，麻醉后仰卧位固定于家兔手术台上。四肢皮下插入心电图导联线，描记正常肢体标准Ⅱ导联心电图。

2. 给药

(1)取 1 号家兔舌下注射氯化钡 1 mL/kg，记录给药时间，观察心电图，待心律失常出现时，记录时间；待心律失常明显时，静脉注射生理盐水 0.5 mL/kg，记录时间；观察心电图，待心律失常消失，记录时间。

(2)取 2 号家兔以同样方法诱发心律失常，待心律失常明显时，静脉注射利多卡因 0.5 mL/kg，观察记录方法同上。

(3)取 3 号家兔先静脉注射利多卡因 0.5 mL /kg，然后静脉注射氯化钡 1 mL/kg，记录给药时间；观察心电图，待心律失常出现时，记录时间。

3.观察指标

比较1号、3号家兔在给与氯化钡后心电图心律失常出现的时间;比较1号、2号家兔在心律失常明显并分别给予利多卡因和生理盐水后,心律失常持续的时间。

将实验结果记录于表7-9中。

表7-9 利多卡因对氯化钡诱发的家兔心律失常的作用

药物	正常心电图(Ⅱ导联)	给药后心电图变化(Ⅱ导联)					
		20 s	1 min	3 min	5 min	7 min	11 min
氯化钡							
氯化钡+利多卡因							

4.实验注意事项

(1)根据经验,麻醉用水合氯醛易诱发心律失常,故一般不采用其他药品。

(2)氯化钡诱发心律失常是双相性心动过速、室性早搏、约持续15 min。

(3)给药途径可以是股静脉、颈静脉、舌下静脉、尾静脉,多采用舌下静脉。舌下静脉注射时,速度要快,注射完成后用棉球压迫片刻。

(4)在实验时可全程记录,结束后可进行反演,以比较给药前后心电图的变化。

五、作业与思考题

根据不同时间内的心电图变化,分析利多卡因抗心律失常的作用特点。

实验七十　药物对家兔利尿作用的影响

一、实验目的与要求

(1)了解急性利尿的实验内容与方法。
(2)观察速尿对麻醉兔的利尿作用。

二、实验原理

尿液的生成过程受到很多因素的影响。速尿主要通过抑制肾小管髓袢厚壁段对 NaCl 的主动重吸收,结果管腔液 Na^+、Cl^- 浓度升高,而髓质间液 Na^+、Cl^- 浓度降低,使渗透压梯度差降低,肾小管浓缩功能下降,从而导致水、Na^+、Cl^- 排泄增多。

三、实验器材

(1)器械　兔手术台、量筒、注射器、手术材料。
(2)材料　家兔、25%乌拉坦、1%速尿。

四、实验内容与方法

1.实验准备

(1)麻醉　取家兔一只,称重,耳缘静脉注射 25%乌拉坦 4 mL/kg。
(2)水负荷　麻醉后灌自来水 50 mL/kg。
(3)手术　背位固定后剪去下腹部毛,于耻骨联合上方切开皮肤 4~5 cm,并沿腹白线剪开肌肉,暴露膀胱,在少血管区做荷包缝合后行膀胱插管。

2.实验项目

(1)记录正常尿量(mL/2 min),连续记录 10 min。
(2)耳缘静脉注射 1%速尿 0.4 mL/kg,记录给药后 2 min、4 min、6 min、8 min、10 min、12 min、14 min、16 min、18 min、20 min 尿量毫升数(mL/2 min)。

将实验结果记录在表 7-10 中。汇总全班实验结果,计算不同时间尿量的均值,以尿量毫升数为纵坐标,给药后不同时间为横坐标作直方图。

表 7-10　药物对家兔利尿作用的影响

体重(kg)	灌水量(mL)	给药前 10 min 内尿量(mL)	给药(mL)	给药后 20 min 内尿量(mL)

3.注意事项

(1)麻醉时注射速度要缓慢,随时观察角膜反射,反射消失即停止注射。

(2)灌水时避免灌至气管,将灌胃管外端浸入水中,若有气泡立即拔出。

(3)做膀胱插管时,应避免将双侧输尿管膀胱处结扎,膀胱插管需注满生理盐水。

(4)注意防止导管或橡皮管扭曲导致尿量不通畅。

五、作业与思考题

1.试分析尿液形成的主要环节,并讨论各因素影响尿液生成的机理。

2.试述各利尿药的作用机制及临床应用。

实验七十一　戊巴比妥钠的 LD_{50} 测定

一、实验目的与要求

掌握药物半数致死量的概念和测定方法。

二、实验原理

药物半数致死量 LD_{50} 是指药物急性毒性实验中动物死亡率为50%时的单次给药量，单位通常为 mg/kg。LD_{50} 值通常反映药物急性毒性的大小，是评价药物作用强度和药物安全性的重要参数。戊巴比妥钠为镇静催眠药，可抑制中枢神经系统，随着剂量的增加会相继出现镇静、催眠、抗惊厥、麻醉、死亡。

三、实验器材

(1)器械　鼠笼、天平、1 mL 注射器。

(2)材料　小鼠、戊巴比妥钠。

四、实验内容与方法

1. 预试验

取小鼠 8～10 只，以 2 只为一组分成 4～5 组，选择组距较大的一系列剂量，分别按组腹腔注射普鲁卡因溶液，观察出现的症状并记录死亡数，找出引起 0%死亡率和 100%死亡率剂量的所在范围(至少应找出引起 20%～80%死亡率)。(参考剂量：LD_{100} 为 500 mg/kg)

2. 正式试验

在预初验所获得的 0%和 100%致死量的范围内，选用几个剂量(一般选 4～5 个剂量)，每组 10 只小鼠，动物的体重和性别要均匀分配，完成动物分组和剂量计算后按腹腔注射给药。

3. LD_{50} 测定中应观察记录的项目

(1)实验要素　实验题目，实验日期，药物的批号，动物品系，来源，性别，体重，给药方式及剂量、给药时间等。

(2)给药后各种反应　潜伏期，中毒现象，开始出现死亡的时间，末只死亡的时间，死前的现象，各组死亡的只数等。

(3)尸解及病理切片　对死亡的小鼠及时进行尸解，观察内脏的变化(心、肝、脾、肺、肾)，记录病变情况。若肉眼可见变化时则需进行病理检查。观察结束时对全部存活动物称体重，尸解，同样观察内脏病变与中毒死亡鼠比较。当发现有病变时同样进行病理检查，以比较中毒后病理变化及恢复情况。

4.实验结果计算

实验完毕后,清点各组死亡鼠数和算出死亡率(P),按改良寇氏法公式进行计算:

$$LD_{50} = \log^{-1}[Xm - i(\sum P - 0.5)]$$

其中:Xm:最大剂量的对数值 i;相邻两组剂量对数值之差 P:各组动物死亡率,用小数表示(如死亡率为80%应写成0.80)$\sum P$:各组动物死亡率之总和。将实验资料填入表7-11。

表7-11　普鲁卡因的LD_{50}测定

组别	动物数(只)	剂量(g/kg)	对数剂量	动物死亡数(只)	死亡率(%)	LD_{50}
1						
2						
3						
…						

5.注意事项

(1)捉拿小鼠时,切勿用力过猛。要抓皮肤,而不是整个颈部,否则容易造成小鼠窒息。

(2)腹腔注射时要注意针头不要刺入太深,以免刺入肠腔等脏器,也不要太浅,否则会形成皮下注射,注射部位也不要太高,以免损伤肝脏,也不要太低,否则会刺入膀胱。

五、作业与思考题

戊巴比妥钠的LD_{50}是多少?并绘制出LD_{50}的S形曲线。

实验七十二　可待因的镇咳作用

一、实验目的与要求

了解利用浓氨水引咳的方法，观察可待因的镇咳作用。

二、实验原理

咳嗽是机体将气道阻塞或异物清除的一种防御性呼吸反射。可待因为中枢性镇咳药，能直接抑制大脑的咳嗽中枢，止咳作用迅速而强大。咳嗽中枢受到抑制后，对呼吸道感受器传来的神经冲动不敏感，不能发出咳嗽冲动，对各种原因引起的咳嗽都有缓解作用。

三、实验器材

（1）器械　鼠笼、天平、灌胃器、棉球、大烧杯、注射器(1 mL)。

（2）材料　小白鼠 8 只(体重 18～22 g)、0.3%磷酸可待因、0.9%生理盐水、浓氨水。

四、实验内容与方法

1. 实验项目

（1）分组　每组取 8 只小鼠，称重，标记，随机分两组。

（2）给药　实验组可待因灌胃给药 0.2 mL/10 g，对照组灌生理盐水 0.2 mL/10 g，每只小鼠给药间隔 4 min 左右。

（3）给药后 30 min 将小鼠扣入 500 mL 烧杯中，再将注入 0.2 mL 浓氨水的棉球迅速放入烧杯中，立即记录小鼠的咳嗽潜伏期和 2 min 内的咳嗽次数。

记录每只小鼠咳嗽潜伏期及 2 min 内的咳嗽次数，将实验资料填入表 7-12，然后求其平均值。

2. 注意事项

（1）棉球的大小、松紧程度要适中，尽量一致。

（2）潜伏期即把棉球放入，至第一次咳嗽的时间。

（3）小鼠咳嗽很难听到声音，因此应注意观察，表现为剧烈腹肌收缩并张嘴时即可判断为咳嗽。

（4）盐酸可待因为混悬液，应混匀后再用，以保证给药均匀。

表7-12 可待因的镇咳作用

咳嗽情况		甲组				乙组			
		1	2	3	4	1	2	3	4
咳嗽潜伏期	可待因								
	生理盐水								
2 min内咳嗽次数	可待因								
	生理盐水								

五、作业与思考题

可待因的镇咳机理是什么?

实验七十三　硫酸镁的导泻作用

一、实验目的与要求

观察硫酸镁对肠道的影响，了解盐类泻药的导泻机理。

二、实验原理

盐类泻药易溶于水，其水溶液中的离子，(如 Mg^{2+}、SO_4^{2-})不易被肠壁吸收，在肠内形成高渗环境，阻止肠内水分吸收和将组织中水分吸入肠管，使肠内保持大量水分，增大肠内容积，对肠壁感受器产生机械刺激，再加上盐类离子对肠黏膜的化学刺激，反射的促进肠蠕动。随着肠管蠕动，水分向粪块渗透，发挥浸泡、软化和稀释粪便的作用，使之随着肠蠕动而排出体外。

三、实验器材

(1)器械　兔手术台、毛剪、剪子、镊子、烧杯、止血钳、止血纱布、注射器、棉线。

(2)材料　家兔、1%硫酸妥钠、6.5%和20%硫酸镁、生理盐水。

四、实验内容与方法

1. 实验项目

(1)将兔称重，麻醉(耳缘静脉缓慢注射1%硫酸妥钠1～2 mL/kg)。

(2)将兔仰卧保定于手术台上，将兔腹部剪毛，消毒后，沿腹中线剪开腹壁，取出小肠(以空肠为佳，若有内容物应小心把肠内容物向后挤)，用不同颜色的棉线将肠管结扎成等长的三段(2～3 cm)，每段分别注入0.5～1 mL的生理盐水、6.5%和20%的硫酸镁溶液。

(3)注射完毕后，将小肠放回腹腔，并用浸有37℃生理盐水的绵覆盖，以把持温度和湿润，然后用止血钳封闭腹壁，40 min后打开腹腔，观察三段结扎小肠的容积变化。并将观察到的结果记录于表7-13中。

表7-13　硫酸镁的导泻作用

肠段号	灌胃药液	肠容积变化
1	6.5%硫酸镁	
2	20%硫酸镁	
3	生理盐水	

2. 实验注意事项

(1)选择肠管的长度和粗细尽量相同。

(2)结扎时保证三段肠管间不相通。

(3)每段的小肠血管要比较均匀。

(4)注射前肠管充盈度尽量相同。

(5)注射时不要损伤肠系膜血管和神经。

五、作业与思考题

硫酸镁的导泻作用机理是什么？临床应用盐类泻药应注意哪些问题？

(李琳)

第三部分

课程实习

第八章 动物形态学课程实习

实验一　石蜡切片的制作

一、实验目的与要求

组织切片技术是研究观察细胞、组织的生理、病理形态学变化的主要方法。通过开设动物组织学切片实验，初步掌握动物剖检技术、切片技术以及综合分析病理变化的方法，以便对动物常见疾病进行形态学初步诊断。

二、实验原理

动物细胞的大小一般在 10 μm 左右，在经过固定、脱水、包埋等步骤后就可将动物组织切成薄片，用不同的染色方法可以显示不同细胞和组织的形态，以及细胞和组织中某些化学成分含量的变化。

三、实验器材

(1)器械　剪毛剪、手术剪、眼科剪、手术刀、止血钳、有齿镊、无齿镊、量筒、注射器、纱布、棉花、乳胶管、烧杯、试管、恒温水浴锅、切片机、切片刀等。

(2)材料　家兔、鸡。甲醛、无水酒精、95%酒精、二甲苯、液状石蜡、固体石蜡、蒸馏水、中性树胶、HCl 溶液、氨水溶液、苏木精染色液、伊红染色液等。

苏木精染色液：苏木精 0.6 g，硫酸铝 4.4 g，碘化钠 0.1 g，蒸馏水 130 mL，乙二醇 60 mL，冰醋酸 5 mL。将苏木精溶于蒸馏水中，再加入硫酸铝，然后加入碘化钠，不易溶化时稍加温，最后加入乙二醇和冰醋酸。

伊红染色液：将伊红 0.5 g 溶于 3 mL 蒸馏水中，再加冰醋酸(逐滴加入，边加边搅拌)，使之产生沉淀,至液体呈浆糊状,再加蒸馏水3～5 mL,搅匀后再滴加冰醋酸,至不见沉淀增加;过滤,将沉淀连同滤纸置60℃温箱烘干,待伊红干燥后,加入95%酒精100 mL即成。

蛋白甘油:将鲜鸡蛋清倒入搪瓷杯中,用洁净竹筷或玻璃棒急速搅动,直至蛋清全呈泡沫状,杯子倒置蛋清也不会流出为止,静置后取蛋清加入等量甘油混匀过滤。

四、实验内容与方法

1.技术路线(图8-1)

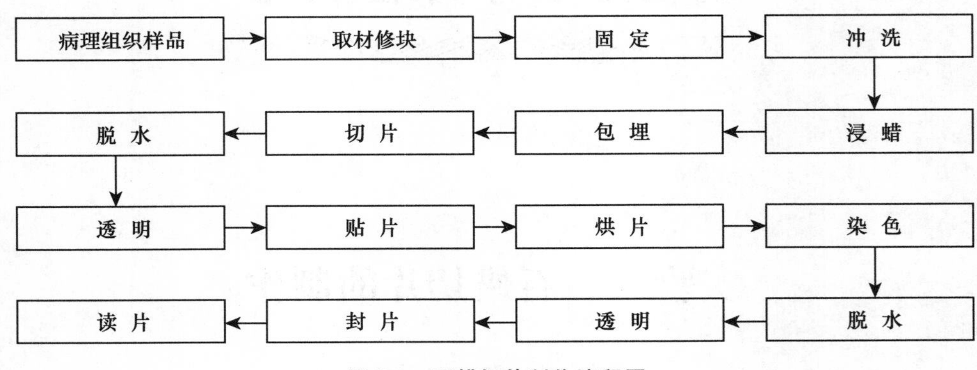

图8-1 石蜡切片制作流程图

2.取材修块

取材的先后,应根据动物死后组织发生变化快慢而定。将动物杀死立即取下需要的组织或器官。初步观察所取的组织,以疑似病变的位置为中心切成小块,要保证组织的完整及病变的典型性,厚度不超过2 mm。

3.固定冲洗

取得的材料立即投入固定液(10%福尔马林)内固定。固定时间为24 h。固定后的材料要经过12 h流水冲洗,以洗去固定液。

4.脱水

常用的脱水剂是酒精。为了避免组织过度的收缩,从低浓度酒精开始,然后递增浓度,直至无水酒精,各级酒精2 h左右。

5.透明

将脱水后的材料放入无水酒精与二甲苯等体积液中0.5 h,再放入二甲苯(之间更换一次)1 h左右,直到透明为止。

6.浸蜡

将已透明的材料,经过二甲苯加等份石蜡的溶液中0.5 h,移入溶化的纯蜡中,浸蜡在恒温箱内(60℃左右)进行。浸蜡时间为4 h,中间更换一次。

7.包埋

将溶化的石蜡倒入纸盒内,随即将已浸蜡的材料放入其中,待表面石蜡凝固后,将纸盒全部浸入水中冷却,石蜡全部凝固后,剥去纸盒即成蜡块。

8.切片

将蜡块修整成梯形,粘在小木块上。切片时将小木块装在切片机上,切成5～8 μm的薄片。

9. 贴片和烘片

将切下的蜡片放在温水中，使其浮在水面上自然展开，然后将玻片伸在水中把蜡片托起，用针拨正位置，倾去载玻片上的余水，再放进 50℃恒温箱内烘箱 24 h。

10. 染色

组织材料切成薄片后，多为无色，须经过 HE 染色，方能在显微镜下鉴别各种组织的微细结构。

(1)脱蜡　将烘干的切片放在二甲苯中，溶去切片的石蜡约 5 min 左右。

(2)将脱蜡后的切片经各级酒精逐渐下行至水　将切片从二甲苯中取出依次移入二甲苯与酒精 1∶1 混合液、无水酒精、95％酒精、80％酒精、70％酒精、50％酒精，各级酒精中保留 5 min，最后入水中 1 min。

(3)染色　将切片从水中依次移入苏木精染色液中染 15 min，蒸馏水 5 min，0.5％盐酸溶液分色数秒(在显微镜下检查核退至浅红色，细胞质及结缔组织近无色)，蒸馏水 1 min，蒸馏水洗数分钟，蒸馏水 1 min，50％酒精，70％酒精，80％酒精，90％酒精(以上各级酒精 5 min)，0.5％伊红染色液(用 95％酒精配制)染 5 min，95％酒精分色，95％酒精清洗 1min。

11. 脱水透明

把已染色的切片依次放入无水酒精(Ⅰ)、无水酒精(Ⅱ)5 min。切片依次移入无水酒精与二甲苯 1∶1 混合液、二甲苯(Ⅰ)、二甲苯(Ⅱ)各级置 5 min。

12. 封片

将已透明的组织切片从二甲苯中取出，滴加树胶盖上盖玻片，封存。

13. 读片

(1)核对检查切片名称、号码、数目、大小。

(2)低倍镜(10×10)全面浏览，大致了解组织结构间的关系，然后再转入高倍镜(40×10)观察组织细胞的结构变化。

(3)注意镜下组织边缘部分有无上皮被覆，上皮与间质是否有明显界限或相互移行。

(4)注意镜下病变区与正常组织的分界及相互关系，有无包膜形成，组织中部有无残留的正常组织结构。

(5)注意镜下病变区有无巨大细胞及其性质；注意有无丝状分裂及其部位，是否邻近血管或见于正常组织可有丝状分裂处。

(6)对镜下炎性细胞少的坏死组织，须细察其组织结构，以免漏诊、误诊。

五、实验注意事项

(1)切片过程中如发生卷曲，可将切片厚度适当调薄、调整夹角；如发生破碎，组织块可用冰水浸泡后重新包埋、切割；如组织块与包埋蜡脱离，应该除去包埋蜡后将组织块经蜡碗浸蜡数分钟再包埋；如切片横向皱褶多，适当增加切片厚度，重新换硬蜡包埋或将蜡块用冰水降温后再切；如同一切片或相邻切片的厚度不一致，适当加大切片厚度，切片速度要适中；如切片有竖向裂纹，应换刀位再切，用棉花及二甲苯清洗刀口；切片不能连成蜡带，可适当加入蜂蜡，适当加快切片速度，减少切片厚度；切出的蜡带弯曲，包埋蜡块修整后，上下两面不平行时重新修块使上下面平行。

(2)石蜡切片必须展平,粘贴到载玻片上后方能脱蜡、染色。展片可以利用展片台在载玻片上直接展片,或利用恒温水浴箱漂浮法展平切片,然后用载玻片捞取。利用45～50℃的温水将蜡片自行展平。若蜡片上皱褶太多或太大时可用探针辅助轻轻拨开。

(3)贴片时将蜡片的光面与载玻片相贴。展贴好的蜡片应倾去多余的水分,及时送入烤箱烤片。因为已自然风化的蜡片与载玻片之间易形成空气膜,使两者不能密合贴紧。一般组织的烤片温度在45～50℃恒温下进行,时间不少于4 h。

(4)染组织切片的染液多数为水溶液。因此烤干的切片先需脱蜡,使用二甲苯脱蜡一般需5～10 min,冬季脱蜡还要延长时间,也可将切片稍加预热后再入二甲苯脱蜡。切片长时间浸泡在二甲苯中一般不影响染色。

六、作业与思考题

1. 除了本实验的HE染色方法之外,石蜡切片还有哪些特殊的染色方法?

2. 心、肝、脾、肺、肾等重要组织在显微镜下观察有哪些形态学特征?

实验二　呼吸系统形态学观察

一、实验目的与要求

掌握呼吸系统的基本形态学结构及病理变化的特点。

二、实验器材

(1)器械　数码生物显微镜、数码体视显微影像系统、显微数码互动设备。

(2)材料　大体标本:马间质性肺气肿、猪肺疫、化脓性肺炎;组织及病理切片:气管、肺、支气管肺炎,牛传染性胸膜肺炎,大叶性肺炎,化脓性肺炎。

三、实验内容与方法

1.大体标本观察

(1)马间质性肺气肿　外观肺表面被膜紧张透明,由于肺泡和细支气管破裂,空气进入肺间质,可见小叶间隔空隙增大,组织内有大小不一的气泡。

(2)猪肺疫　病变的肺组织呈暗红色,质地变硬如肝脏(肝变),切面呈不明显的颗粒状,投入水中完全下沉。

(3)化脓性肺炎　感染化脓性细菌而出现大小不等的化脓灶。

2.组织及病理切片观察

(1)气管

低倍镜观察(10×10):由内向外将管壁分为黏膜、黏膜下层和外膜3层。黏膜层上皮为假复层纤毛柱状上皮,细胞间夹有杯状细胞,固有膜为富含弹性纤维的结缔组织,即为本片中呈红色发亮的点状结构。此外还有丰富的血管、淋巴管等;黏膜下层为疏松结缔组织,与固有膜无明显界限,内含大量混合性腺;外膜层为透明软骨环和结缔组织组成。软骨环呈“C”形,缺口处有平滑肌,部分切片中还可见混合性腺。

高倍镜观察(40×10):黏膜上皮层为假复层纤毛柱状上皮,柱状细胞胞体呈柱状,核椭圆形,位于上皮浅层,其游离面可见大量的纤毛,杯状细胞顶部胞质呈空泡状,核呈倒置的三角形,基细胞位于上皮的深部,上皮下有明显的基膜,呈粉红色窄带状。

(2)肺

低倍镜观察(10×10):肺表面被覆浆膜,实质由各级支气管和肺泡组成。肺内支气管的各级分支可根据管壁结构、管径大小和管壁有无肺泡开口加以区别。高倍镜(40×10)下导气部小支气管管壁分黏膜、黏膜下层和外膜3层,管径随分支逐渐变细,管壁逐渐变薄。上皮为假复层柱状纤毛上皮,夹有杯状细胞,黏膜下层中气管腺减少,外膜为软骨片和结缔组织;细支气管为假复层或单层纤毛柱状上皮;终末细支气管黏膜皱襞明显,管腔呈星状,上皮为单层纤毛柱状上皮,杯状细胞、气管腺和软骨片完全消失,平滑肌形成完整的环形。呼吸部呼吸性细支气管管壁不完整,上皮有单层柱状或立方上皮;肺泡管管壁上有肺泡开口,上皮为单层立方或扁平上皮;肺泡为不规则形的空泡状结构,肺泡上皮细胞有单层扁平和立方形两种;肺泡隔和肺泡腔内可见体积较大、形态不规则的肺巨噬细胞,其吞噬灰尘后称为尘细胞。

(3)支气管肺炎

高倍镜观察(40×10):以细支气管为中心,细支气管管腔内充满脱落上皮及渗出物;其周围组织的血管扩张充血、淋巴细胞浸润;肺泡壁毛细血管充血、出血,肺泡腔聚集多量红细胞,部分肺泡腔内充满淋巴细胞、巨噬细胞和少量的中性粒细胞或水肿液;部分肺泡因气肿而破裂,合并成大的空泡。

(4)牛传染性胸膜肺炎

低倍镜观察(10×10):肺间质结缔组织疏松呈网状,因水肿而增宽,增宽的间质两侧肺泡腔变窄;淋巴管显著扩张,管腔内存在纤维蛋白及炎性细胞;血管周围有肉芽组织增生,有游走的炎性细胞浸润。

高倍镜观察(40×10):肺间质结缔组织由于多量纤维素渗出而呈炎性水肿,间质中的炎性细胞有的已崩解。肺泡内充满纤维素。

(5)大叶性肺炎

高倍镜观察(40×10):可见边缘肺组织的肺泡处于充血期,移动视野,有的肺泡内充满均匀粉红色的纤维素和多量的白细胞,间质有白细胞浸润,但无红细胞,此为灰色肝变区;有的肺泡内充满纤维素和红细胞,此为红色肝变区。

(6)化脓性肺炎

低倍镜观察(10×10):移动视野可见到染成蓝紫色的化脓病灶,大小不一,较大化脓灶周围毛细血管充血,肺泡内充满白细胞,已看不出肺泡轮廓。

高倍镜观察(40×10):在化脓灶内,可见到肺泡腔内充满大量中性白细胞及崩解碎片、淋巴细胞、纤维蛋白。

四、作业与思考题

1.支气管肺炎和大叶性肺炎在形态学上各有何特征?如何鉴别?

2.化脓性肺炎的化脓灶和正常的肺脏区域有何区别?

3.选取2张切片绘图。

实验三　泌尿系统形态学观察

一、实验目的与要求

掌握泌尿系统的基本形态学结构及病理变化的特点。

二、实验器材

(1)器械　数码生物显微镜、数码体视显微影像系统、显微数码互动设备。

(2)材料　大体标本:急性肾小球肾炎(猪瘟)、间质性肾炎(白斑肾);组织及病理切片:肾、输尿管、膀胱、慢性肾小球肾炎。

三、实验内容与方法

1.大体标本观察

(1)急性肾小球肾炎(猪瘟)　可见肾脏呈苍白色,表面和切面密布针尖至粟粒大的出血点。

(2)间质性肾炎(白斑肾)　肾体积肿大,被膜紧张易剥离,肾表面散布较多的灰白色斑点状病灶,并呈反射状条纹伸入皮质深部,有时深达髓质,甚至形成大的灰白色斑块状病灶,有油脂样光泽,故称为“白斑肾”。

2.组织及病理切片观察

(1)肾

低倍镜观察(10×10):肾表面被覆结缔组织被膜,实质分为皮质和髓质。皮质可见大量圆形的肾小体,肾小体间分布有不同断面的肾小管,其中数量多,管径大、染成红色的是近曲小管;数量少、淡染的是远曲小管。髓质无肾小体分布,可见大量肾小管的切面,主要是直小管、小管细段和集合小管的断面。

高倍镜观察(40×10):肾小体断面呈圆形,由血管球和肾小囊组成。偶见有入球小动脉和出球小动脉的血管极或与近曲小管相连的尿极;血管球为毛细血管反复盘绕形成的毛细血管团,其中足细胞、球内系膜细胞和毛细血管内皮细胞的细胞核堆积在一起;肾小囊包在血管球外面,分为壁层和脏层。近曲小管在肾小体周围,管腔小而不规则,管壁由单层锥体形细胞构成,细胞界限不清。胞核圆形,位于细胞基部,排列较稀疏,胞质强嗜酸性,染成深红色。远曲小管较近曲小管少,管径略细,管腔稍大,腔面规则。管壁上皮为单层立方上皮,细胞排列紧密,胞质弱嗜酸性,染成粉红色,胞核圆形,靠近细胞顶部或居中。

(2)输尿管

低倍镜观察(10×10):管壁由内向外分为黏膜、肌层和外膜3层。黏膜形成许多纵行皱襞,使管腔显得不规则。

(3)膀胱

低倍镜观察(10×10):膀胱壁由内向外分为黏膜、肌层和外膜3层。黏膜由变移上皮和固有层组成,肌层为内纵、中环、外纵3层平滑肌,外膜为结缔组织和间皮构成。

(4)慢性肾小球肾炎

低倍镜观察(10×10):移动视野观察肾皮质内的肾小球形态多样,部分肾小球皱缩并呈纤维化以及透明变性,间质浸润多量炎性细胞。

高倍镜观察(40×10):炎性细胞主要是淋巴细胞、巨噬细胞和浆细胞,有的肾小球囊壁因结缔组织增生变厚,整个肾小球或部分被结缔组织取代,其中细胞成分减少,胶原纤维增多,有的肾小球本身出现纤维化,其肾小管也萎缩消失。残余较正常的肾单位呈代偿性肥大,即肾小球体积增大、肾小管代偿性扩张、上皮细胞较正常者肿大。

四、作业与思考题

1.肾小球和肾小管发生病理变化在临床上表现为哪些不同的症状?

2.血源性肾炎和尿源性肾炎各有何病理特征?

实验四　神经系统形态学观察

一、实验目的与要求

掌握神经系统的基本形态学结构及病理变化的特点。

二、实验器材

（1）器械　数码生物显微镜、数码体视显微影像系统、显微数码互动设备。

（2）材料　大体标本：脑水肿、急性鸡新城疫（脑）、神经性链球菌病仔猪（脑）、狂犬病；组织及病理切片：小脑、大脑、非化脓性脑炎。

三、实验内容与方法

1.大体标本观察

（1）脑水肿　硬脑膜紧张，脑回扁平，蛛网膜下腔变狭窄或阻塞，色泽苍白，表面湿润，质地较软。

（2）急性鸡新城疫（脑）　蛛网膜、软脑膜充血，有时有点状出血，脑膜水肿和脑室积液。

（3）神经性链球菌病仔猪（脑）　蛛网膜、软脑膜充血；脑回平展，脑沟变浅；脑实质充血、出血。

（4）狂犬病　蛛网膜、软脑膜充血，有点状出血，脑膜水肿和脑室积液。

2.组织及病理切片观察

（1）小脑

低倍镜观察（10×10）：皮质由表面至深层可分3层结构：分子层最厚，位于皮质表面，染色浅，浅层神经细胞较少，深部神经细胞较多，为细而密的无髓神经纤维及散在染成紫蓝色的神经细胞核和神经胶质细胞核；蒲肯野细胞层为一层大而不连续的梨状神经元构成，染色较深，核大呈圆形，颗粒层由紧密排列的颗粒细胞和高尔基细胞组成，细胞排列紧密，但细胞分界不清，仅见密集的细胞核；髓质在皮质的深层，染色浅，主要由神经纤维和神经胶质细胞组成。

高倍镜观察（40×10）：皮质部蒲肯野细胞一列排开，核大，圆形，核内异染色质少，核仁明显；神经细胞大，胞体呈梨形。

（2）大脑

低倍镜观察（10×10）：皮质为多极神经元、神经纤维和神经胶质细胞构成。

高倍镜观察（40×10）：大脑皮质分为6层：分子层为最表面的一层，染成浅红色，神经细胞数量少，有水平细胞和星形细胞；外颗粒层主要由星形细胞和少量小锥体细胞组成；外锥体细胞层较厚，由许多中小型锥体细胞组成；内颗粒层细胞密集，主要为星形细胞；内锥体细胞层细胞较稀少，主要由大、中型锥体细胞组成；多形细胞层以梭形细胞为主，排列较稀疏。髓质染成浅粉色,神经纤维排列较为整齐,其中可见神经胶质细胞。

(3)非化脓性脑炎

低倍镜观察(10×10):脑实质内小血管明显扩张充血,血管周围明显增宽。

高倍镜观察(40×10):淋巴细胞为主的炎性细胞形成袖套状浸润现象(即包绕血管周围),神经细胞肿胀,尼氏小体消失,胞浆内出现空泡和偏位,有的神经细胞周围固缩,胞浆、胞核均浓染而外形不整齐,变性的神经细胞溶解,有的结构完全消失而坏死,周围有增生的小胶质细胞围绕,有的神经组织呈局灶性软化灶(颜色较浅,质地疏松的筛网状病灶),即为液化性坏死灶,胶质细胞增生呈弥漫性或局灶性分布。

四、作业与思考题

1.非化脓性脑炎的病理性特征是什么?

2.食盐中毒造成猪脑炎的病理机理是什么?

实验五　猪的病理剖检

一、实验目的与要求

通过实验让学生初步掌握猪的剖检技术，了解猪重要脏器常见病变及对应的疾病状况，综合分析病理变化的方法，了解剖检记录以及病料的采集、保存的要求。

二、实验原理

选择临床发病猪，通过尸体剖检，观察综合分析病理变化，进行初步病理诊断及疾病诊断。

三、实验器材

(1)器械　手术刀、手术剪、锯、凿、磨刀石、绳线、注射器和针头、镊子、广口瓶、载玻片、真空采血管、冷藏瓶(箱)、酒精灯等。

(2)材料　病死猪1头、消毒液、30%甘油生理盐水、10%福尔马林溶液、酒精棉球、乳胶手套、无水酒精、95%酒精、二甲苯等。

四、实验内容与方法

1.技术路线(图8-2)

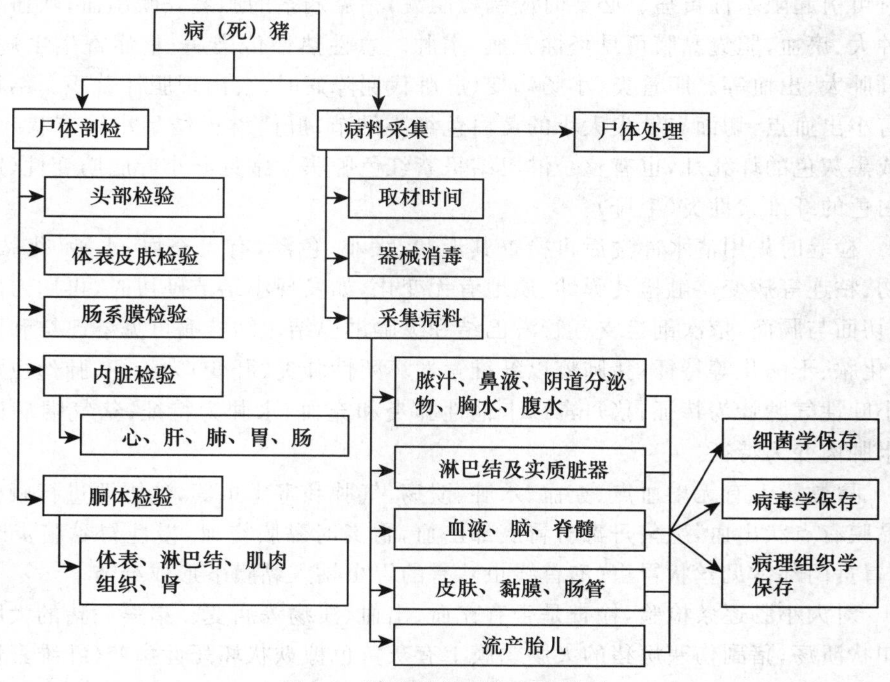

图8-2　猪病理解剖技术路线图

2. 动物致死

猪用放血致死法致死。

3. 头部检查

头部检验以咽颊型为主。在放血后5 min开始检验,沿刺刀的刀口切开两侧下颌淋巴结进行检验,检视其周围有无水肿、胶样浸润,淋巴结是否肿大,切面是否正常,有无坏死灶(紫、黑、灰),必要时切开颌下副淋巴结及扁桃体检验有无异变状,头、蹄检验有无水泡。落头前可检验咬肌有无囊虫寄生和其他病变。

4. 体表皮肤检验

待皮张剥除后检验,可结合脂肪表面的病变进行鉴别诊断,检查皮肤色泽,有无出血点、斑,充血疹块。

5. 肠系膜检查

将肠系膜淋巴结全部切开(其长度不小于20 mm)。常见肠系膜上有充血、水肿、胶样浸润,个别病例有痈形成。

6. 内脏检查

(1)心　正常心呈淡粉红或浅棕红色,质坚实有弹性。检查心包、心外膜有无异常;心的大小、色泽是否正常,有无寄生虫(囊虫、浆膜丝虫),心肌色泽、硬度有无变化及是否有出血点,注意观察心脏冠状沟、纵沟和心耳的变化。应由表及里地根据血液出入方向顺序切开心脏检查,看房室中的血液是否呈凝固状态,二尖瓣或主动脉瓣是否有花椰菜状赘生物或肿瘤病灶。

(2)肝　肝呈红褐色,间质多实感。检查时,首先观察肝的形状、大小、色泽,触检其弹力,先看脏面后看膈面,并剖检肝门淋巴结。切开胆管视其是否扩张,有无寄生虫侵入。如当胆管中有肝片吸虫、华支睾吸虫寄生时胆管怒张,切开胆管压至虫体溢出;蛔虫异位寄生阻塞大胆管(肝管)时可引起阻塞性黄疸。必要时应剖检胆囊,猪瘟病猪的胆囊黏膜出血;败血型猪丹毒病猪的肝肿大、瘀血,胆囊黏膜可见炎性充血、水肿。急性热性传染病、重症寄生虫病、中毒等都能引起肝肿大、出血等。胆管炎、小肠病变、肝脏代谢障碍时,会出现胆汁蓄积。结核病病猪的肝表面有小出血点,切面有针尖大小的黄白色细小结节;肝门淋巴结呈小结节状病变,切面见有紫色或黑灰色的坏死灶,也有整个淋巴结呈紫红色肿胀。常见肝小叶脂肪变性(饥饿肝),肝表面呈白色的纤维素性炎(毛肝)。

(3)肺　检验时先用清水冲洗后再检查其形状、大小、色泽,有无充血、水肿、化脓灶、纤维素性渗出物、粘连等病变。触检其弹性、质地有无变化,如发现小结节硬块时,再用刀剖开肺的实质,检查切面与膈面,依次剖检支气管淋巴结和纵膈淋巴结。结核病可见淋巴结和肺实质中有小结节、化脓、干酪化等特征;猪肺疫以纤维素性坏死性肺炎(肝变)为特征;肺丝虫病以突出表面白色小叶性气肿灶为特征;猪丹毒以卡他性肺炎和充血、水肿为特征;猪气喘病以对称性肺的炎性水肿肉变为特征。

(4)胃　胃黏膜上有无出血点、充血、水肿、溃疡、气肿和寄生虫等,猪胃要进行触检。猪瘟病猪的胃黏膜有点状出血,患猪丹毒时胃底部出血,胃炎时黏膜充血,慢性胃黏膜炎时黏膜肥厚有皱褶;胃贲门部常见丝状胃虫(泡首线虫),有的胃虫钻入黏膜下形成结节。

(5)肠　对大小肠逐条检验,检查是否有充血、出血、溃疡等病变。猪瘟病猪的大肠回盲瓣附近有纽扣状溃疡;猪副伤寒病猪的大肠黏膜上有灰黄色糠麸状坏死性病变(纤维素性坏死性肠炎)和溃疡。

7. 胴体检查

（1）体表　在表皮检验的基础上再重复观察皮肤、脂肪、肌肉、骨骼、胸腹膜有无异常；猪瘟、猪巴氏杆菌病病猪的皮肤上有出血点和出血斑；猪丹毒病猪的皮肤上有疹块或弥漫性充血（俗称大红袍），脂肪呈鲜艳的桃红色，甚至发现肌肉中有血滴流出。黄疸病猪全身组织被染成黄色，黄脂病猪仅脂肪黄染。

（2）淋巴结　需剖检腹股沟浅淋巴结、腹股沟深淋巴结、髂内淋巴结和髂外淋巴结、股前淋巴结，必要时剖检腘淋巴结和颈浅背侧淋巴结（肩胛前淋巴结）及其他淋巴结，主要看是否有特征性病理变化。如猪瘟，淋巴结边缘出血，网状出血，由红色至黑紫红色；猪丹毒淋巴结水肿、充血、多汁；结核病有结核结节，还有化脓和其他炎症等。

（3）肌肉组织检查　将股部内侧肌连同腰肌全部切开检查。为保持臀部肌肉的完整性，只沿最后腰椎开始紧贴脊椎将腰肌切开，再纵切两刀加以观察。要求纵切，切忌横切。观察有无囊虫、囊变、肉孢子虫、孟氏裂头蚴等。另外，还要注意是否有其他病变，如出血、瘀血、水肿、变性、溃疡等。患气肿疽时，剖检四肢肌肉丰满部位可见肌肉中夹杂黑色条纹，并有气泡和特异酸臭味散出。

（4）肾　在胴体检验中同时进行肾的检验，用刀划破肾包膜，检查其形状、大小、色泽和弹性。肾是泌尿系统中最主要的器官，多种传染病均可侵害肾引起病变。猪瘟病猪的肾贫血，有大小不一的出血点；猪巴氏杆菌病的肾瘀血、肿大，有大小不一的出血点；猪丹毒病猪的肾充血、肿大，有出血斑点，有时呈黑紫色；肾常有囊肿，猪肾虫在肾门附近形成较大的结缔组织包囊，切开可发现成虫。

五、作业与思考题

1. 将观察结果记入表 8-1 内。

表 8-1　猪的病理剖检观察

畜类		品种		年龄		性别		体重		特征	
畜主					地址						
病畜死亡时间				剖检时间				剖检地点			
剖检者				出席者				记录者			
病历记录								经手兽医			
体表皮肤检查											
肠系膜检查											
内脏检查											
胴体检查											
病理学诊断											
疾病诊断											
备注											

2. 猪死后有哪些正常的变化？如何将它们与死前的病理变化进行区别？

实验六　鸡的病理剖检及病料采集

一、实验目的与要求

通过实验让学生初步掌握家禽的剖检技术，综合分析病理变化的方法，了解剖检记录以及病料的采集、保存要求。

二、实验原理

选择临床发病鸡，通过尸体剖检，观察综合分析病理变化，进行初步病理诊断及疾病诊断。

三、实验器材

(1)器械　手术刀、手术剪、锯、凿、磨刀石、绳线、注射器和针头、镊子、广口瓶、载玻片、真空采血管、冷藏瓶(箱)、酒精灯等。

(2)材料　病死鸡、消毒液、30%甘油生理盐水、10%福尔马林溶液、酒精棉球、乳胶手套、无水酒精、95%酒精、二甲苯等。

四、实验内容与方法

1. 技术路线(图 8-3)

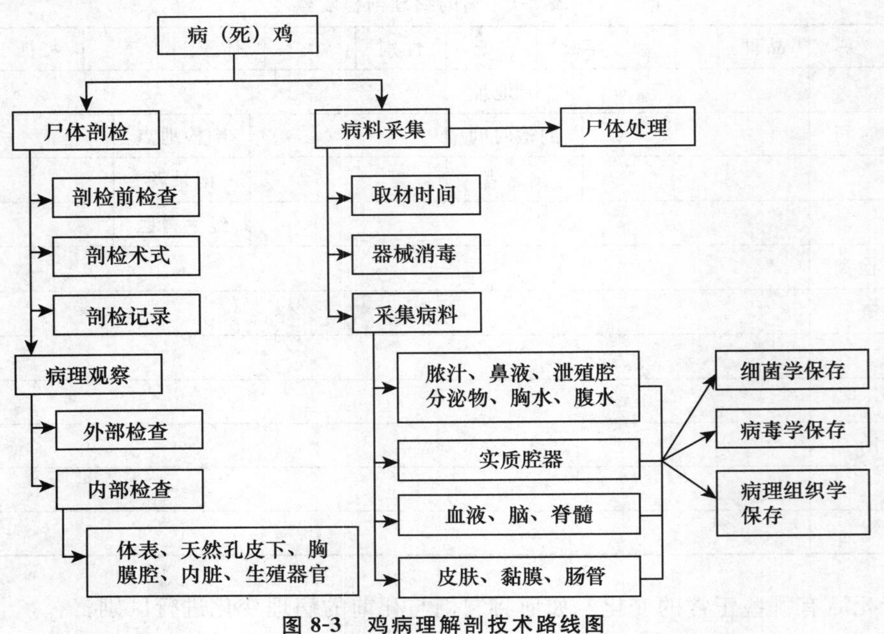

图 8-3　鸡病理解剖技术路线图

2. 动物致死

活鸡用颈部放血法致死。

3. 尸体剖检前体表皮肤检查

辨认尸体变化，营养状态，皮肤及皮下组织状态，可视黏膜及天然孔状态。

4. 尸体剖检顺序

剖检之前，用水或消毒水将绒毛浸湿，防止绒毛飞扬扩大传染。尸体取背卧位，将头部、两肢固定于解剖板上或钝性充分展开。剪开胸腹部皮肤，打开体腔后，把肝、脾脏、腺胃、肌胃和肠管一起取出。然后切去胸部肌肉，用骨剪剪去胸骨与肋骨的连接部，去掉胸骨，打开胸腔全部。再用骨剪剪开喙角，打开口腔，将舌、食管、嗉囊从颈部剥离下来。再用手术刀柄钝性分离肺脏，将肺、心脏和血管一起取出。肾脏位于脊椎深凹处，应用钝性剥离方法取出。鼻腔可用骨剪剪开，轻轻压迫鼻腔及其内容物。脑的采集需将关节部皮肤剥离，用骨剪将颅骨、顶骨作环形剪开，将大、小脑取出。

5. 外部检查

在尸体剥皮前，对尸体外表进行一次全面检查。外部检查包括检查品种、日龄、性别、毛色、营养状态、皮肤、可视黏膜以及部分死征等。

6. 内部检查

(1)皮下检查　将鸡尸体仰放(即背卧位)在搪瓷盘内或垫纸上用力掰开两腿，使髋关节脱位，拔掉颈、胸、腹正中部的羽毛，沿胸骨嵴部纵行切开皮肤，然后向前、后延伸至嘴角和肛门，向两侧剥离颈、胸、腹部皮肤。观察皮下有无充血、出血、水肿、坏死等病变，注意胸部肌肉的丰满程度、颜色、有无出血点、坏死。观察龙骨是否变形、弯曲。在颈椎两侧寻找并观察胸腺的大小及颜色，有无小的出血、坏死灶。

(2)剖开胸腹腔　在后腹部，将腹部壁横行切开，顺切口的两侧分别向前剪断胸肋骨、啄骨及锁骨，最后把整个胸壁翻向头部，使整个胸腔和腹腔器官都清楚地显露出来。

(3)器官检查　体腔打开后，注意观察各脏器的位置、颜色、浆膜的状况，体腔内有无液体、各脏器之间有无粘连。然后再分别取出各个内脏器官，先将心脏连心包一起剪离，再取出肝。在食管末端切断，向后牵拉腺胃，边牵拉边剪断胃肠与背部的联系。然后在泄殖腔前切断直肠(或连同泄殖腔一同取出)，即可取出胃肠道。在分离肠系膜时，要注意肠系膜是否光滑，有无充血及肿块，在胃肠取出时，注意检查在泄殖腔背侧的腔上囊(原位检查即可，也可取出)，剪开可见黏膜面湿润，皱褶明显，该器官在鸡10周龄前逐渐增大，此后随性成熟而自然退缩。在体腔打开后看气囊的厚薄，有无渗出物、霉斑等。陷于肋间内及腰荐骨凹陷处的肺和肾，可用外科刀柄或手术剪剥离取出。取出肾脏时、要注意输尿管的检查。口腔、颈部器官检查，剪开一侧口角，观察后鼻孔、腭裂及喉口有无分泌物堵塞、口腔黏膜有无伪膜，再剪开喉头、气管、食道及嗉囊、观察管腔及黏膜的性状、有无渗出物及渗出物的性状、黏膜的颜色，有无出血，伪膜等，注意嗉囊内容物的数量、性状及内膜的变化。脑的取出，可先用刀剥离头部皮肤，再剪除颅顶骨，即可露出大脑和小脑，将头顶部朝下，剪断脑下部神经将脑取出。外周神经检查，在大腿内侧剥离内收肌，即可暴露坐骨神经；在脊椎的两侧可见腰荐神经丛。对比观察两侧神经粗细、横纹及颜色、光滑度。按一定顺序参照猪的剖检方法进行脏器的检查。

(4)生殖器官　公禽检查睾丸，睾丸检查可在原位进行，注意其外形、大小、质地和色泽，观察切面有无充血、出血、瘢痕、结节、化脓和坏死等。母禽卵巢的检查可在原位，注意其大小、形状、颜色,卵黄发育状况或病变,卵泡及卵巢的外形、大小、质地和色泽有无异常,输卵管(位于左侧,右侧已退化,只见一水泡样结构)检查可在原位进行,观察输卵管浆膜面有无粘连、膨大、狭窄、囊肿,然后剪开注意腔内有无异物或黏液、水肿液,黏膜有无肿胀、出血等病变。

五、作业与思考题

1. 将观察结果记入表8-2内。

表8-2 鸡的病理剖检观察

<table>
<tr><td>畜类</td><td></td><td>品种</td><td></td><td>年龄</td><td></td><td>性别</td><td></td><td>体重</td><td></td><td>特征</td><td></td></tr>
<tr><td>畜主</td><td colspan="4"></td><td colspan="2">地址</td><td colspan="5"></td></tr>
<tr><td colspan="2">病畜死亡时间</td><td colspan="3"></td><td colspan="2">剖检时间</td><td colspan="2"></td><td colspan="2">剖检地点</td><td></td></tr>
<tr><td colspan="2">剖检者</td><td colspan="3"></td><td colspan="2">出席者</td><td colspan="2"></td><td colspan="2">记录者</td><td></td></tr>
<tr><td colspan="2">病历记录</td><td colspan="7"></td><td colspan="2">经手兽医</td><td></td></tr>
<tr><td colspan="2">体表皮肤检查</td><td colspan="10"></td></tr>
<tr><td colspan="2">内部检查</td><td colspan="10"></td></tr>
<tr><td colspan="2">外部检查</td><td colspan="10"></td></tr>
<tr><td colspan="2">病理学诊断</td><td colspan="10"></td></tr>
<tr><td colspan="2">疾病诊断</td><td colspan="10"></td></tr>
<tr><td colspan="2">备注</td><td colspan="10"></td></tr>
</table>

2. 鸡死后有哪些正常的变化?如何将它们与死前的病理变化进行区别?

(涂健)

第九章 动物机能学实习

实验七　心血管活动的生理性和药理性调节

一、实验目的与要求

用哺乳动物动脉血压直接测定的方法，观察体液因素对心血管活动的调节，各种药物对心血管系统的作用特点及阻断药的作用。

二、实验原理

在正常生理情况下，心血管活动受神经、体液和自身机制的调节。此外，血液中各种药物及一些理化因子均可调控心血管的活动。同时，这些物质的受体阻断剂也影响心血管系统的活动。

三、实验器材

(1)器械　生物信息采集处理系统(或生理记录仪、刺激器)、兔手术台、压力换能器、气管插管、动脉套管、动脉夹、外科手术器械一套、注射器(50 mL、10 mL、2 mL)、支架、双凹夹、保护电极。

(2)材料　成年家兔，生理盐水、20%氨基甲酸乙酯(或3%戊巴比妥钠)溶液、肝素(1 000 U/mL)溶液、0.01%盐酸肾上腺素溶液、0.01%去甲肾上腺素溶液、0.01%乙酰胆碱溶液、0.01%盐酸多巴胺溶液、0.1%硫酸异丙肾上腺素溶液、1%酚妥拉明溶液(α受体阻断剂)、0.01%盐酸普萘洛尔溶液(β受体阻断剂)、0.01%硫酸阿托品溶液(M受体阻断剂)、棉线、纱布、棉球。

四、实验内容与方法

1.连接仪器

动脉插管通过三通与压力换能器连接,压力换能器与生物信息采集处理系统的压力通道连接;刺激电极与系统的刺激输出连接。

2.麻醉、固定动物

兔保定、麻醉、气管插管、动脉插管(方法同实验二十四:动脉血压的直接测定)。

3.实验项目

(1)体液调节

①静脉注射盐酸肾上腺素溶液:待血压基本稳定后,由耳缘静脉注入0.01%盐酸肾上腺素溶液每千克体重0.15~0.2 mL,观测血压变化。

②静脉注射去甲肾上腺素溶液:待血压基本稳定后,由耳缘静脉注入0.01%去甲肾上腺素溶液每千克体重0.15~0.2 mL,观测血压变化。

③静脉注射乙酰胆碱溶液:待血压基本稳定后,由耳缘静脉注入0.01%乙酰胆碱溶液每千克体重0.15~0.2 mL,观测血压的变化。

(2)药物调节

④静脉注射硫酸异丙肾上腺素溶液:待血压基本稳定后,由耳缘静脉注入0.1%硫酸异丙肾上腺素溶液每千克体重0.15~0.2 mL,观测血压变化。

⑤静脉注射盐酸多巴胺溶液:待血压基本稳定后,由耳缘静脉注入0.01%盐酸多巴胺溶液每千克体重0.15~0.2 mL,观测血压变化。

⑥静脉注射酚妥拉明溶液:待血压基本稳定后,由耳缘静脉注入1%酚妥拉明溶液每千克体重0.2 mL,观测血压变化。1 min后重复实验项目1、2的操作,分别观察血压变化与前者有何不同。

⑦静脉注射盐酸普萘洛尔溶液:待血压基本稳定后,由耳缘静脉注入0.01%盐酸普萘洛尔溶液每千克体重0.5 mL,观测血压变化。1 min后重复实验项目1、2的操作,分别观察血压变化与前者有何不同。

⑧静脉注射硫酸阿托品溶液:待血压基本稳定后,由耳缘静脉注入0.01%硫酸阿托品溶液每千克体重0.1 mL,观测血压变化。待血压基本恢复后,重复实验项目3的操作,观察血压变化与前者有何不同。

实验结果记入表9-1中。

表9-1 心血管活动的生理性和药理性调节

序号	实验项目	血压变化	序号	实验项目	血压变化
①	盐酸肾上腺素		⑥+②	酚妥拉明后,再加去甲肾上腺素	
②	去甲肾上腺素		⑦+①	普萘洛尔后,再加肾上腺素	
③	乙酰胆碱		⑦+②	普萘洛尔后,再加去甲肾上腺素	
④	硫酸异丙肾上腺素		⑧	硫酸阿托品	
⑤	盐酸多巴胺		⑧+③	阿托品后,再加乙酰胆碱	
⑥+①	酚妥拉明后,再加肾上腺素				

4.实验注意事项

(1)本实验对麻醉要求较严,过浅则动物挣扎,过深则反射不灵敏。

(2)进行每一项目后,须待血压恢复正常或平稳后方可进行下一项观察。

(3)注入药物后,应再补充数毫升生理盐水,使药物全部进入血液循环。需仔细观察,血压出现变化即停止注射。

(4)实验中应保持导管畅通并注意为动物保温。

(5)实验中注射药物较多,要注意保护耳缘静脉。

五、作业与思考题

1.肾上腺素和乙酰胆碱对心脏的作用机制是什么?

2.在注射酚妥拉明前后,使用肾上腺素和去甲肾上腺素,对心血管活动的影响有何不同?其作用机制是什么?

3.在注射普萘洛尔前后,使用肾上腺素和去甲肾上腺素,对心血管活动的影响有何不同?其作用机制是什么?

4.在注射阿托品前后,使用乙酰胆碱,对心血管活动的影响有何不同?其作用机制是什么?

实验八　呼吸运动的调节及呼吸功能不全

一、实验目的与要求

用呼吸运动描记的方法，观察各种理化因素对呼吸运动的调节，并分析其作用的机理。通过复制呼吸功能不全模型，观察由于外呼吸功能严重障碍导致的呼吸功能不全，并分析其作用的机理。

二、实验原理

呼吸运动是呼吸中枢节律性活动的反映。呼吸中枢的活动受内、外环境各种刺激的影响，可直接作用于呼吸中枢或通过不同的感受器反射性地影响呼吸运动。其中较重要的有呼吸中枢、牵张反射和各种化学感受器的反射性调节。

此外，如果动物处于窒息、气胸、肺水肿等状态，将导致通气功能障碍、气体弥散障碍及肺泡通气与血流比例失调，引起呼吸功能不全。

三、实验器材

（1）器械　生物信息采集处理系统（或二道生理记录仪、刺激器）、呼吸换能器（或张力换能器）、刺激电极、兔手术台、外科手术器械一套、气管插管、50 cm 橡皮管、注射器（1 mL、5 mL、10 mL、50 mL）、针头（4 号、6 号、9 号、16 号）、胸内套管、CO_2 球胆、空气球胆、钠石灰瓶、纱布、棉线等。

（2）材料　家兔，20％氨基甲酸乙酯溶液、0.5％肝素、1％普鲁卡因、10％氯化钠（或油酸）、3％乳酸溶液、生理盐水。

四、实验内容与方法

1.连接仪器

呼吸（张力）换能器与生物信息采集处理系统的 CH1 通道相连；刺激电极与刺激输出相连。

2.麻醉、固定动物

兔保定、麻醉、气管插管、动脉插管（方法同实验二十四：动脉血压的直接测定）。

3.呼吸运动的描记

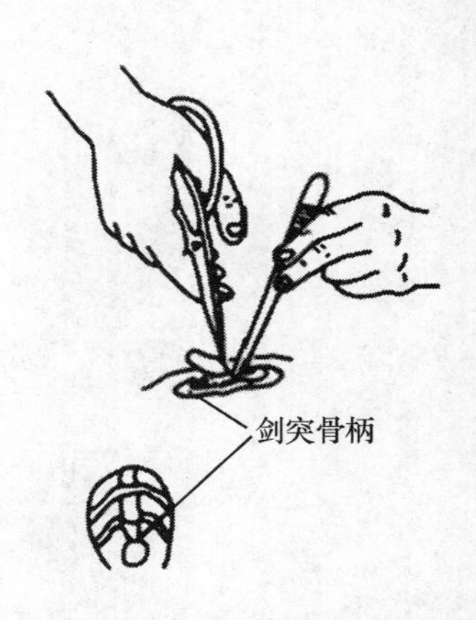

图 9-1　游离剑突软骨

切开胸骨下端剑突部位的皮肤，沿腹白线剪开约 2 cm 小口，打开腹腔。暴露出剑突内侧面附着的两块膈小肌，仔细分离剑突与膈小肌之间的组织，并剪断剑突软骨柄（注意止血），使剑突完全游离（图 9-1）。此时可观察到剑突软骨完全跟随膈肌收缩而上下自由运动。用一弯钩钩住剑突软骨，弯钩另一端与张力换能器相连，将信息输入生物信息采集处理系统，记呼吸运动曲线。或将呼吸换能器安放在气管插管的侧管上记录呼吸运动。

4.观察项目

(1)正常心脏收缩曲线记录

正常曲线：正常呼吸曲线描记，观察正常呼吸运动曲线与吸气相和呼气相的关系。

(2)呼吸运动调节

①增加 CO_2：将充满 CO_2 的球胆开口对准气管插管一侧管，松开球胆夹子，缓慢增加吸入气中 CO_2 浓度，观察呼吸运动变化。待呼吸变化明显时夹闭球胆。

②缺 O_2：将一侧气管套管夹闭，呼吸平稳后，另一侧套管通过一只钠石灰瓶与盛有空气的球胆相连，使动物呼吸球胆中的空气。经过一段时间后，球胆中的氧气明显减少，但 CO_2 并不增多(钠石灰将呼出气中 CO_2 吸收)，观察呼吸运动变化。待呼吸变化明显后，恢复正常呼吸。

③增大无效腔：夹闭一侧气管套管，呼吸平稳后，另一侧套管接一段约 50 cm 长的橡皮管，动物通过此橡皮管呼吸，观察呼吸运动的变化，结果明显后去掉橡皮管恢复正常呼吸。

④牵张反射：将事先装有空气(约 20 mL)的注射器(或用洗耳球)经橡皮管与气管套管的一侧相连，在吸气相之末堵塞另一侧管，同时立即向肺内打气，可见呼吸运动暂时停止在呼气状态。当呼吸运动出现后，开放堵塞口，待呼吸运动平稳后再于呼气相之末堵塞另一侧管，同时立即抽取肺内气体，可见呼吸暂时停止于吸气状态，分析变化产生的机理。

⑤迷走神经作用：中等强度重复脉冲刺激迷走神经，观察刺激期间呼吸运动的变化。

⑥增加血液中 H^+ 浓度：经耳缘静脉快速注入 3%乳酸 1～2 mL，观察呼吸运动的变化。

(3)呼吸功能不全

①复制阻塞性通气障碍：完全夹闭气管插管，使动物处于窒息状态 30 s，或夹闭气管插管的 2/3，使动物处于不完全窒息状态 8～10 min，观察呼吸频率、强度和血压变化情况。解除夹闭，等候 10 min，待动物呼吸恢复正常。

②复制限制性通气障碍：在兔右胸第 4、5 肋骨之间沿肋骨上缘作一长约 2 cm 的皮肤切口。将胸内套管或 16 号针头(尖端磨圆)从肋间插入胸膜腔。观察呼吸频率、强度和血压变化情况。用 50 mL 注射器将胸膜腔内空气抽尽并拔出针头，等候 10 min，待动物呼吸恢复正常。

③复制肺水肿：

方法一，抬高兔手术台头端，保持气管处于正中部位置。用 2 mL 注射器将 1～2 mL(剂量按动物大小定量)缓慢滴入气管内，造成渗透性肺水肿。5～10 min 后放平手术台，观察呼吸频率、强度和血压变化。

方法二，耳缘静脉缓慢注射油酸每千克体重 0.06～0.08 mL，30 min 后观察呼吸频率、强度和血压变化。

实验结果记入表 9-2 中。

表 9-2 呼吸运动的调节及呼吸功能不全

序号	实验项目	呼吸频率	呼吸强度	血压
1	正常曲线			
2	增加 CO_2			
3	缺 O_2			

续表9-2

序号	实验项目	呼吸频率	呼吸强度	血压
4	增大无效腔			
5	牵张反射			
6	迷走神经作用			
7	增加血液中 H^+ 浓度			
8	复制阻塞性通气障碍			
9	复制限制性通气障碍			
10	复制肺水肿			

5.实验注意事项

(1)气管插管内壁必须清理干净后才能进行插管。

(2)气流不宜过急,以免直接影响呼吸运动,干扰实验结果。

(3)当增大无效腔出现明显变化后,应立即打开橡皮管的夹子,以恢复正常通气。

(4)经耳缘静脉注射乳酸要避免外漏引起动物躁动。

(5)每一项前后均应有正常呼吸运动曲线作为比较。

(6)用穿刺针时不要插得过猛过深,以免刺破肺泡组织和血管,形成出血过多。

(7)人工气胸后胸膜腔内气体一定要抽尽,待呼吸恢复后方可进行下一步实验。

六、作业与思考题

1.增加吸入气中 CO_2 浓度、缺 O_2 刺激和血液 pH 下降均使呼吸运动加强,机制有何不同?

2.迷走神经在节律性呼吸运动中起何作用?

3.平静呼吸时,胸内压为什么始终低于大气压?

4.实验中各种呼吸功能不全发生的机制是什么?

实验九　尿生成的调节及药物对泌尿的影响

一、实验目的与要求

用膀胱套管或输尿管套管引流的方法，观察神经和体液因素对尿生成的调节，并分析其作用机制。观察各种药物对机体泌尿的影响，并分析其作用机制。

二、实验原理

尿是血液流过肾单位时经过肾小球滤过，肾小管重吸收和分泌而形成的，凡对这些过程有影响的因素都可影响尿的生成。肾小球的滤过作用取决于肾小球的有效滤过压，其大小取决于肾小球毛细血管血压，血浆的胶体渗透压和肾小囊内压。影响肾小管重吸收作用主要是小管内渗透压和小管上皮细胞的重吸收能力，后者受到多种药物的调节。

三、实验器材

(1)器械　生物信息采集处理系统(或二道生理记录仪、电子刺激器)、压力换能器、保护电极、计滴器、恒温浴槽、外科手术器械一套、兔手术台、气管插管、膀胱导管(或输尿管导管)、动脉插管、注射器(1 mL、20 mL)及针头、烧杯、试管架及试管、酒精灯等。

(2)材料　兔，20%氨基甲酸乙酯(或2%戊巴比妥钠溶液)、肝素生理盐水溶液(100 U/mL)、生理盐水、20%葡萄糖溶液、0.01%去甲肾上腺素、垂体后叶激素、呋塞米(速尿)。

四、实验内容与方法

1. 实验的制备

(1)麻醉　20%氨基甲酸乙酯溶液按 5 mL/kg 耳缘静脉注射麻醉家兔(稍偏深，避免发生痛性闭尿)，将兔仰卧固定于手术台上。

(2)颈部手术

①暴露气管，施气管插管。

②分离左侧颈总动脉，按常规将充满肝素生理盐水的动脉插管插入其内，动脉插管通过三通与压力换能器连接，记录血压。

③分离右侧的迷走神经，穿线备用，用温生理盐水纱布覆盖创面。

(3)尿液的收集可选用膀胱导管法或输尿管插管法

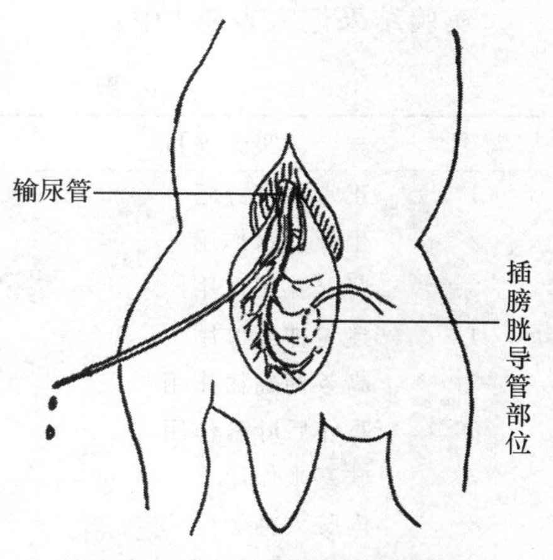

图 9-2　兔输尿管和膀胱导尿法

①膀胱导尿法：如图 9-2 所示，膀胱导尿法自耻骨

联合上缘向前沿正中线作一个 4 cm 左右长的皮肤切口,再沿腹白线剪开腹壁及腹膜(注意勿伤腹腔脏器),找到膀胱,将膀胱向尾侧翻至体外(注意勿使肠管外露,以免血压下降)。再于膀胱底部找出两侧的输尿管,认清两侧输尿管在膀胱壁上开口的部位。小心地从两侧输尿管的下方穿 1 条丝线,将膀胱上翻,结扎膀胱颈部。然后,在膀胱顶部血管较少处作一荷包缝合,再在其中央剪一小口,插入膀胱导管,收紧缝线,结扎固定。膀胱导管的喇叭口应对着输尿管开口处并紧贴膀胱壁。膀胱导管的另一端通过橡皮导管和直管连接至计滴器,并在它们中间充满生理盐水。

②输尿管插管法:沿膀胱找到并分离两侧输尿管,在靠近膀胱处穿线将它结扎;再在此结扎前约 2 cm 的近肾端穿 1 根线,在管壁剪一斜向肾侧的小切口,插入充满生理盐水的细塑料导尿管并用线扎住固定,此时可看到有尿滴滴出。再插入另一侧输尿导管。将两插管并在一起连至计滴器。手术完毕后,用温生理盐水纱布覆盖腹部切口。

(4)分离内脏大神经。

2. 仪器连接

若使用生物信息采集处理系统,将压力换能器接在 CH2 通道,记录血压。尿滴记录线接在计滴器上,通过计滴器与系统的 CH4 通道连接,描记尿的滴数。刺激电极与系统的刺激输出相连。

3. 实验项目

(1)记录正常情况下每分钟尿分泌的滴数。

(2)耳缘静脉注射 38℃的 0.9% NaCl 溶液 15~20 mL,观察血压和尿量的变化。

(3)耳静脉注射 0.01%肾上腺素 0.2~0.5 mL,观察血压和尿量的变化。

(4)将一侧颈迷走神经结扎,以中等强度电刺激迷走神经的离中端,持续 0.5~1 min,观察血压和尿量的变化。

(5)静脉灌注 38℃20%葡萄糖溶液 10 mL,观察血压和尿量的变化。

(6)耳缘静脉注射垂体后叶素 0.5 mL(6 U/mL),观察血压和尿量的变化。

(7)耳缘静脉注射 1%呋塞米 0.5 mL/kg;5 min 后观察血压和尿量的变化。

(8)电刺激内脏大神经,观察血压和尿量的变化。

(9)耳缘静脉注射 10% NaCl 或 10%尿素液 2 mL,观察血压和尿量的变化。

实验结果记入表 9-3 中。

表 9-3 尿生成的调节及药物对泌尿的影响

序号	实验项目	血压	尿液
1	正常尿液分泌		
2	生理盐水作用		
3	肾上腺素作用		
4	迷走神经作用		
5	高渗葡萄糖作用		
6	垂体后叶素作用		
7	呋塞米作用		
8	内脏大神经		
9	高渗 NaCl 或尿素作用		

4. 实验注意事项

(1)选择家兔体重在 2.5～3.0 kg，实验前给兔多喂菜叶，或用橡皮导尿管向兔胃内灌入 40～50 mL 清水，以增加基础尿量。

(2)手术动作要轻柔，腹部切口不宜过大，以免造成损伤性闭尿。

(3)因实验中要多次进行耳缘静脉注射，因此要注意保护好兔的耳缘静脉。应从耳缘静脉的远端开始注射，逐渐向耳根部推进。

(4)输尿管插管时，注意避免插入管壁和周围的结缔组织中；插管要妥善固定，不能扭曲，否则会阻碍尿的排出。

(5)实验顺序的安排：在尿量增加的基础上进行减少尿生成的实验项目，在尿量少的基础上进行促进尿生成的实验项目。一项实验需在上一项实验作用消失，血压、尿量基本恢复正常水平时再开始。

(6)刺激迷走神经强度不宜过强，时间不宜过长，以免血压过低，心跳停止。

六、作业与思考题

1. 静脉快速注射生理盐水对尿量和血压有何影响？为什么？
2. 静脉注射去甲肾上腺素对尿量和血压有何影响？为什么？
3. 静脉注射葡萄糖对尿量和血压分别有何影响？为什么？
4. 电刺激迷走神经离中端对尿量和血压有何影响？为什么？
5. 垂体后叶素和呋塞米对尿量和血压分别有何影响？分析其作用机制。
6. 神经系统对尿量和血压分别有何影响？分析其作用机制。

实验十　兔失血性休克及其实验性治疗

一、实验目的与要求

(1)复制兔的失血性休克模型,观察兔失血性休克时血流动力学和肠系膜微循环的变化。

(2)观察用缩血管药物和扩血管药物不同治疗方法对休克的影响,加深对休克发病机制的理解。

二、实验原理

股动脉放血使循环血量减少,当快速失血量超过总血量的25%～30%时,引起心输出量减少,动脉血压下降,同时反射性地引起交感神经兴奋,外周血管收缩,组织器官微循环的灌流量急剧减少,发生休克。

三、实验器材

(1)器械　兔保定台、生物电信号采集处理系统、压力换能器、张力换能器、水检压计、微循环观察装置、动脉和静脉导管、输液装置、注射器(5 mL、20 mL、50 mL)、外科手术器械一套。

(2)材料　家兔,20%氨基甲酸乙酯(乌拉坦),0.3%肝素生理盐水,生理盐水。

四、实验内容与方法

1. 实验准备

(1)每组取健康成年兔一只,称重,耳缘静脉注射20%乌拉坦5 mL/kg全身麻醉。

(2)将兔仰卧位固定于兔实验台上,剪去颈部、腹部的被毛。

(3)在颈部正中切开皮肤,钝性分离皮下组织、肌肉,分离气管、左颈总动脉和两侧颈外静脉。插入气管插管,接张力换能器,并与生物电信号采集处理系统相连,以记录呼吸。左颈总动脉插入动脉导管(管内充满0.3%肝素生理盐水),接压力换能器,与生物电信号采集处理系统相连,以记录血压。左颈外静脉插管,同输液装置相连,以10滴/min速度输入生理盐水,保持静脉通畅,以备抢救时输液之用。右颈外静脉插管约6 cm,接压力换能器,与生物电信号采集处理系统相连,以记录中心静脉压。

(4)在一侧腹股沟区沿股动脉走行方向切开皮肤,分离股动脉,插入动脉导管,同50 mL注射器(预先抽取1%肝素2 mL)相连,并先夹闭动脉,以备放血之用。

(5)静脉注射0.3%肝素生理盐水3 mL/kg。

2. 实验项目

(1)观察记录血压、呼吸、皮肤黏膜颜色、中心静脉压。

(2)股动脉放血,血液流入注射器内,当血压降至40 mmHg时,停止放血。当代偿性血压升高时，再次放血，使血压稳定在 40 mmHg 持续 20～30 min。记录上述各项指标。

(3)分组治疗

甲兔：用动脉夹夹闭股动脉，将放出的血液经灭菌双层纱布过滤后经颈外静脉输入，待血液接近输完时，加入生理盐水 20 mL/kg、山莨菪碱 3 mg/kg，混合后由颈外静脉输入。观察并记录上述指标变化。

乙兔：夹闭股动脉后，将放出的血液经双层纱布过滤后经颈外静脉输入，待血液接近输完时，加入生理盐水 20 mL/kg、去甲肾上腺素 2 mg/kg，混合后由颈外静脉输入。观察并记录上述指标变化。并比较两组甲兔的不同。

3. 注意事项

(1)注射麻醉药速度不可过快，以免引起窒息。麻醉深浅要适度。

(2)手术过程中尽量减少出血。分离组织时，要钝性分离，尽量减少机体出血。

五、作业与思考题

兔失血性休克时，所观测指标有何变化？其机制是什么？

实验十一　急性右心衰竭的发生与药物治疗

一、实验目的与要求

(1)学习复制急性右心衰竭的动物模型,观察急性右心衰竭时血流动力学的主要变化。

(2)通过对急性右心衰竭的实验性治疗,加深对强心药物作用机制的理解。

二、实验原理

心脏过度负荷是引起心力衰竭的重要原因。静脉注射栓塞剂(液状石蜡或3.5%氢氧化铁悬液)造成肺小血管栓塞,导致右心室后负荷增加;大量快速输液可增加右心室的前负荷。当右心室前后负荷过度增加超过右心室的代偿限度时,导致右心室舒缩功能障碍而引起右心室衰竭。

急性右心衰竭的药物治疗主要采用利尿和强心。利尿使血容量减少,以减轻右心室的前负荷;强心剂主要通过抑制心肌细胞膜 Na^{+}-K^{+}-ATP 酶,提高细胞内 Ca^{2+} 浓度,由此发挥正性肌力作用而有效治疗心衰。

三、实验器材

(1)器械　兔保定台、生物电信号采集处理系统、压力换能器、张力换能器、动脉和静脉导管、输液装置、注射器、听诊器、棉线、纱布、脱脂棉、外科手术器械一套。

(2)材料　家兔、20%氨基甲酸乙酯(乌拉坦)、0.3%肝素生理盐水、生理盐水、液状石蜡、西地兰(去乙酰毛花苷)、呋塞米(速尿)、山莨菪碱(654-2)。

四、实验内容与方法

1.实验准备

(1)颈部手术　每组取健康家兔一只,称重,耳缘静脉注射20%氨基甲酸乙酯(乌拉坦)5 mL/kg全身麻醉。将兔仰卧位固定于兔实验台上,剪去颈部的被毛。在甲状软骨下颈部正中切开皮肤,分离皮下组织。

分离气管并插管:用钝性分离舌骨下肌群,分离出一段气管并穿一根粗棉线,在气管表面做一倒"T"形切口,插入气管插管并结扎固定。气管插管的一侧接张力换能器,并与生物电信号采集处理系统相连,记录呼吸。

分离颈总动脉并插管:气管两侧深处可见到与其平行的颈总动脉,分离左侧颈总动脉,结扎其远心端,用动脉夹夹闭近心端,用眼科剪在靠远心端结扎处的动脉壁上剪一斜口,向近心端插入动脉导管,用线结扎固定,接压力换能器,与生物电信号采集处理系统相连,记录血压。

颈外静脉分离并插管:钝性分离出两侧颈外静脉。左颈外静脉插入静脉插管与输液装置相连，结扎固定后，以 10 滴/min 的速度静滴生理盐水，以保持静脉通畅，以备输液之用；右颈外静脉插入与压力换能器相连的静脉插管，显示器上可观察到中心静脉压曲线，并随呼吸明显波动，此时曲线所示压力值即为中心静脉压值，结扎固定静脉插管。

(2)静脉注射 0.3%肝素生理盐水 2 mL/kg。

(3)手术完成后，让动物安静 10～20 min，然后观察并记录下列指标：动脉血压，中心静脉压、心率、呼吸频率和幅度、胸背部呼吸音，肝-中心静脉压反流实验(轻轻按压动物右肋弓下 3 s，记录中心静脉压上升的数值)。

2. 实验项目

(1)复制急性右心衰竭模型

注射栓塞剂：用 1 mL 注射器抽取经水浴加温至 38℃的液状石蜡 1 mL，以 0.2 mL/min 的速度通过耳缘静脉缓慢静推，注意观察血压、呼吸频率、中心静脉压。当血压有明显下降或中心静脉压有明显上升时，即停止注射，观察 5 min。如血压或中心静脉压又恢复到原水平，可再次缓慢推注少量液状石蜡，直至血压轻度下降(降低 10～20 mmHg)或中心静脉压明显升高为止(一般液状石蜡的用量不超过 0.5 mL/kg)，然后观察并记录上述各种指标变化。

快速输液：待动物的呼吸、血压较稳定后，以每分钟 5 mL/kg 的速度静脉输入生理盐水。输液过程中观察各项指标变化(心率、呼吸频率及幅度、动脉血压、中心静脉压、心音强度、胸背部水泡音、肝-中心静脉压反流试验)。输液量每增加 25 mL/kg，即测记各项指标 1 次。当输液量增加的 100～150 mL/kg 时，进行分组。

(2)分组处理

分为继续输液组和药物治疗组。

①继续输液组：继续输液，直至动物死亡。动物死亡后，挤压动物胸壁，观察气管内有无分泌物溢出，并注意其性状。剖开胸、腹腔(注意不要损伤脏器和大血管)，观察有无胸水、腹水及其量；观察心脏各腔体积；肺脏外观和切面观；肠系膜血管充盈情况，肠壁有无水肿，肝脏体积和外观情况。最后剪破腔静脉，让血液流出，观察此时肝脏和心腔体积的变化。

②药物治疗组：a. 按照 5 mg/kg 体重，静脉注射呋塞米。b. 按照 0.04～0.06 mg/kg 体重吸取西地兰注射液，加适量生理盐水稀释后，静脉缓慢推注。c. 山莨菪碱(属扩心管药物)按照 1 mg/kg 体重静脉注射。治疗后观察并记录动脉血压、中心静脉压、心率、呼吸频率和幅度、胸背部呼吸音，肝静脉压反流试验等指标的变化。

3. 注意事项

(1)在每项实验后，应等待血压基本恢复并稳定后再进行下一项。每次注射药物后应立即注射 0.5 mL 左右生理盐水，防止药液残留在针头内及局部静脉中，影响下一种药物的效应。

(2)注入栓塞剂的量是急性右心衰竭复制是否成功的关键，注入过少往往需要增加液体输入量，注入过多过快又容易造成动物的立即死亡。故一定要缓慢注入，并在注入过程中仔细观察血压、中心静脉压的变化。

(3)长时间耳缘静脉注射容易刺穿静脉壁，可用留置针穿刺耳缘静脉，用胶布固定，并连接 1 mL 注射器，然后进行各种静脉注射。

五、作业与思考题

1. 分析本实验急性右心衰竭的原因和机制。

2.反应急性右心衰竭的指标有哪些变化?

3.本实验有无左心衰竭?动脉血压为何降低?

4.分析用强心、利尿、扩心管治疗急性右心衰竭的作用机制。

实验十二 呋塞米对家兔急性肾功能不全的治疗作用

一、实验目的与要求

(1)复制家兔升汞中毒性肾功能不全动物模型。

(2)观察肾功能不全时家兔的尿液、血气、血尿素氮及肾脏大体形态学改变。

(3)观察呋塞米对肾功能不全家兔的治疗作用。

二、实验原理

利用 $HgCl_2$ 对肾脏的毒性,造成家兔急性肾衰竭的病理模型,急性肾小管坏死。急性肾衰竭初期的主要发病机制由肾血管痉挛引起的,造成肾缺血和肾小球滤过率降低。肾小管坏死所致的肾小管阻塞和原尿回漏进一步导致肾小球滤过率降低,发生急性肾衰竭。急性肾衰的少尿期,由肾小球滤过率降低及肾小管重吸收和排泌功能障碍,可导致尿量、尿成分改变,并发生代谢性酸中毒、氮质血症等内环境紊乱。

三、实验器材

(1)器械 兔保定台,血常规分析仪、血气分析仪,尿液分析试纸,离心机,生化管(抗凝、非抗凝),试管架,酒精灯,输尿管,显微镜,玻片,手术器械一套。

(2)材料 家兔,1% $HgCl_2$ 溶液,生理盐水,10 mg/mL 呋塞米溶液,5%葡萄糖液。二乙酰-肟-氨硫脲液(二乙酰-肟 600 mg,氨硫脲 30 mg,蒸馏水溶解并加至 100 mL)。酸混合液(浓磷酸(85%~87%)35 mL,浓硫酸 80 mL,慢慢滴加于 800 mL 水中,冷却后加水至 1 000 mL)。尿素氮标准储存液(1 mg 氮/mL)(分析纯尿素 2. 143 g,加 0. 01 mol/L 硫酸溶解,并加至 1 000 mL时,置冰箱内保存)。尿素氮标准应用液Ⅰ(0. 025 g/L)(吸取尿素氮标准储存液 2. 5 mL,加 0. 01 mol/L 硫酸至 100 mL)。尿素氮标准应用液Ⅱ(0. 005 g/L)(吸取尿素氮标准应用液Ⅰ20 mL,加 0. 01 mol/L 硫酸至 100 mL)。

四、实验内容与方法

1. 实验准备

(1)实验前一天,取健康家兔 6 只(最好是雄兔),随机分为甲、乙、丙 3 组,每组 2 只。称重后,甲、乙两组兔皮下注射 1% $HgCl_2$ 溶液(按 0. 4~0. 6 mL/kg,一次注射),造成急性肾功能不全;丙组在相同的部位注射等量生理盐水作为对照。

(2)实验时将家兔称重,耳缘静脉注射 20%氨基甲酸乙酯(乌拉坦)5 mL/kg 全身麻醉,仰卧位固定于兔实验台上，下腹部剪毛，在耻骨联合上方约1.5 cm处，切开皮肤，沿腹中线作一切口，打开腹腔，暴露膀胱，并将膀胱翻向体外，在膀胱底部分离两侧输尿管，在输尿管靠近膀胱处用线结扎。待输尿管充盈后，用眼科剪剪一小口，向肾盂方向插入细输尿管，结扎固定，以便收集尿液。

(3)自耳缘静脉缓慢注入5%葡萄糖液100 mL/kg，以保证有足够的尿量。

(4)记录给药前30 min内的总尿量。

2. 实验项目

(1)尿蛋白定性检查

方法1：采用尿液试纸方法进行分析，将试纸的试垫区浸入到尿液中，2～3 s后取出，试纸边缘沿着样本容器口轻轻地擦拭，以去除残余的尿液。横握试纸带，与瓶标签上的比色图谱(图9-3)进行比较，记录结果。

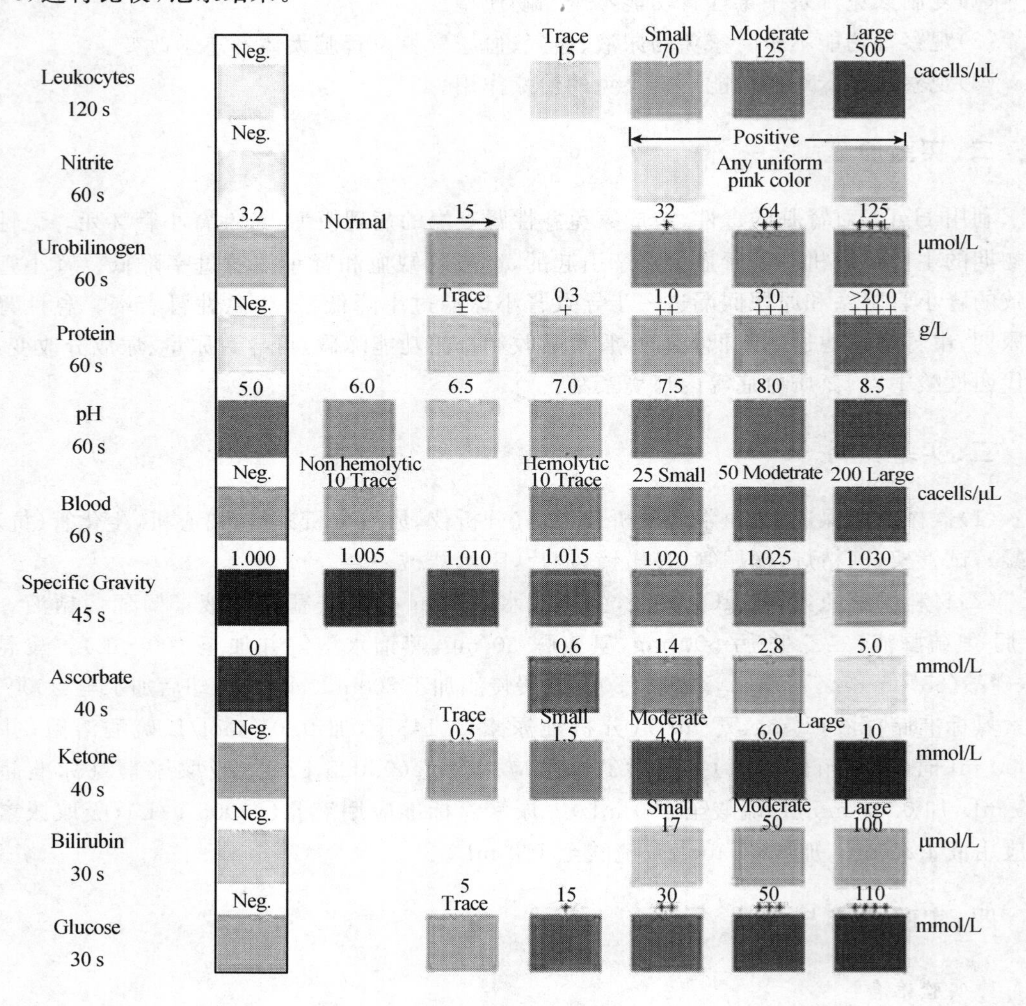

图9-3　尿液试纸比色图谱

方法2：取兔尿液3 mL分别放入试管中，在酒精灯上加热至沸腾(切勿溢出)。若有浑浊，加入5%醋酸3～5滴，再煮沸。若尿液变清，表明是尿酸盐所致；若变浊，则表示尿中含有蛋白。依浑浊程度不同判定尿蛋白含量，判断标准见表 9-4。

表 9-4　蛋白浊度判定标准

	清晰	轻度浑浊	稀薄乳样浑浊	乳浊或少量碎片	絮状浑浊
浑浊程度	—	+	++	+++	+++
含蛋白量(g%)		0.01～0.05	0.05～0.2	0.2～0.5	>0.5

(2)尿液镜检

①取收集的尿液一滴置于玻片上，于高倍视野下计数细胞，低倍视野下计数管型，至少用 10 个视野报告结果(用最低和最高数报告)。

②亦可取 5 mL 的尿液置于离心管中离心沉淀(1 500 r/min)5 min，取沉渣涂片，先高倍后低倍观察，计算 10 个不同视野细胞的平均值，管型以低倍视野计算。

(3)血清尿素氮测定

方法 1(干式法)

将采集的非抗凝的血液样品经 10 000 r/min 离心 5 min 后分离血清，从冷藏的冰箱取血清尿素氮的卡片装入到血生化分析仪(IDEXX VetTest)中，按照仪器提示，测定血清样品中的血清尿素氮，记录试验数据。

方法 2(湿法)

表 9-5　血清尿素氮测定

试剂(mL)	测定管 A	测定管 B	标准管	空白管
血清	0.02	0.02	—	—
蒸馏水	0.5	0.5	0.1	0.5
尿素氮标准应用液Ⅱ	—	—	0.4	—
DAM-TSC 液	0.5	0.5	0.5	0.5
酸混合液	4.0	4.0	4.0	4.0

注：测定管 A 为对照兔血清，测定管 B 为中毒兔血清。

测定原理：在强酸条件下，当血液中尿素与二乙酰-肟-氨硫脲共同煮沸时，可生成红色复合物(二嗪衍生物)，其颜色深浅与尿素氮含量成正比例关系，用 752 型紫外分光光度计测定可计算出含量。操作如下：家兔颈总动脉各取血 5 mL，离心 5 min(2 000 r/min)，取出血清置于干燥试管中备用。按表 9-5 方法加入试剂。

加完上述试剂后混匀，先置沸水锅中准确煮沸 10 min，再置流水中冷却 3 min。然后在 721 型紫外分光光度计上用 520 nm 波长或绿色滤光板比色，以空白管调“零”，读取各测定管读数，按下式算结果：

$$\frac{\text{测定管光密度}}{\text{标准管光密度}}\times 0.002\times\frac{100}{0.02}\times 10=\text{血清尿素氮(mg/dL)}$$

(4)血气测定　用肝素锂抗凝管从家兔颈总动脉取血 1 mL，通过血气分析仪(IDEXX)测定血气参数。血气仪器打开后，先用自带的对照进行校准，校准后，将采集的血液样品的 1 mL 的注射器接到测试板接口，测试酸碱度(pH)、标准碳酸根值(SB)、二氧化碳分压($PaCO_2$)、碱剩余值(BE)。血气检测的参考值见图 9-4。

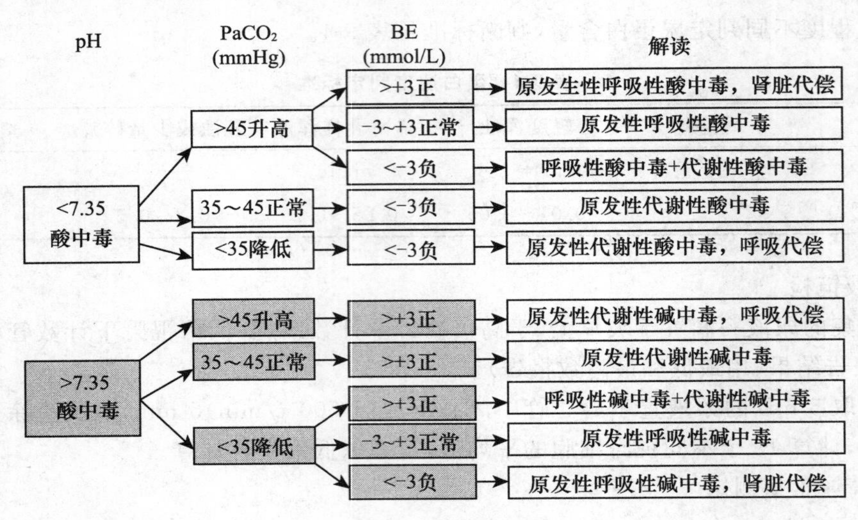

图 9-4　酸碱中毒的判定

(5)给药　甲兔静脉注射 10 mg/mL 呋塞米溶液 0.5 mL/kg(5 mg/kg)；乙兔、丙兔注射生理盐水0.5 mL/kg，给药后每 5 min 记录一次尿液量，连续 6 次，合并各次尿液，记录药后 30 min总尿量。并于药后 30 min 取动脉血 6 mL。重复步骤 4、5、6、7。

(6)形态学观察　将家兔处死(自耳缘静脉注入5～10 mL 空气)，取出肾脏，称量，计算肾体比(体重最好为去除肠道的体重)。观察比较家兔肾脏的大体形态。组织切片示教，显微镜下观察皮质肾小管上皮有无变形、坏死、脱落，管腔中有无红细胞、白细胞及管型等。

3. 注意事项

血清尿素氮测定若采用方法 2 测定，则

(1)加入试剂Ⅱ后，不超过 1～2 min，即应放入沸水浴中。

(2)煮沸及冷却时间应准确，否则颜色反应消退。

(3)对照兔血清尿素氮 5.0～7.1 mol/L，急性 $HgCl_2$ 中毒性肾病家兔血清尿素氮为正常值的 1～2 倍。

五、作业与思考题

1. 根据实验结果，请分析、判断家兔是否发生急性肾衰竭？

2. 用课堂理论结合实验结果，讨论升汞引起急性肾衰竭的机制。

3. 结合实验，讨论家兔尿蛋白、管型的发生机制。

(阮祥春)

附 表

附表一 常用生理溶液的成分和配制 g

成分	任氏液(S. Ringer Sol)			洛氏液(Locke Sol)	台氏液(Tyrode Sol)	生理盐水	
	鲤鱼	两栖类	禽类	哺乳类心、子宫	哺乳类胃肠	两栖类	哺乳类
NaCl	7.526	6.5	6.8	9.0	8.0	6.5	9.0
KCl	0.417	0.14	1.73	0.42	0.2		
$CaCl_2$	0.322	0.12	0.64	0.24	0.2		
$NaHCO_3$		0.2	2.45	0.2			
NaH_2PO_4	0.122KH_2PO_4	0.01			0.05		
$MgCl_2$	0.095		0.25$MgSO_4$		0.1		
葡萄糖	2.91	2.0或0		1.0～2.0	1.0		
蒸馏水	均加至1 000 mL						

注:林格(Ringer)溶液又译任氏液,洛克(Locke)液又译乐氏液,蒂罗德(Tyrode)液又译台氏液。$CaCl_2$和$MgCl_2$不能先加,必须在其他基础溶液混合并加蒸馏水稀释之后,方可边搅拌边滴加$CaCl_2$和$MgCl_2$,否则溶液将产生沉淀。葡萄糖应在使用时加入,加入葡萄糖的溶液不能久置。

通常在配制附表一常见生理盐水时,可预先配好各种物质的储存溶液。配制方法见附表二。最好能新鲜配制使用或在低温中保存,配制生理盐水的蒸馏水最好能预先充空气。

附表二 配制生理溶液所需的基础液及所加量 mL

成分	林格溶液		洛克液	蒂罗德液
	两栖类	禽类		
20% NaCl	32.5	34.0	40.5	40.0
10% KCl	1.4	17.3	4.2	2.0
10% $CaCl_2$	1.2	6.4	2.4	20.0
5% $NaHCO_3$	4.0	49.0	2.0	20.0
1% NaH_2PO_4	1.0	—	—	5.0
5% $MgCl_2$	—	0.25($MgSO_4$)	—	2.0
葡萄糖(g)	2.0	—	1.0～2.0	1.0
蒸馏水	均加至1 000			

附表三　常用麻醉剂剂量和给药途径

麻醉药	动物	给药途径	给药剂量 (mg/kg)	常用浓度 (%)	维持时间 (h)	副作用
戊巴比妥	小鼠	iv	35	3	2～4 中途加 1/5 量可维持 1 h 以上	轻度心动过速，抑制心血管和背髓反射
		ip	45	2		
	大鼠	iv	25	3		
		ip	45	2		
	豚鼠	iv	30	3		
	兔	ip	40～50	2		
		iv	30	3		
	猫	iv	25	3		
		ip	40～50	2		
	犬	ip	40～50	2		
苯巴比妥	小鼠	iv	134	3.5	4～6 麻醉诱导期长	麻醉深度不易控制
	大鼠	iv	100	3.5		
	豚鼠	ip	100	3.5		
	兔	iv	100～150	3.5		
		ip	150～200	3.5		
	猫	iv	100	3.5		
		ip	180	3.5		
	犬	iv	80	3.5		
		ip	100	3.5		
硫喷妥钠	小鼠	iv	25	2	15～30 min 麻醉力最强，诱导快，苏醒也快，注射速度宜慢	对呼吸有一定抑制作用，常有喉头痉挛
	大鼠	iv	25			
		ip	25～50			
	豚鼠	iv	20			
	兔	iv	20			
		ip		25～50		
	猫	iv	28			
		ip	30～50			
	犬	iv	25			
		ip	30～50			
氨基甲酸乙酯（乌拉坦）	小鼠	im	1 350	20	2～4 应用合于小动物麻醉	对肝及骨髓有毒性，只适用于急性实验中

iv：静脉注射；ip：腹腔注射；im：肌肉注射。

附表四　实验动物常用生物学指标数据

	家兔	犬	猫	大白鼠	小白鼠	豚鼠	鸽	蛙
呼吸(次/分)	38～60	20～30	20～50	100～150	136～216	100～150	20～30	
潮气量(mL)	19～24.5	250～430	124	1.5	0.1～0.23	1～4	4.5～5.2	
心率(次/分)	123～304	100～130	110～140	261～600	328～780	260～400	141～244	36～70
心输出量(L/分·体重)	0.11	0.12	0.11	0.2～0.3				
平均动脉压(kPa)	13.3～17.3	16.1～18.6	16～20	13.3～16.1	12.6～16.6	10～16.1		
体温(℃)	38.5～39.7	37.5～39.7	38～39.5	37.5～39.5	37～39	37.8～39.5		
血量(%体重)	7～10	5.6～8.3	6.2	7.4	8.3	6.4	10	5
红细胞(10^{12}/L)	4.5～7	4.5～8	6.5～9.5	7.2～9.6	7.7～12.5	4.5～7	3.2	1～6
血红蛋白(g/L)	80～150	110～180	70～155	120～175	100～190	110～165	128	80
红细胞比容(%)	33～50	38～53	28～52	39～53	41.5	37～47	42.3	
血小板(10^{10}/L)	26～30	12.7～31.1	10～50	10～30	15.7～26	11.6	0.5～0.64	0.3～0.5
白细胞(10^{9}/L)	6～13	11.3～18.3	9～24	5～25	4～12	10	1.4～3.4	2.4

附表五　常用消毒药品的配置与用途

名称	配置方法	用途
乙醇溶液	75 mL 无水乙醇加入 25 mL 水，配成 100 mL 75%乙醇	皮肤、体温计及一般器械消毒
碘溶液	2.5%碘酊或碘液	消毒皮肤(1 min 后乙醇脱碘)
	2.0%碘酊	消毒伤口
苯酚溶液	3～5 g 苯酚溶于 100 mL 水，配成 3%～5%苯酚溶液	各种器械消毒，需浸泡 30 min
甲酚皂溶液	500 mL 甲酚、300 g 植物油、43 g 氢氧化钠加热皂化，加水至 1 000 mL，配成 50%甲酚皂溶液。稀释成 2%～5%溶液后使用	器械等消毒，需浸泡 30～60 min
新洁尔灭	0.1%溶液	皮肤、食具、器械、橡胶及塑料制品消毒
漂白粉	0.5%～1%漂白粉澄清液	食具、器械及房间喷洒消毒
	50 kg 水中加漂白粉 1 g	饮水消毒
过氧乙酸	0.02%溶液	皮肤及手消毒
	0.04%～0.2%溶液	物品消毒

附表六 常用动物组织染色液的配制

名称	配制方法	备注
齐氏(Ziehl)苯酚复红液	A液:碱性复红溶于10 mL 95%乙醇中;B液:0.01% KOH溶液100 mL。混合A、B液即成	
1%瑞氏(Wright's)染色液	称取瑞氏染色粉6 g,放研钵内磨细,不断滴加甲醇(共600 mL)并继续研磨使溶解。经过滤后染液须贮存1年以上才可使用,保存时间愈久,则染色色泽愈佳	
姬姆萨(Giemsa)染液	(1)贮存液:称取姬姆萨粉0.5 g,甘油33 mL,甲醇33 mL。先将姬姆萨粉研细,再逐滴加入甘油,继续研磨,最后加入甲醇,在56℃放置1~24 h后即可使用 (2)应用液(临用时配制):取1 mL贮存液加19 mL pH 7.4磷酸缓冲液即成。也可以贮存液:甲醇=1:4的比例配制成染色液	
亚甲基蓝染液	取0.1 g亚甲基蓝,溶于100 mL蒸馏水中即成	常用活体细胞等的染色
苏木精(hematoxylin)染液	爱氏苏木精原液配方:苏木精(2 g),冰醋酸(10 mL),甘油(100 mL),95%酒精(100 mL),蒸馏水(100 mL),硫酸铝钾(5 g),配制步骤:(1)将苏木精溶于少量酒精中,加冰醋酸后搅拌,加速其溶解;(2)加入甘油及其余酒精;(3)研碎硫酸铝钾,溶于水中并加温;(4)将加温的硫酸铝钾溶液一滴滴地加入染色剂中,并不断搅动;(5)瓶口用双层纱布包扎,放于通风处,并经常摇动,直到颜色变为紫红时即可使用,成熟时间需2~4周以至数月之久,若加0.2 g碘酸钠即可立即成熟。已成熟的原液,须用瓶塞密封,置低温暗处长期保存。使用时以原液1份加入50%酒精与冰醋酸等量混合液1份或2份(爱氏苏木精染色液可以重复使用,可用另一容器将换下的染色液装好备用)	很强的细胞核染料,而且可以分化出不同颜色
伊红染液	将0.5 g伊红溶于100 mL 95%乙醇中即可	
固绿(fast green)又称快绿溶液	(1)固绿酒精液:固绿0.1 g,95%酒精100 mL;(2)苯胺固绿酒精液:固绿1 g,无水酒精100 mL,苯胺油4 mL,配后充分摇匀,过滤后使用。现配现用效果好	能将细胞质,纤维素细胞壁染成鲜艳绿色,着色快,要掌握着色时间
橘红G(orange G)酒精溶液	配方:橘红G 1 g,95%酒精100 mL	染细胞质,常作二重或三重染色用
苯胺蓝(aniline blue)溶液	配方:苯胺蓝1 g,35%或95%酒精100 mL	对纤维素细胞壁、非染色质的结构、鞭毛等染色效果好
苏丹Ⅲ(sudan Ⅲ或Ⅳ)	配方:(1)苏丹Ⅲ或苏丹Ⅳ干粉0.1 g,95%酒精10 mL,过滤后再加入10 mL甘油;(2)先将0.1 g苏丹Ⅲ或Ⅳ溶解在50 mL丙酮中,再加入70%酒精50 mL;(3)苏丹Ⅲ 70%乙醇的饱和溶液	能使木栓化、角质化的细胞壁及脂肪、挥发油、树脂等染成红色或淡红色,是著名的脂肪染色剂

续附表六

名称	配制方法	备注
1%醋酸洋红(aceto carmine)	配方：洋红 1 g，45%醋酸 100 mL。煮沸 2 h 左右，并随时注意补充加入蒸馏水到原含量，然后冷却过滤，加入 4%铁明矾溶液 1～2 滴（不能多加，否则会发生沉淀），放入棕色瓶中备用	适用于压碎涂抹制片，能使染色体染成深红色，细胞质成浅红色

附表七　常用实验动物性别鉴定

动物	雄性	雌性
小白鼠	生殖器与肛门的距离较远，用手指轻捏外生殖器，可见阴茎凸出，天热可见下垂的阴囊	生殖器与肛门距离较近，可见明显的成对分布的乳头
家兔	左手抓住颈部皮肤，右手拉住尾巴，将尾巴夹在中指与环指之间，用拇指和食指将靠近生殖器的皮毛扒开，可见阴茎露出	仅呈椭圆形间隙有阴道
豚鼠	无尾，一手抓住颈部，另一手扒开生殖器的突起，可见阴茎露出	呈三角形间隙
青蛙与蟾蜍	用右手捏住腰部将其提起时，前肢作环抱状，并鸣叫，前肢拇指与环指间趾蹼上有棕黑色小突起（所谓婚痣）	前肢呈伸直状，不鸣叫，无此特征

（王菊花，阮祥春）

参考文献

[1] 李培英,魏建忠. 动物医学实验教程(基础兽医学分册). 北京:中国农业大学出版社,2010.

[2] 滕可导. 彩图动物组织学与胚胎学实验指导. 2 版. 北京:中国农业大学出版社,2014.

[3] 董常生. 家畜组织学与胚胎学实验指导. 3 版. 北京:中国农业出版社,2015.

[4] 周莉,齐亚灵. 组织学与胚胎学实验. 武汉:华中科技大学出版社,2013.

[5] 沈霞芬,卿素珠. 家畜组织学与胚胎学. 5 版. 北京:中国农业出版社,2015.

[6] 李子义,栾维民,岳占碰. 动物组织学与胚胎学. 北京:科学出版社,2015.

[7] 张军明. 组织学与胚胎学实验教程. 北京:高等教育出版社,2012.

[8] 倪迎冬. 动物生理学实验指导. 5 版. 北京:中国农业出版社,2016.

[9] 赵茹茜. 动物生理学. 5 版. 北京:中国农业出版社,2011.

[10] 杨秀平,肖向红. 动物生理学实验. 2 版. 北京:高等教育出版社,2009.

[11] 佘锐萍. 动物病理学. 北京:中国农业出版社,2007.

[12] 陈怀涛. 兽医病理学原色图谱. 北京:中国农业出版社,2008.

[13] 李涛,朱坤杰. 医学机能实验学. 北京:科学出版社,2011.

[14] 朱建华,贾月霞. 机能学实验教程. 2 版. 上海:上海第二军医大学出版社,2009.

[15] 刘永年. 医学机能实验学. 北京:清华大学出版社,2014.

[16] 于海玲,李秀国. 医学机能实验学. 北京:科学出版社,2010.

[17] 白波,刘善庭. 医学机能学实验教程. 2 版. 北京:人民卫生出版社,2010.

[18] 李郁. 畜禽疾病检测实训教程. 北京:中国农业大学出版社,2016.

[19] 孙志良,罗永煌. 兽医药理学实验教程. 2 版. 北京:中国农业大学出版社,2015.

[20] 王丽平. 兽医药理学实验指导. 北京:中国农业出版社,2013.